普通高等教育"十三五"规划教材

高职高专食品类专业教材系列

乳品分析与检验

张延明　薛　富　主　编

韩永霞　刘丽娜　副主编

雒亚洲　武建新　主　审

科学出版社

北　京

内 容 简 介

本书面向乳与乳制品生产、质量检验监督部门，突出综合职业能力和实践能力的培养。内容分为乳品分析与检验的基础知识、乳与乳制品感官检验技术、乳与乳制品理化检验技术、乳与乳制品微生物检验技术、乳与乳制品仪器分析检验技术等。同时还介绍了乳与乳制品检验中所应用的新知识、新技术、新方法、新标准。

本书可作为高等职业院校乳品加工技术、乳与乳制品营养与检测、农畜特产品加工及乳制品安全检验等专业教材，也可作为乳制品加工生产部门技术人员培训教材。

图书在版编目(CIP)数据

乳品分析与检验/张延明，薛富主编. —北京：科学出版社，2010.8
（普通高等教育"十三五"规划教材·高职高专食品类专业教材系列）
ISBN 978-7-03-028457-0

Ⅰ.①乳… Ⅱ.①张… ②薛… Ⅲ.①乳制品-食品分析-高等学校：技术学校-教材 ②乳制品-食品检验-高等学校：技术学校-教材 Ⅳ.①TS252.7

中国版本图书馆 CIP 数据核字（2010）第 147583 号

责任编辑：沈力匀/责任校对：耿 耘
责任印制：吕春珉/封面设计：李 亮

科 学 出 版 社 出版
北京东黄城根北街 16 号
邮政编码：100717
http://www.sciencep.com

三河市骏杰印刷有限公司印刷
科学出版社发行 各地新华书店经销
*

2010 年 8 月第 一 版 开本：787×1092 1/16
2017 年 3 月第二次印刷 印张：17 1/4
字数：410 000
定价：38.00 元
（如有印装质量问题，我社负责调换〈骏杰〉）
销售部电话：010-62134988 编辑部电话：010-62135235（VP04）

前　言

随着乳品行业的蓬勃发展，乳与乳制品的加工已经成为食品行业中非常重要的一项产业，占有越来越重要的地位。根据市场的需要，全国各高职院校纷纷开设了乳品专业，培养具有专业技能的人员以适应企业的需要。但与之配套的教材较少，为教师授课及学生学习带来一定的困难，为此，我们组织了具有丰富理论知识和实践经验的教师编写了本书。本书以乳品的检测为主线，从物理、化学、微生物三个角度去讲述概念、理顺脉络、阐述方法，突出"重点、难点、要点"；以国家标准为基础，注重联系实际，对其中重要的内容尽量简明、直观、形象化，以期达到使学生加深理解、增强记忆和乐于自学的目的。

全书共分为八章，由张延明、薛富任主编，雒亚洲、武建新任主审，韩永霞、刘丽娜任副主编。参加编写人员分工如下：绪论、第一章由徐莹、刘成玉编写；第二章由沈珺、管建慧编写；第三章由韩永霞、马素娟、翟光超、王菲菲、赵晨编写；第四章由刘丽娜、崔丽娟、高晶晶编写；第五章由郭爱萍、翟丽丽编写；第六章由韩永霞、刘丽娜、刘利清、蒋阿宁编写；第七章、第八章由阿燕编写。

本书可作为高等职业院校、高等专科学校相关专业的教学用书，也可作为生产一线技术人员的培训教材。

本书在编写过程中，得到了包头轻工职业技术学院乳品工程系的大力支持和帮助，也得到蒙牛乳业集团、伊利乳业集团、包头骑士乳业等有关人员的热心帮助，在此表示衷心感谢，并对引用内容和图片的作者表示感谢。

限于编者的学识和水平，书中难免存在不足和错误，望广大师生和同行批评指正。

目 录

绪　　论

（一）乳品分析与检验的任务和作用

乳品分析与检验是依据物理、化学、生物化学的一些基本理论和国家乳品卫生标准，运用现代科学技术和分析手段，对乳与乳制品的原辅料、半成品、成品的主要成分和含量进行检测，以保证生产出质量合格的产品的一种手段。本课程是一门理论与实践相结合的课程，可使学生较熟练地掌握基本实验操作技能及方法，提高学生的动手能力，并培养学生分析问题、解决问题的能力。

（二）乳品分析与检验的内容

乳品分析与检验包括以下三个方面的内容：

（1）乳品中的营养成分的检测。乳品中含有丰富的营养成分，如蛋白质、脂肪、碳水化合物、维生素和矿物质元素等。对这些成分的检测是乳品分析与检验的主要内容。

（2）乳中污染物的检测。乳品污染物是指乳品中原有的或加工、贮藏时由于污染混入的、对人体有急性或慢性危害的物质。就其性质而言，污染物可分两类：一类是生物性污染，另一类是化学性污染。

（3）乳中食品添加剂的检测。食品添加剂是指在生产、加工或保存过程中、期望达到某种目的的物质。食品添加剂本身通常不作为食品来食用，也不一定具有营养价值，但加入后能起到防止食品腐败变质，增强食品色、香、味的作用，因而在乳品加工中应用十分广泛。

（三）乳品分析与检验的方法

不同的乳制品含有的成分不一样，检测的项目不一样，而且要求的各项指标也不一样，所以，我们必须针对不同的乳制品选择正确的方法，这样才能得到准确的数据，才能真实地反映结果。乳与乳制品检测技术主要包含感官检验、理化检验、微生物检验三个方面。

1. 感官检验

感官检验主要从视觉、嗅觉、味觉、听觉和触觉五个方面进行检验。

1）视觉检验

视觉检验是通过观察乳制品的外观形态、颜色光泽、组织状态等，来评价产品的品质（如新鲜程度、有无不良改变等）。

2）嗅觉检验

嗅觉检验是通过人的嗅觉器官，感官检验乳制品的滋味和风味，从而评价产品质量的方法。

3) 味觉检验

味觉检验是利用人的味觉器官，通过品尝样品的滋味和风味，从而鉴别产品品质优劣的方法，是用来识别是否酸败、发酵的重要手段。

4) 听觉检验

听觉检验是凭借人体的听觉器官对声音的反应来检验产品品质的方法。

5) 触觉检验

触觉检验是通过被检样作用于鉴定者的触觉器官所产生的反应来评价产品品质的一种方法。

感官检验方法简单、实用，且多数情况下不受时间地点的限制，判断的准确与检验者的感觉器官的敏感程度和实际经验密切相关。

2. 理化检验

根据测定的原理、操作方法等的不同，理化检验可分为物理分析法、化学分析法、仪器分析法三类。

1) 物理分析法

物理分析法是通过对被检测样品的某些物理性质如温度、折射率、旋光度、沸点、透明度等的测定，可直接求出样品中某种成分的含量，进而判断被检样品的纯度和品质。

2) 化学分析法

化学分析法是以物质的化学反应为基础的分析方法，主要包括重量分析法和滴定分析法两大类。化学分析法适用于常量组分的测定，所用仪器设备简单，测定结果较为准确，是乳品分析与检验中应用最广泛的方法。重量分析法包括气化法、萃取法、沉淀法和电解法；滴定分析法包括酸碱滴定、配位滴定、沉淀滴定和氧化还原滴定。

3) 仪器分析法

所谓仪器分析法是指借用精密仪器测定物质的某些理化性质以确定其化学组成、含量及化学结构的一类分析方法，尤其适用于微量或痕量组分的测定。常用的仪器分析方法有以下三种。

(1) 光学分析法。根据物质的光学性质所建立的分析方法，主要包括吸光光度法、发射光谱法、原子吸收分光光度法和荧光分析法等。

(2) 电化学分析法。根据物质的电化学性质所建立的分析方法，主要包括电位分析法、电导分析法、电解分析法、库仑分析法、伏安法和极谱法。

(3) 色谱分析法。是一种重要的分离方法，可用于多组分混合物的分离和分析，主要包括气相色谱法、液相色谱法及离子色谱法。

3. 微生物检验

微生物检验主要是对乳与乳制品在生产过程中污染微生物的情况进行检测与监测，以保证乳与乳制品的可食用性和安全性。微生物检验方法测定条件温和，方法选择性高，已广泛用于维生素、抗生素残留量和激素等成分的分析。

（四）乳品分析与检验的发展前景

随着现代高新技术和乳业的迅猛发展，为了得到更快速、更全面、更灵敏、更可靠的数据，乳与乳制品的检验越来越多地依靠现代分析仪器技术。分析仪器发展趋势主要表现在以下几个方面。

1. 分析仪器正向智能化方向发展

基于微电子技术和计算机技术的应用，实现分析仪器的自动化，通过计算机控制器和数字模型进行数据采集、运算、统计、处理，提高分析仪器数据处理能力，数字图像处理系统实现了分析仪器数字图像处理功能的发展；从技术发展角度来看，分析仪器技术可以说正在经历一场革命性的变化。传统的光学、热学、电化学、色谱、波谱类分析技术都已从经典的化学精密机械电子学结构、实验室内人工操作应用模式转化为光、机、电、算（计算机）一体化、自动化的结构，并正向更名副其实的智能系统方向发展（带有自诊断、自控、自调、自行判断决策等高智能功能）。

2. 向微型化和专用化方向发展

为了节约空间及测量的方便，备受业界人士关注的是外型超小、测量范围更大、测量微粒更小的设备。如 Waters 推出的 UPLC 系统，UPLC 是一款以涡轮机增压的高效液相色谱系统，在最常见的液相色谱中，微粒大小在 $3\sim5\mu m$ 之间，压力范围为 $6000Pa$。但是 UPLC 系统的微粒却在 $1.7\mu m$ 左右，压力为 1.5 万 Pa。这一系统考虑的是整体过程，包括专门为 UPLC 设计的设备、填充颗粒层析柱技术、检测器和样品管理系统等各个方面，使这些方面达到最优组合，突显小颗粒分离的功效。

总之，这些现代仪器应用于乳与乳制品检验中将大大提高结果的精确度，并节约大量的人力，使乳品工业更快、更好地发展。

第一章　乳品分析与检验的基础知识

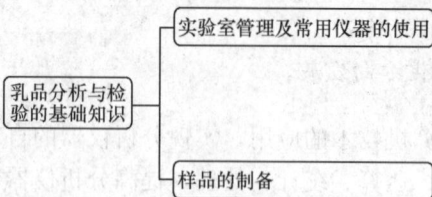

第一节　实验室管理及常用仪器的使用

一、实验室管理制度

（1）实验室内物品要摆放整齐，试剂要有明晰的标签。

（2）禁止在实验室内吸烟、饮食和会客。

（3）做好样品的登记、编号，明确检验目的，不符合要求的样品必要时应重新采样。

（4）无菌室操作前，用0.2%过氧乙酸擦拭桌面及工作台面，开紫外灯消毒，同时打开超净台风门，保持30～45min，关闭紫外灯，待30min后进入无菌室。

（5）进无菌室操作前要洗手；操作过程严格执行无菌操作。

（6）定期对实验室进行彻底的消毒及清洗。

（7）工作结束，灭酒精灯，关风门、电源，处理污物，台面，将超净台内物品摆放整齐。

（8）定期检查温箱、水浴箱、冰箱及低温水箱的性能。

（9）各种玻璃容器（例如量杯、烧杯、量筒、刻度吸管等，以及不同型号国产与进口微量加样器等）应校正使用。

（10）试剂的质量要求应该按照实验要求分别选出A.R.、G.R.等级，所用溶液应用去离子水或蒸馏水配。

二、实验员基本操作规范

（一）实验室安全规则

（1）实验室内禁止饮食，切勿以实验用容器代替水杯，实验使用各种化学试剂均不得入口，实验结束后应仔细洗手。

（2）使用浓碱或其他强腐蚀试剂时要谨慎小心，勿溅在皮肤、衣服、鞋袜上，用HNO_3、$HClO_4$、H_2SO_4等试剂时，常产生易挥发的有毒或强腐蚀气体，要在通风柜内进行。若吸入氯、氯化氢等，可立即吸入少量酒精和乙醇的混合蒸气解毒；若吸入硫化氢而感到不适时，应立即到户外呼吸新鲜空气；眼睛或皮肤溅上强酸、强碱应立即用大量水冲洗，然后用碳酸氢钠溶液或硼酸溶液冲洗，最后再用水冲洗。

（3）使用剧毒药品时，要特别小心，不得误入口内或接触伤口，若毒物进口，把 $5\sim10mL$ 稀硫酸溶液加入一杯温水中，内服后，用手指伸入咽喉部，促进毒物吐出，然后送医院；用过的废物、废液应回收，加以特殊处理。氰化物与酸作用会放出剧毒 HCN，所以，严禁在酸性介质中加入氰化物。

（4）使用 CCl_4、$CHCl_3$、乙醚、苯、丙酮等有毒或易燃的有机溶剂时，一定要远离火焰及其他热源。敞口操作并有挥发时，应在通风柜内进行，用后盖紧瓶塞，置阴凉处存放，用过的废液倒入回收瓶，不要倾入水槽中。

（5）打开浓硫酸、浓硝酸、浓氨水瓶塞时应带防护用具，并在通风橱中进行，稀释硫酸用的容器、烧杯、锥形瓶要放在塑料盆中，只能将浓硫酸慢慢倒入水中，并不断搅拌。

（6）爱护仪器，不要随便摆弄，要注意节约试剂和水、电。

（7）遇到触电事故，首先应切断电源，必要时进行人工呼吸。酒精、苯或乙醚等着火时，应立即用湿布或沙土扑火。电器设备着火时，必须先切断电源，再用 CO_2 或 CCl_4 灭火器灭火。

（8）离开实验室时，必须逐个认真检查电闸、水阀，关闭好水、电、门窗。

(二) 药品称量及使用原则

（1）在称量配制药品前要先认清标签或其他注释。

（2）拿药品时标签向着掌心，打开药品，瓶盖要倒置在桌面上。

（3）称量固体药品时，用称量纸或小烧杯，药匙应干净且每种药品使用一个药勺，不要交换使用，称多的药品，不要往回倒。液体药品要用吸管、滴管，勿用勺。

（4）药品按纯度分为五级：

① 优级纯（G.R.）。绿色标志，精密分析和科学研究。

② 分析纯（A.R.）。红色标志，一般分析和科学研究。

③ 化学纯（C.P.）。蓝色标志，一般定性和化学制备。

④ 实验试剂（L.R.）。棕色或黄色标志，一般化学制备。

⑤ 生物试剂（B.R.）。玫瑰色或咖啡色，生物化学实验。

三、常用玻璃仪器的清洗及保存

实验室常用玻璃器皿必须经常清洗并保持洁净，污染原因主要是黏附了油脂等有机物质。没有洗净的玻璃器皿，用水冲淋时，玻璃表面附着水滴。洗涤时，可用毛刷、海绵蘸上洗涤剂洗刷，但光学器皿（如比色皿）和计量容器不允许用含摩擦材料的洗涤剂洗涤，可用化学洗液或王水（浓硝酸和浓盐酸为1：3的混合液）洗涤，它们都是氧化性极强的洗涤剂。

(一) 清洗

1. 新购玻璃器皿的清洗

新购的玻璃器皿，其表面附有大量的灰尘和碱性物质，可以用肥皂水浸泡、刷洗，用自来水冲洗干净后，再用 1%～2% 盐酸溶液浸泡 12h 以上，然后用自来水反复冲洗，最后用蒸馏水冲洗 2～3 次（视实验要求再用二次蒸馏水或去离子水冲洗 2～3 次）。

2. 使用过的玻璃器皿的清洗

1) 一般玻璃器皿的清洗

一般玻璃器皿的清洗，如试管、烧杯等用过后先用自来水反复冲洗去掉污物，再用大小合适的毛刷蘸肥皂水刷洗。如果有不易洗刷掉的干涸物质，可加适当的去污粉刷洗。用自来水反复冲去肥皂和去污粉，将器皿倒置，如器皿壁上带有水珠，表明尚未清洗干净，应当重复上述清洗方法，直到没有水珠出现为止。最后用蒸馏水冲洗 2～3 次即可。

2) 带有刻度的器皿的清洗

移液管、滴定管、容量瓶等用过后放在凉水中浸泡，用水反复冲去遗液、污物后晾干，浸泡在洗液中，浸泡的时间视洗液的好坏而定，一般来说，新配制的洗液浸泡 2h即可，用过一段时间已经不好且氧化能力很差的洗液，浸泡时间应当相应延长。浸泡过的器皿用自来水反复冲洗，确认洗液已经干净，倒置检查不再出现水珠后，再用蒸馏水冲洗 2～3 次。

3) 容器中油污的清洗

清洗容器中油污的时候，先倒去油污液，用适量有机溶剂，如乙醚、丙酮反复荡洗，尽可能把油脂类物质提取出去，然后再用肥皂水刷洗。切忌将带有油污和大量有机物的器皿直接放入洗液中浸泡，因为这样会使洗液变绿失效。

(二) 干燥

一般的玻璃器皿可以放在 80～100℃ 烘箱内干燥，但带有刻度的玻璃器皿应当自然干燥或在 60℃ 以下的烘箱内烘干。反复的高温干燥可能影响量器的准确性。干燥时最好不开鼓风，防止灰尘污染。

四、化验室常用仪器的使用及注意事项

(一) 容量瓶

容量瓶主要用于准确地配制一定摩尔浓度的溶液。它是一种细长颈、梨形的平底玻璃瓶，配有磨口塞。瓶颈上刻有标线，当瓶内液体在所指定温度下达到标线处时，其体积即为瓶上所注明的容积数，一种规格的容量瓶只能量取一个量。常用的容量瓶有100mL、250mL、500mL 等多种规格。

1. 使用容量瓶配制溶液的方法

（1）使用前检查瓶塞处是否漏水。具体操作方法是：在容量瓶内装入半瓶水，塞紧瓶塞，用右手食指顶住瓶塞，另一只手五指托住容量瓶底，将其倒立（瓶口朝下），观察容量瓶是否漏水。若不漏水，将容量瓶正立且将瓶塞旋转 180°后，再次倒立，检查是否漏水，若两次操作，容量瓶瓶塞周围皆无水漏出，即表明容量瓶不漏水。经检查不漏水的容量瓶才能使用。

（2）把准确称量好的固体溶质放在烧杯中，用少量溶剂溶解。然后把溶液转移到容量瓶里。为保证溶质能全部转移到容量瓶中，要用溶剂多次洗涤烧杯，并把洗涤溶液全部转移到容量瓶里。转移时要用玻璃棒引流，方法是将玻璃棒一端靠在容量瓶颈内壁上，注意不要让玻璃棒其他部位触及容量瓶口，防止液体流到容量瓶外壁上。

（3）向容量瓶内加入的液体液面离标线 1cm 左右时，应改用滴管小心滴加，最后使液体的弯月面与标线正好相切。若加水超过刻度线，则需重新配制。

（4）盖紧瓶塞，用倒转和摇动的方法使瓶内的液体混合均匀。静置后如果发现液面低于刻度线，这是因为容量瓶内极少量溶液在瓶颈处润湿所损耗，所以并不影响所配制溶液的浓度，故不要在瓶内添水，否则，将使所配制的溶液浓度降低。

2. 使用容量瓶时的注意事项

（1）容量瓶的容积是特定的，刻度不连续，所以一种型号的容量瓶只能配制同一体积的溶液。在配制溶液前，先要弄清楚需要配制溶液的体积，然后再选用相同规格的容量瓶。

（2）不能在容量瓶里进行溶质的溶解，应将溶质在烧杯中溶解后转移到容量瓶里。

（3）容量瓶不能进行加热。如果溶质在溶解过程中放热，要待溶液冷却后再进行转移，因为一般的容量瓶是在 20℃下标定的，若将温度较高或较低的溶液注入容量瓶，容量瓶则会热胀冷缩，所量体积就会不准确，导致所配制的溶液浓度不准确。

（4）容量瓶只能用于配制溶液，不能贮存溶液，因为溶液可能会对瓶体进行腐蚀，从而使容量瓶的精密度受到影响。配好的溶液如果需要长期存放，应该转移到干净的磨口试剂瓶中。

（5）容量瓶长期不用时，应及时洗涤干净，塞上瓶塞，并在塞子与瓶口之间夹一条纸条，防止瓶塞与瓶口粘连。

（二）天平

1. 操作电子天平的主要步骤

（1）接通电源并预热使天平处于备用状态。

（2）打开天平开关（按操纵杆或开关键），使天平处于零位，否则按去皮键。

（3）放上器皿，读取数值并记录，按去皮键清零，使天平重新显示为零。

（4）在器皿内加入样品至显示所需重量时为止，记录读数，如需打印可按打印键完成。

（5）将器皿连同样品一起拿出。

（6）按天平去皮键清零，以备再用。

2. 使用电子天平的注意事项

（1）不要称直接从干燥箱或冷藏箱内拿出的物品，使样品的温度接近实验室或称量室内的温度。

（2）用镊子拿物品或戴手套拿取物品。

（3）不要将手放在称量室内，否则温度会有变化。

（4）不可称取超过最大测量值的物品。

（5）使用前需要预热。

（6）选择接触面较小的容器。

（7）使用清洁干燥的容器并保持称盘的清洁无水滴。

（三）干燥器

使用干燥器的注意事项：

（1）干燥剂不可放的太多，以免玷污坩埚底部。

（2）搬移干燥器时，要用双手拿着，用大拇指紧紧按住盖子。

（3）打开干燥器时，不能往上掀盖，用左手按住干燥器，右手小心把盖子稍微推开，等冷空气徐徐进入后才能完全打开。

（4）不可将太热的物体放入干燥器。

（5）有时较热的物体放入干燥器后，空气受热膨胀，会把盖子顶起来，为了防止盖子被打翻，应当用手按住，不时把盖子稍微推开（不到 1s），以放出热空气。

（6）灼烧或烘干后的坩埚和沉淀，在干燥器内不宜放置过久，否则会吸收一些水分而使质量略有增加。

（7）变色硅胶干燥时为蓝色，受潮后变为粉红色。可以在 120℃烘受潮的硅胶待其变蓝后反复使用，直到破碎不能使用为止。

（四）滴定管

1. 滴定管的使用方法

滴定管是滴定操作时准确测量标准溶液体积的一种量器。滴定管的管壁上有刻度线和数值，最小刻度为 0.1mL，"0" 刻度在上，自上而下数值由小到大。滴定管分酸式滴定管和碱式滴定管两种。酸式滴定管下端有玻璃旋塞，用以控制溶液的流出。酸式滴定管只能用来盛装酸性溶液或氧化性溶液，不能盛碱性溶液，因碱与玻璃作用会使磨口旋塞粘连而不能转动。碱式滴定管下端连有一段橡胶管，管内有玻璃珠，用以控制液体的流出，橡胶管下端连一尖嘴玻璃管。凡能与橡胶起作用的溶液如高锰酸钾溶液，均不能使用碱式滴定管。

1）酸式滴定管的使用方法

（1）给旋塞涂凡士林。把旋塞芯取出，用手指蘸少许凡士林，在旋塞芯两头薄薄地涂上一层，然后把旋塞芯插入塞槽内，旋转使油膜在旋塞内均匀透明，且旋塞转动灵活。

（2）试漏。将旋塞关闭，滴定管里注满水，固定在滴定管架上，放置 1～2min 观察滴定管口及旋塞两端是否有水渗出，旋塞不渗水才可使用。

（3）滴定管内装入标准溶液后要检查尖嘴内是否有气泡。如有气泡，将影响溶液体积的准确测量。排除气泡的方法是用右手拿住滴定管无刻度部分使其倾斜约30°角，左手迅速打开旋塞，使溶液快速冲出，将气泡带走。

（4）进行滴定操作时，应将滴定管夹在滴定管架上。左手控制旋塞，大拇指在管前，食指和中指在后，三指轻拿旋塞柄，手指略微弯曲，向内扣住旋塞，避免产生使旋塞拉出的力。向里旋转旋塞使溶液滴出。

2）碱式滴定管的使用方法

（1）试漏。给碱式滴定管装满水后夹在滴定管架上放置 2min。若漏水应更换橡皮管或管内玻璃珠，直至不漏水且能灵活控制液滴为止。

（2）排气。橡皮管向上弯曲，出口上斜，挤捏玻璃珠，使溶液从尖嘴快速喷出，气泡即可随之排掉。

（3）进行滴定操作时，用左手的拇指和食指捏住玻璃珠靠上部位，向手心方向捏挤橡皮管，使其与玻璃珠之间形成一条缝隙，溶液即可流出。

2. 滴定管使用时的注意事项

（1）滴定管使用前和用完后都应进行洗涤。洗前要将酸式滴定管旋塞关闭。管中注入水后，一手拿住滴定管上端无刻度的地方，一手拿住旋塞或橡皮管上方无刻度的地方，边转动滴定管边向管口倾斜，使水浸湿全管。然后直立滴定管，打开旋塞或捏挤橡皮管使水从尖嘴口流出。滴定管洗干净的标准是玻璃管内壁不挂水珠。

（2）装标准溶液前应先用标准液润洗滴定管 2～3 次，洗去管内壁的水膜，以确保标准溶液浓度不变。装液时要将标准溶液摇匀，然后不借助任何器皿直接注入滴定管内。

（3）滴定管必须固定在滴定管架上使用。读取滴定管的读数时，要使滴定管垂直，视线应与弯月面下沿最低点在同一水平面上，要在装液或放液后 1～2min 进行。每次滴定时最好从"0"刻度开始。

第二节　样品的制备

一、样品的采集

样品的采集简称采样，是指从大量的物料中抽取一定量具有代表性的样品。

（一）样品的分类

样品一般分为原始样品、平均样品和试验样品三种。

原始样品是从一批物料中抽取的样品；平均样品是指从原始样品中平均的分出一部分样品，供化验室分析用；试验样品是指从平均样品中分出一小部分样品，供测定某组分用的样品。

（二）采样的准备工作

1. 采样人员

正规的乳制品分析实验室，应确定专门的人员采样，其他化验室也应具有一定经验的采样人员。采样人员需接受专门训练，学习有关知识并熟练地掌握采样操作技术。有条件时应实行双人平行采样。

2. 样品的封装与标贴

采好的样品要密封包装，贴上标签。标签上应注明样品名称、来源、数量、采样日期和编号等内容。

（三）样品采集时的注意事项

（1）产品应按照生产班次分批，连续生产不能按班次者，则按生产日期分批。取样品量为1万瓶以下者抽2瓶，1万～5万瓶每增加1万瓶增抽1瓶，5万瓶以上者每增加2万瓶增抽1瓶。所取样品应贴上标签，标明下列各项：

① 产品名称。

② 工厂名称及生产日期。

③ 采样日期及时间。

④ 产品数量及批号。所取各批样品均应进行容量（或质量）鉴定，其容量（或质量）与标签上标明的容量（或质量）差不应超过±1.5%。

（2）采样工具应该清洁，不应将任何有害物质带入样品中；样品在检测前不得受到污染、发生变化。所用样品应及时检验，如果在1h以内不能检验者，应贮于2～6℃的冷库内。

（3）奶站在牛乳装车前，必须搅拌5min，奶车到厂后，采样员必须搅拌15次以上。

（4）每批样品中至少有1瓶做微生物检验，其余做感官检验和理化检验。相对密度、酸度、细菌总数和大肠菌群为每批必检项目，脂肪、全乳固体、杂质度、致病菌和汞应由工厂化验室和卫生防疫部门定期抽检。如奶站对滋味、气味判定有异议时，可在30min内向调配部门提出申请复检，由调配部门主任级以上人员责成品控再次组织判定；对化验结果有异议时，可以到权威部门化验。误差范围在±0.15内为正常，如超出±0.15时，责任由检验部门承担。

(四) 采样的数量

不同形态的样品采样的数量也有所不同，一般样品按形态不同可分为固体样品、半固体样品、液体样品。

1. 半固体样品采样的数量

在乳制品中一般包括炼乳、奶油等产品。

（1）炼乳。将瓶或铁罐的表面先用水洗净，再以点燃的酒精棉球将瓶口或铁罐表面消毒，然后用灭菌的开罐（瓶）器打开，以无菌手续称取 25g 检样，放入装有 225mL 灭菌生理盐水的三角烧瓶内，振摇混匀。

（2）奶油（稀奶油）。用无菌手续取适量检样，置于灭菌三角瓶内，在 45℃ 水浴或保温箱中加温，融化后立即将瓶取出，以灭菌吸管吸取 25mL 检样，加入装有 225mL 灭菌生理盐水或灭菌奶油稀释液的三角瓶内（瓶装稀释液应置于 45℃ 水浴或保温箱中保温，做 10 倍递增稀释时所用稀释液亦同），振摇混匀，从检样融化至接种完毕的时间不应超过 30min。

2. 固体样品采样的数量

在乳制品中一般包括干酪、奶粉等产品。

1）干酪

因为这些产品的抽样主要用于成分检测，所以样品容器的大小只要刚好能盛下样品就行，这样可以减小因湿气的进入而带来的成分变化。

（1）小干酪和零售包装的干酪（≥100g）：采集整块干酪或整包干酪。

（2）块状干酪：用一个不锈钢刀在面上平行切 2 刀，弄去表面层后取至少 100g 的一块。

（3）大块干酪（640lb＝288kg）：抽样方法依照干酪情况和生产方法来定。如果有可能，用一个不锈钢取样器在 75％乙醇擦过表面的干酪的末端取样 5～10cm 长的样品。第二次取样从中心取，第三次取样点在第一和第二取样点的中间。

每次取样时，将取样部位表面的蜡皮用灭菌刀削掉，然后用点燃的酒精棉球消毒后以灭菌刀切开，再以灭菌刀切取表层和深层检样各少许，置于灭菌乳钵内切碎，加入少量灭菌盐水研成糊状。

2）奶粉

奶粉如是小型包装，应该采取整件的原包装。罐装或瓶装奶粉，按照炼乳处理方法将容器外部消毒后，以无菌手续开封取样。塑料袋装奶粉以 75％酒精棉球将袋口两面擦拭一遍，然后用灭菌刀剪切开，以无菌手续取样 25g，放入装有 225mL 灭菌生理盐水的三角瓶内（瓶内含有适量的灭菌的玻璃珠），振摇使其溶解并混合均匀。

奶粉如是大包装，可分为罐装和袋装，规格为 12.5kg 和 25kg 两种，可用灭菌后的无菌刀或勺从有代表性的各部位每件取出不少于 200g 的样品。

3. 液体样品采样的数量

在乳制品中一般包括生鲜乳、酸奶等产品。

生鲜乳、酸奶：以无菌手续去掉采样瓶口的纸罩。混匀，瓶口经火焰灭菌后，用无菌手续称取 25g（mL）检样，放入装有 225mL 灭菌生理盐水的三角瓶内，振摇混匀。

（五）采样细则

（1）袋装（箱装）原料的检验。由原辅料检验员根据"原辅料检验验证项目表"的要求从不同部位抽取 4 袋（4 箱），在每袋的四角及中心各取 100～200g 做感官指标检验，凡需进行理化、微生物指标检验的，将样品混合均匀后取 300～500g 送检验部门做理化、微生物指标检验。不足 4 袋的按实有数量进行抽检，抽检合格后方可使用；不合格的依据复检规则进行复检。

（2）桶装原料的检验。依据"原辅料检验验证项目表"的要求在不同部位抽取 4 桶，在每桶的上、中、下三处或摇匀后取 100～200g 做感官指标检验，凡需进行理化、微生物指标检验的，将样品混合均匀后取 300～500g 做理化、微生物指标检验。不足 4 桶的按实有数量进行抽检，检验合格后方可使用；不合格的依据复检规则进行复检。

（3）生产用水的检验。由检验中心每月对各生产用水进行一次检验，取水地点为配料房出水口及主水管道。用灭菌瓶在无菌的条件下直接取样，及时送化验室检验。检验项目为硬度及微生物指标（大肠菌群、细菌），其他指标每年送防疫站进行一次检验。对不符合要求的生产用水应处理后再用。

（4）辅料涂抹检验。由检验部门每月对各类直接接触产品的辅料（如包装袋、雪糕棒、吸管等）分别进行一次涂抹检验，对检验不合格的产品不可使用。

（5）检验结果的出具。所有项目全部检验结束后，由检验中心出具"原材料检验结果报告单"与"原辅材料感官检验验证报告单"，并在 48h 内录入微机待查（只进行感官检验的，当日内将结果输入微机）。

二、样品的预处理

（一）处理原则

（1）消除干扰因素。
（2）保证被测组分在分离过程中的损失要小到可以忽略不计。
（3）被测组分需浓缩，以便获得更可靠的结果。
（4）选用的分离富集方法应简便。

（二）常用的预处理方法

1）直接溶解法

试样中的被测物质，大多数能直接溶于水中，所以这类物质一般是将试样加水溶解稀释后直接测定，有些物质则需要用水加热提取后测定。有些难溶于水的有机物质，常用乙醚、乙醇、四氯化碳、氯仿等有机溶剂溶解。

2）有机质破坏法

乳及乳制品中许多微量元素与蛋白质等有机物结合成为难溶的或难离解的化合物，因此，在测定前，要先破坏有机结合体，使被测组分释放出来，根据操作不同分为干法灰化、湿法消化、消解法。

（1）干法灰化。此法是将样品置于坩埚中，先在电炉上小火炭化，除去水分后，再置于500～600℃的高温炉中灼烧灰化，使有机物彻底氧化破坏，生成二氧化碳和水逸出，取出残灰，冷却后用稀盐酸或稀硝酸溶解过滤，滤液定容后供测定用。

干法灰化优点是破坏彻底，操作简便，试剂用量少；缺点是时间长，挥发性元素在高温下损失较大，坩埚对被测组分有吸留作用，致使测定结果和回收率降低。

（2）湿法消化。在强酸性溶液中，在加热条件下，利用硫酸、硝酸、高氯酸等的氧化作用，使有机物分解产生气体，被测金属呈离子状态留在消化液中待测。

湿法消化优点是加热温度相对较低，减少了元素损失；有机物分解速度快，所需时间短；缺点是在消化过程中产生大量有害气体，因此，试验要在通风橱中完成；消化初期，易产生大量泡沫外溢，故需操作人员随时照管。

（3）微波消解法。该法是通过电磁波的能量来加热反应液，它是从内到外加热，样品与酸的混合物通过吸收微波能，即时深层加热，同时，微波产生的交变磁场使介质分子极化，产生高速振动，获得高能量，促使化学键快速断裂。比起直接加热，它更有利于有机物质的消解。

3）蒸馏法

蒸馏法是利用被测物质中各组分挥发性的差异来进行分离的方法，可以用于除去干扰组分，也可将被测组分蒸馏出来，收集后进行分析，例如乳及乳制品中蛋白质的测定，常用的方法有三种：

（1）常压蒸馏。用于被测组分受热不易分解的或沸点不太高的样品，加热方法可视情况选择水浴、油浴或直接加热。

（2）减压蒸馏。用于常压蒸馏容易使被测组分分解或沸点太高的样品。

（3）水蒸气蒸馏。可用于被测组分加热到沸点时可能分解；或被蒸馏组分沸点较高，直接加热蒸馏时，因受热不均易引起局部炭化的样品。

4）萃取法

溶剂萃取法是在试剂中加入一种与原溶剂不相溶的有机溶剂，利用试液中组分在此有机溶剂中溶解的特性，而使之与不溶于此溶剂的其他组分分离。溶剂萃取法主要用于物质的分离和富集，例如在测定乳及乳制品中脂肪的含量时，利用脂肪在乙醚中的溶解性进行抽提。

优点：设备简单，操作迅速，分离效果好，在食品分析中应用较广。

缺点：进行成批量分析时，工作量较大，同时，萃取溶剂常易挥发、易燃且有毒性，故操作时应加以注意。

5）沉淀分离法

沉淀分离法是利用被测物质或者杂质能与试剂生成沉淀的反应，经过过滤等操作，使被测物质同杂质分离。

6）吸附法

吸附法是利用聚酰胺、硅胶、硅藻土、氧化铝等吸附剂对被测成分均有适当的吸附能力，达到与其他干扰成分的分离，如对着色剂有较强的吸附能力，其他杂质难于被吸附。

在鉴定食品中着色剂的操作步骤中，常常应用吸附法处理样品。样品液中的着色剂被吸附剂吸附后，经过过滤、洗涤，再用适当的溶媒解析，从而得到比较纯净的着色剂溶液。吸附剂可以直接加入样品中吸附色素，亦可将吸附剂装入玻璃管中做成吸附柱或涂布成薄层板使用。

三、分析结果的表示与数据处理

1. 分析结果的表示方法

1）固体物质

固体试样中待测组分的含量一般以质量分数表示，在实际工作中通常使用的百分比符号"％"，是质量分数的一种表示方法，即表示每百克样品中所含被测物质的克数。当待测组分含量很低时，可采用 mg/kg 或 μg/kg。

2）液体试样

液体试样中待测组分的含量，可用下列方式表示：

（1）物质的量浓度。表示待测组分的物质的量除以试液的体积，常用单位 mol/L。

（2）质量摩尔浓度。表示待测组分的物质的量除以试液的质量，常用单位 mol/g。

（3）质量分数。表示待测组分的质量除以试液的质量，量纲为 1。

（4）体积分数。表示待测组分的体积除以试液的体积，量纲为 1。

（5）摩尔分数。表示待测组分的物质的量除以试液的物质的量，量纲为 1。

（6）质量浓度。表示单位体积中某种物质的质量，常用单位 mg/L。

2. 数据处理

1）记录规则

数据的记录应根据分析方法和测量仪器的准确度来决定，只允许保留一位可疑数字。除有特殊规定外，一般可疑数表示末位有 1 个单位的误差。

2）修约规则

按"四舍六入五留双"的规则进行。修约数字时，只允许对原测量值一次修约到所需要的位数，不能分次修约。

3）计算规则

加减运算结果有效数字位数的保留，应以小数点后位数最少的数为依据。乘除法运算结果的有效数字位数，应与其中有效数字位数最少（即相对误差最大）的那个数相对应。

4）异常值的取舍

在实验中得到的一组数据中，往往有个别数据离群较远，这一数据称为异常值，又称离群值或可疑值。如果这一数据是已知原因的过失造成的，如加错试剂、滴定过量等，则这一数据必须舍去。如果不是这种情况，则对异常值不能随意取舍，特别是测定数据较少时，更应慎重对待。

小结

本章主要介绍了常用玻璃仪器的使用方法、注意事项、采样细则及样品制备的全过程。

复习题

1. 简述药品称量及使用原则。
2. 简述样品采集的定义。
3. 样品的分类方法有哪几种？
4. 干酪、奶粉和液态乳取样过程有何不同？
5. 样品预处理的总原则是什么？
6. 常用的预处理方法有什么？
7. 异常值如何取舍？

第二章　乳与乳制品的感官检验

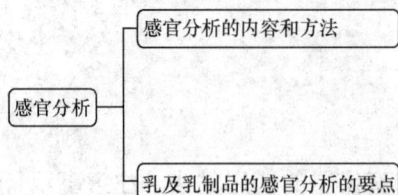

```
                    ┌─ 感官分析的内容和方法
          感官分析 ─┤
                    └─ 乳及乳制品的感官分析的要点
```

感官检验就是凭借人体自身的感觉器官，具体地讲就是凭借眼、耳、鼻、口（包括唇和舌头）和手，对食品的质量状况做出客观的评价。也就是通过用眼睛看、鼻子嗅、耳朵听、用口品尝和用手触摸等方式，对食品的色、香、味和外观形态进行综合性的鉴别和评价。食品质量的优劣最直接地表现在它的感官性状上，通过感官指标来鉴别食品的优劣和真伪，不仅简便易行，而且灵敏度高，直观而实用，与使用仪器进行分析相比，有很多优点，因而它也是食品的生产、销售、管理人员所必须掌握的一门技能。广大消费者从维护自身权益角度讲，掌握这种方法也是十分必要的。应用感官手段来鉴别食品的质量有着非常重要的意义。常用的感官检验方法分为三类：差别检验法、类别检验法、描述检验法。

感官鉴别能否真实、准确地反映客观事物的本质，除了与人体感觉器官的健全程度和灵敏程度有关外，还与人们对客观事物的认识能力有直接的关系。只有当人体的感觉器官正常，又熟悉有关食品质量的基本常识时，才能比较准确地鉴别出食品质量的优劣。当食品的感官性状只发生微小变化，甚至这种变化轻微到有些仪器都难以准确发现时，通过人的感觉器官，如嗅觉等都能给予应有的鉴别。可见，食品的感官质量鉴别有着理化和微生物检验方法所不能替代的优越性。在食品的质量标准和卫生标准中，第一项内容一般都是感官指标，通过这些指标不仅能够直接对食品的感官性状做出判断，而且还能够据此提出必要的理化和微生物检验项目，以便进一步证实感官鉴别的准确性。

第一节　感官分析的内容和方法

一、感官分析的内容

人体感官对应的感觉如图 2-1 所示。

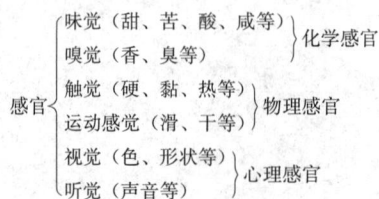

```
          ┌─ 味觉（甜、苦、酸、咸等）┐
          │                          ├─ 化学感官
          ├─ 嗅觉（香、臭等）        ┘
          │
   感官 ──┤── 触觉（硬、黏、热等）  ┐
          │                          ├─ 物理感官
          ├─ 运动感觉（滑、干等）    ┘
          │
          ├─ 视觉（色、形状等）      ┐
          │                          ├─ 心理感官
          └─ 听觉（声音等）          ┘
```

图 2-1　感官与感觉

1. 视觉检验

视觉检验是通过观察乳制品的外观形态、颜色光泽、组织状态等，来评价产品的品质（如新鲜程度，有无不良改变等），食品的色泽是人的感官评价食品品质的一个重要因素。不同的食品显现着各不相同的颜色，红、橙、黄、绿、青、蓝、紫中的某一色或某几色的光反射刺激视觉而显示其颜色的基本属性，明度、色调、饱和度是识别每一种色的三个指标。对于判定食品的品质亦可从这三个基本属性全面地衡量和比较，这样才能准确地判断和鉴别出食品的质量优劣，以确保购买优质食品。

（1）明度。颜色的明暗程度。新鲜的食品常具有较高的明度，也就是光泽好，明度的降低往往意味着食品的不新鲜。

（2）色调。对于食品的颜色起着决定性的作用（如食品的褪色或变色），色调稍微改变对颜色的影响就会很大，会完全破坏了食品的商品价值和实用价值。

（3）饱和度。食物贮放时间的长短会使视频颜色的深浅、浓淡程度发生改变，也就是某种颜色色调的变化。食品颜色的深浅、浓淡变化对于感官鉴别而言也是很重要的。

2. 嗅觉检验

嗅觉检验是通过人的嗅觉感官检验乳品的风味、进行评价产品质量的方法。嗅觉器官主要是鼻子。大多数具有浓烈气味的食物，由于它的芳香对嗅觉器官产生强烈刺激，人是通过嗅觉神经传到大脑后半球做出判定的。每一种气味都是四种基本味的混合。这四种基本味是香味、酸味、腐臭和焦香。气味是具有挥发性的，随温度的高低而增减，嗅觉检验时最好在 20～45℃。

3. 味觉检验

味觉检验是利用人的味觉器官，通过品尝样品的滋味和风味，从而鉴别产品品质优劣的方法，是用来识别食品是否酸败、发酵的重要手段。呈味原理是可溶性呈味物质 → 味蕾（味细胞）→ 大脑 → 味觉。呈味物质的味觉，除化学结构外与品尝温度、食物之软硬度、黏度和咀嚼感等因素有关，最佳品尝温度为10～45℃，30℃时为最敏感。一般咸味与苦味随温度升高而减少，酸味和甜味随温度升高而增加。在感官鉴别其质量时，常将滋味分类为甜、酸、咸、苦、辣、涩、浓、淡、碱味及不正常味等。

各种味觉最敏感部位在舌面上的分布见图 2-2。

呈味物质的结构是影响味感的内因：

糖类：葡萄糖、蔗糖——多呈甜味。

羧酸：醋酸、柠檬酸、乳酸——多呈酸味。

盐类：氯化钠、氯化钾——多呈咸味。

生物碱、重金属盐——则呈苦味。

但也有例外情况，如糖精、乙酸铅等非糖有机盐也有甜味，草酸并无酸味而呈涩味等。总之，物质结构与味感

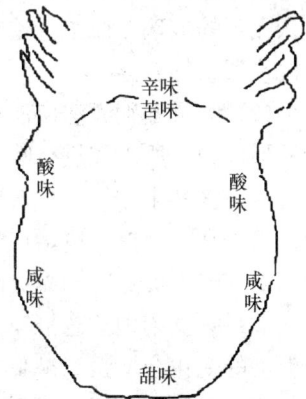

图 2-2　舌面各种味觉分布图

关系非常复杂。

另外还有与此相反的削减作用，食盐和砂糖以相当的浓度混合，则砂糖的甜味会明显减弱甚至消失。

4. 听觉检验

听觉检验是凭借人体的听觉器官对声音的反应来检验产品的方法。主要检测样品的流动状态和质地。

5. 触觉检验

触觉检验是通过被检样作用于鉴定者的触觉器官（一般通过人手的皮肤表面接触物体）产生的反应来评价产品品质的一种方法。这个特性一般表现为形状、组织状态和稠度。当把它们作为构成乳制品全部感官质量重要组成部分时，它们的特性也在一定程度上取决于触摸感觉了。评定硬度与稠度时要求温度在 15～20℃时测定。

二、感官鉴别的特点

1. 优点

感官检验法具有简便、迅速、不需要复杂的和特殊的仪器设备的优点，故在大多数情况下，不受鉴定地点的限制，是实际业务工作中特别是基层普遍采用的方法。

2. 缺点

鉴定结果难免带有主观性。检验结果，在大多数情况下只能用比较性的用词，不如理化鉴定可以用确切的数字表示。

三、感官检验中的注意事项

（1）视觉鉴别方法注意的问题：鉴别固体时应注意整体外观、大小、形态、块形的完整程度、清洁程度，表面有无光泽、颜色的深浅色调等。在鉴别液态食品时，要将它注入无色的玻璃器皿中，透过光线来观察，也可将瓶子颠倒过来，观察其中有无夹杂物下沉或絮状物悬浮。

（2）嗅觉鉴别方法应注意的事项：嗅觉鉴别是利用气味，气味是一些具有挥发性的物质形成的，所以在进行嗅觉鉴别时常需稍稍加热，但最好是在 15～25℃的常温下进行，因为食品中的气味挥发性物质常随温度的高低而增减。在鉴别时，液态食品可滴在清洁的手掌上摩擦，以增加气味的挥发。气味鉴别的顺序应当是先识别淡的气味，后鉴别浓的气味，以免影响嗅觉的灵敏度。

（3）味觉鉴别注意事项：在进行滋味鉴别时，最好使样品处在 20～45℃之间，以免温度的变化会增强或减低对味觉器官的刺激，几种不同味道的样品在进行感官评价时，应当按照刺激性由弱到强的顺序，最后鉴别味道强烈的食品。

（4）触觉鉴别时注意的问题：在感官如产品硬度（稠度）鉴定时，要求温度应在

15～20℃之间，因为温度的升降会影响到食品状态的改变。

（5）评定人员不能吸烟，以免影响自己和他人的感官评定。身体欠佳，特别是患感冒者不得参加评定（因感冒患者的味觉、嗅觉明显降低），否则会出现不准确的评定结果。

（6）评定前 30min，不能食用高香料食品，不能喝口味浓的饮料，不能吃糖果或嚼口香糖。

（7）评定人员不能使用气味浓郁的化妆品，应该用无香味的香皂洗手。

（8）评定人员不能处于饥饿状态，任何烦恼和兴奋均会影响评定结果。

（9）感官评定的样品应一致，在颜色、形状、数量、温度等方面没有显著差异。品尝时应使少量样品接触舌头的各部位仔细品尝，要避免吞咽或大口地喝。每品尝一种样品后都要用温清水漱口。

（10）感官评定场所应该是安静、清洁，光线良好，无任何干扰气味（如霉味、化学药品味等），所使用的器皿须清洁。

四、感官鉴别的适用范围

凡是作为乳品原料、半成品或成品的样品，其品质优劣与真伪评价，都适用于感官鉴别。而且乳品的感官鉴别，既适用于专业技术人员在室内进行技术鉴定，也适合广大消费者在市场上选购食品时应用。可见，感官鉴别方法具有广泛的适用范围。其具体适用范围如下：消毒鲜乳或者个体送奶户的鲜乳直接用感官鉴别也是非常适用的。在选购乳制品时，也适用于感官鉴别，从包装到制品颗粒的细洁程度，有无异物污染、悬浮物、杂质异物等，通过感官鉴别即可一目了然。

第二节　乳及乳制品感官分析的要点

感官鉴别乳及乳制品，主要指的是眼观其色泽和组织状态、嗅其气味和尝其滋味，应做到三者并重，缺一不可。

1. 鲜乳的质量鉴别

1）色泽鉴别

良质鲜乳——为乳白色或稍带微黄色。

次质鲜乳——色泽较良质鲜乳为差，白色中稍带青色。

劣质鲜乳——呈浅粉色或显著的黄绿色，或是色泽灰暗。

2）组织状态鉴别

良质鲜乳——呈均匀的流体，无沉淀、凝块和机械杂质，无黏稠和浓厚现象。

次质鲜乳——呈均匀的流体，无凝块，但可见少量微小的颗粒，脂肪聚黏，表层呈液化状态。

劣质鲜乳——呈稠而不匀的溶液状，有乳凝结成的致密凝块或絮状物。

3）气味鉴别

良质鲜乳——具有乳特有的乳香味，无其他任何异味。

次质鲜乳——乳中固有的香味稍差或有异味。

劣质鲜乳——有明显的异味，如酸臭味、牛粪味、金属味、鱼腥味、汽油味等。

4）滋味鉴别

良质鲜乳——具有鲜乳独具的纯香味，滋味可口而稍甜，无其他任何异常滋味。

次质鲜乳——有微酸味（表明乳已开始酸败），或有其他轻微的异味。

劣质鲜乳——有酸味、咸味、苦味等。

2. 鉴别炼乳的质量

1）色泽鉴别

良质炼乳——呈均匀一致的乳白色或稍带微黄色，有光泽。

次质炼乳——色泽有轻度变化，呈米色或淡肉桂色。

劣质炼乳——色泽有明显变化，呈肉桂色或淡褐色。

2）组织状态鉴别

良质炼乳——组织细腻，质地均匀，黏度适中，无脂肪上浮，无乳糖沉淀，无杂质。

次质炼乳——黏度过高，稍有一些脂肪上浮，有砂粒状沉淀物。

劣质炼乳——凝结成软膏状，冲调后脂肪分离较明显，有结块和机械杂质。

3）气味鉴别

良质炼乳——具有明显的牛乳乳香味，无任何异味。

次质炼乳——乳香味淡或稍有异味。

劣质炼乳——有酸臭味及较浓重的其他异味。

4）滋味鉴别

良质炼乳——淡炼乳具有明显的牛乳滋味，甜炼乳具有纯正的甜味，均无任何异物。

次质炼乳——滋味平淡或稍差，有轻度异味。

劣质炼乳——有不纯正的滋味和较重的异味。

3. 鉴别奶粉的质量

1）固体奶粉

（1）色泽鉴别。

良质奶粉——色泽均匀一致，呈淡黄色，脱脂奶粉为白色，有光泽。

次质奶粉——色泽呈浅白或灰暗，无光泽。

劣质奶粉——色泽灰暗或呈褐色。

（2）组织状态鉴别。

良质奶粉——粉粒大小均匀，手感疏松，无结块，无杂质。

次质奶粉——有松散的结块或少量硬颗粒、焦粉粒、小黑点等。

劣质奶粉——有焦硬的、不易散开的结块，有肉眼可见的杂质或异物。

（3）气味鉴别。

良质奶粉——具有消毒牛奶纯正的乳香味，无其他异味。

次质奶粉——乳香味平淡或有轻微异味。

劣质奶粉——有陈腐味、发霉味、脂肪哈喇味等。

（4）滋味鉴别。

良质奶粉——有纯正的乳香滋味，加糖奶粉有适口的甜味，无任何其他异味。

次质奶粉——滋味平淡或有轻度异味，加糖奶粉甜度过大。

劣质奶粉——有苦涩或其他较重异味。

2）冲调奶粉

若经初步感官鉴别仍不能断定奶粉质量好坏时，可加水冲调，检查其冲调还原乳的质量。冲调方法：取奶粉 4 汤匙（每平匙约 7.5g），倒入玻璃杯中，加温开水 2 汤匙（约 25mL），先调成稀糊状，再加 200mL 开水，边加水边搅拌，逐渐加入，既成为还原乳。

冲调后的还原乳，在光线明亮处进行感官鉴别。

（1）色泽鉴别。

良质奶粉——乳白色。

次质奶粉——乳白色。

劣质奶粉——白色凝块，乳清呈淡黄绿色。

（2）组织状态鉴别。

取少量冲调奶置于平皿内观察。

良质奶粉——呈均匀的胶状液。

次质奶粉——带有小颗粒或有少量脂肪析出。

劣质奶粉——胶态液不均匀，有大的颗粒或凝块，甚至水乳分离，表层有游离脂肪上浮。

（3）冲调奶的气味与滋味感官鉴别同固体奶粉的鉴别方法。

3）鉴别真假奶粉

（1）手捏鉴别。

真奶粉——用手捏住袋装奶粉包装来回摩搓，真奶粉质地细腻，发出"吱、吱"声。

假奶粉——用手捏住袋装奶粉包装来回摩搓，假奶粉由于掺有白糖、葡萄糖而颗粒较粗，发出"沙、沙"的声响。

（2）色泽鉴别。

真奶粉——呈天然乳黄色。

假奶粉——颜色较白，细看呈结晶状，并有光泽，或呈漂白色。

（3）气味鉴别。

真奶粉——嗅之有牛乳特有的奶香味。

假奶粉——没有乳香味。

（4）滋味鉴别。

真奶粉——细腻发黏，溶解速度慢，无糖的甜味。

假奶粉——入口后溶解快，不粘牙，有甜味。

（5）溶解速度鉴别。

真奶粉——用冷开水冲时，需经搅拌才能溶解成乳白色混悬液，用热水冲时，有悬漂物上浮现象，搅拌时粘住调羹。

假奶粉——用冷开水冲时，不经搅拌就会自动溶解或发生沉淀，用热开水冲时，其溶解迅速，没有天然乳汁的香味和颜色。

4）全脂奶粉与脱脂奶粉的区别

全脂奶粉，用水冲调复原为鲜乳时，表面上会出现一层泡沫状浮垢，这是脂肪和蛋白质的络合物。脱脂奶粉比全脂奶粉乳糖含量多，故吸潮能力强，一旦奶粉潮湿大，会改变蛋白质的胶体状态，使在水中的溶解度降低。

4. 鉴别酸奶的质量

1）色泽鉴别

良质酸奶——色泽均匀一致，呈乳白色或稍带微黄色。

次质酸奶——色泽不匀，呈微黄色或浅灰色。

劣质酸奶——色泽灰暗或出现其他异常颜色。

2）组织状态鉴别

良质酸奶——凝乳均匀细腻，无气泡，允许有少量黄色脂膜和少量乳清。

次质酸奶——凝乳不均匀也不结实，有乳清析出。

劣质酸奶——凝乳不良，有气泡，乳清析出严重或乳清分离。瓶口及酸奶表面均有霉斑。

3）气味鉴别

良质酸奶——有清香、纯正的酸奶味。

次质酸奶——酸奶香气平淡或有轻微异味。

劣质酸奶——有腐败味、霉变味、酒精发酵及其他不良气味。

4）滋味鉴别

良质酸奶——有纯正的酸奶味，酸甜适口。

次质酸奶——酸味过度或有其他不良滋味。

劣质酸奶——有苦味、涩味或其他不良滋味。

5. 鉴别冰淇淋的质量

1）色泽鉴别

进行冰淇淋色泽的感官鉴别时，先取样品开启包装后直接观察，接着再用刀将样品纵切成两瓣进行观察。

良质冰淇淋——呈均匀一致的乳白色或与本花色品种相一致的均匀色泽。

次质冰淇淋——尚具有与本品种相适应的色泽。

劣质冰淇淋——色泽灰暗而异样，与各品种应该具有的正常色泽不相符。

2）组织状态鉴别

进行冰淇淋组织状态的感官鉴别时，也是先打开包装直接观察，然后用刀将其切分成若干块再仔细观察其内部质地。

　　良质冰淇淋——形态完整，组织细腻滑润，没有乳糖、冰晶及乳酪粗粒存在，无直径超过 0.5cm 的孔洞，无肉眼可见的外来杂质。

　　次质冰淇淋——外观稍有变形，冻结不坚实，带有较大冰晶，稍见脂肪、蛋白质等淤积，只有一般原辅料带进的杂质。

　　劣质冰淇淋——外观严重变形，摊软或溶化，冻结不坚实并有严重的冰晶和较多的脂肪、蛋白质淤积块，有头发、金属、玻璃、昆虫等恶性杂质。

　　3）气味鉴别

　　感官鉴别冰淇淋的气味时，可打开杯盖或在蛋托上直接嗅闻。

　　良质冰淇淋——具有各香型品种特有的香气。

　　次质冰淇淋——香气过浓或过淡。

　　劣质冰淇淋——香气不正常或有外来异常气味。

　　4）滋味鉴别

　　取样品少许置口中，直接品味。

　　良质冰淇淋——清凉细腻，绵甜适口，给人愉悦感。

　　次质冰淇淋——稍感不适口，可嚼到冰晶粒。

　　劣质冰淇淋——有苦味、金属味或其他不良滋味。

　　6. 硬质干酪的质量鉴别

　　1）色泽鉴别

　　良质硬质干酪——呈白色或淡黄色，有光泽。

　　次质硬质干酪——色泽变黄或灰暗，无光泽。

　　劣质硬质干酪——呈暗灰色或褐色，表面有霉点或霉斑。

　　2）组织状态鉴别

　　良质硬质干酪——外皮质地均匀，无裂缝，无损伤，无霉点及霉斑。切面组织细腻、湿润，软硬适度，有可塑性。

　　次质硬质干酪——表面不匀，切面较干燥，有大气孔，组织状态呈疏松。

　　劣质硬质干酪——外表皮出现裂缝，切面干燥，有大气孔，组织状态呈碎粒状。

　　3）气味鉴别

　　良质硬质干酪——除具有各种干酪特有的气味外，一般都香味浓郁。

　　次质硬质干酪——干酪味平淡或有轻微异味。

　　劣质硬质干酪——具有明显的异味，如霉味、脂肪酸败味、腐败变质味等。

　　4）滋味鉴别

　　良质硬质干酪——具有干酪固有的滋味。

　　次质硬质干酪——干酪滋味平淡或有轻微异味。

　　劣质硬质干酪——具有异常的酸味或苦涩味。

7. 鉴别奶油的质量

1）色泽鉴别

良质奶油——呈均匀一致的淡黄色，有光泽。

次质奶油——色泽较差且不均匀，呈白色或着色过度，无光泽。

劣质奶油——色泽不匀，表面有霉斑，甚至深部发生霉变，外表面浸水。

2）组织状态鉴别

良质奶油——组织均匀紧密，稠度、弹性和延展性适宜，切面无水珠，边缘与中心部位均匀一致。

次质奶油——组织状态不均匀，有少量乳隙，切面有水珠渗出，水珠呈白浊而略黏。有食盐结晶（加盐奶油）。

劣质奶油——组织不均匀，黏软、发腻、粘刀或脆硬疏松且无延展性，且表面有大水珠，呈白浊色，有较大的孔隙及风干现象。

3）气味鉴别

良质奶油——具有奶油固有的纯正香味，无其他异味。

次质奶油——香气平淡、无味或微有异味。

劣质奶油——有明显的异味，如鱼腥味、酸败味、霉变味、椰子味等。

4）滋味鉴别

良质奶油——具有奶油独具的纯正滋味，无任何其他异味，加盐奶油有咸味，酸奶油有纯正的乳酸味。

次质奶油——奶油滋味不纯正或平淡，有轻微的异味。

劣质奶油——有明显的不愉快味道，如苦味、肥皂味，金属味等。

5）外包装鉴别

良质奶油——包装完整、清洁、美观。

次质奶油——外包装可见油污迹，内包装纸有油渗出。

劣质奶油——不整齐、不完整或有破损现象。

小结

本章简单介绍了乳及乳制品感官鉴别的优点、适用范围和使用原则，重点介绍了乳及乳制品感官检验内容及注意事项，以及不同乳制品感官鉴别的要点。

复习题

1. 简述感官检验中的注意事项。
2. 简述感官检验的特点。
3. 简述视觉检验的三个基本属性。
4. 简述冰淇淋的感官检验要求。

第三章　乳与乳制品的理化检验

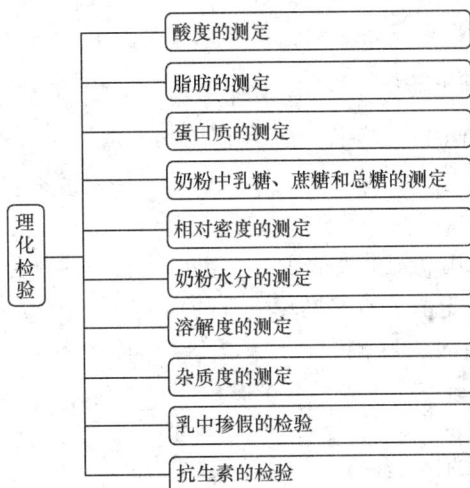

```
                        ┌─────────────────────────────────┐
                        │ 酸度的测定                        │
                        ├─────────────────────────────────┤
                        │ 脂肪的测定                        │
                        ├─────────────────────────────────┤
                        │ 蛋白质的测定                      │
                        ├─────────────────────────────────┤
                        │ 奶粉中乳糖、蔗糖和总糖的测定       │
                        ├─────────────────────────────────┤
              理    ┌────│ 相对密度的测定                    │
              化 ───┤    ├─────────────────────────────────┤
              检    └────│ 奶粉水分的测定                    │
              验        ├─────────────────────────────────┤
                        │ 溶解度的测定                      │
                        ├─────────────────────────────────┤
                        │ 杂质度的测定                      │
                        ├─────────────────────────────────┤
                        │ 乳中掺假的检验                    │
                        ├─────────────────────────────────┤
                        │ 抗生素的检验                      │
                        └─────────────────────────────────┘
```

　　理化检验是乳品加工、贮存及流通过程中质量保证体系的一个重要组成部分，它是依据物理、化学性质，运用现代科学技术和分析手段，对乳及各类乳制品的主要成分、含量和各项理化指标进行检测，以保证生产出质量合格的产品。它可分为物理分析和化学分析。物理分析是根据乳及乳制品的一些物理常数进行测定的方法，如相对密度的测定；化学分析是根据乳及乳制品中各组分的化学性质开展的测定，其特点是设备简单，测定结果较为准确，是生产过程中最常用的方法，如酸度、脂肪、蛋白质测定等。

第一节　酸度的测定

　　牛乳的酸度分为固有酸度（外表酸度）和发酵酸度（真实酸度）。固有酸度和发酵酸度之和称为牛乳的总酸度。

　　刚挤出的新鲜牛乳的酸度为 $0.15\%\sim0.18\%$（$16\sim18°T$），主要由乳中的蛋白质、柠檬酸盐、磷酸盐及二氧化碳等酸性物质所造成，称为固有酸度，其中来源于 CO_2 占 $0.01\%\sim0.02\%$（$2\sim3°T$）、乳蛋白占 $0.05\%\sim0.08\%$（$3\sim4°T$）、柠檬酸盐占 0.01%、磷酸盐占 $0.06\%\sim0.08\%$（$10\sim12°T$）。

　　乳在微生物的作用下发酵产生乳酸，导致乳的酸度逐渐升高。由于发酵产酸而升高的这部分酸度称为发酵酸度。

　　习惯上如果牛乳的酸度超过 $0.20\%\sim0.25\%$，pH6.6 即为有乳酸存在，把酸度 $<0.2\%$ 的牛乳称为新鲜牛乳；$>0.2\%$ 的牛乳称为不新鲜牛乳；达到 0.3% 时，饮用有一定的酸味，当牛乳结块时酸度为 0.6%。

乳中酸度增高，主要是微生物活动的结果，所以测定乳的酸度，可判断牛乳是否新鲜，即牛乳的酸度是反映牛乳新鲜程度和热稳定性的重要指标。

一般条件下，乳品工业所测定的酸度就是总酸度，是指以标准碱液用滴定法测定的滴定酸度。滴定酸度有多种测定方法和表示形式，我国滴定酸度常用吉尔涅尔度（°T）来表示。

（一）吉尔涅尔度

吉尔涅尔度（°T）是指滴定 100mL 牛乳样品，消耗的 0.1mol/L NaOH 标准溶液的毫升数，工厂一般采用 10mL 样品，而不用 100mL。

（二）乳酸度

牛乳的酸度（％）除用滴定酸度表示外，也可用乳酸的百分数来表示，与总酸度的计算方法一样，也可由滴定酸度直接换算成乳酸％（1°T ＝0.09％乳酸）。如 10mL 牛乳按2∶1稀释，加酚酞，用 NaOH 滴定，转化为乳酸的百分数。

$$乳酸(\%) = \frac{(N \times V) \times 0.09}{10 \times 相对密度} \times 100\% \tag{3-1}$$

式中　N——NaOH 的摩尔浓度；

　　　V——NaOH 溶液滴定的体积数；

　　　0.09——乳酸的系数；牛乳的相对密度用乳稠计测，计算出的数据符合 1°T ＝
　　　　　　0.09％乳酸；

　　　10——牛乳样品的体积，mL；

（三）pH

酸度可用氢离子浓度的负对数（pH）表示，正常新鲜牛乳的 pH 为 6.5～6.7，一般酸败乳或初乳的 pH 在 6.4 以下，乳房炎乳或低酸度乳 pH 在 6.8 以上。

滴定酸度可以及时反映出乳酸产生的程度，而 pH 反映的为乳的表观酸度，两者不呈现规律性的关系，因此生产中广泛地采用测定滴定酸度来间接掌握乳的新鲜度。乳酸度越高，乳对热的稳定性就越低。正常牛乳的酸度由于乳牛的品种、饲料、挤乳和泌乳期的不同而有差异，但一般均在 16～18°T 之间。如果牛乳放置时间过长，细菌繁殖可使牛乳酸度明显升高，如果奶牛状况不佳，患急、慢性乳房炎等，则会使牛乳酸度降低。因此，牛乳的酸度是反映牛乳质量的一项重要指标。

一、酸碱滴定法

1. 原理

用 0.1mol/L NaOH 溶液滴定时，乳中的乳酸和 0.1mol/L NaOH 反应，生成乳酸钠和水。根据强碱的消耗量计算乳的酸度。

滴定反应：$CH_3CH(OH)COOH + NaOH \longrightarrow CH_3CH(OH)COONa + H_2O$

指示剂：酚酞。

指示反应：酚酞→酚酞中间体→酚酞。

     （无色）   （红色）

滴定终点：无色→粉红色（30s 不褪色）

当滴入乳中的 NaOH 溶液被乳酸中和后，多余的 NaOH 就使先加入乳中的酚酞变红色，因此，根据滴定时消耗的 NaOH 标准溶液就可以得到滴定酸度。

2. 仪器和试剂

（1）0.1mol/L NaOH 标准溶液（保护此溶液，防止 CO_2 渗透）。

（2）0.5％或 1％酚酞乙醇溶液。

（3）碱式滴定管。

（4）pH 计。

（5）150mL、250mL 锥形瓶。

3. NaOH 标准溶液的配制及标定

1）配制方法

称取 120gNaOH（AR），溶于 100mL 无 CO_2 的水中，摇匀，注入聚乙烯容器中，密闭放置至溶液清亮。用塑料管吸取表 3-1 所列规定体积的上层清液，注入用无 CO_2 的水稀释至 1000mL，定容摇匀。

表 3-1 不同浓度 NaOH 饱和溶液的体积

c_{NaOH}/（mol/L）	NaOH 饱和溶液体积/mL
1	56
0.5	28
0.1	5.6

说明：配制好的 NaOH 要求不含 Na_2CO_3、$NaHCO_3$。

NaOH 放置时会与空气中的 CO_2 结合生成 Na_2CO_3、$NaHCO_3$。如果直接配制溶液，则 NaOH 溶液中含 Na_2CO_3，用这样的 NaOH 溶液滴定酸，所含的 Na_2CO_3 也会与所滴定的酸反应，这样会影响滴定的准确度。为了消除影响，必须去除 Na_2CO_3 和 $NaHCO_3$。因 Na_2CO_3、$NaHCO_3$ 在饱和的 $NaHCO_3$ 溶液会沉淀，所以在配制 NaOH 标准溶液时，先配成饱和溶液，使 Na_2CO_3、$NaHCO_3$ 沉出，再吸取清液才能配制出真正的 NaOH 标准溶液。

2）标定

称取下列规定量的、于 105～110℃电烘箱烘至恒重的工作基准试剂邻苯二甲酸氢钾，称准至 0.0001g，溶于表 3-2 所列规定体积的无 CO_2 的水中，加 2 滴酚酞指示液（10g/L），用配制好的 NaOH 溶液滴定至溶液呈粉红色并保持 30s。同时做空白试验。做 3 次平行实验。

表 3-2　标定溶液配置表

c_{NaOH}/（mol/L）	基准邻苯二甲酸氢钾/g	无 CO_2 水/mL
1	6.0	80
0.5	3.0	80
0.1	0.6	80

3）计算

氢氧化钠标准溶液浓度按下式计算：

$$c_{NaOH} = \frac{m}{(V - V_0) \times 0.2042} \tag{3-2}$$

式中　c_{NaOH}——氢氧化钠标准溶液的浓度，mol/L；

　　　V ——消耗氢氧化钠的量，mL；

　　　V_0——空白试验消耗氢氧化钠的量，mL；

　　　m——邻苯二甲酸氢钾的质量，g；

　　　0.2042——邻苯二甲酸氢钾的摩尔质量，kg/mol。

4. 操作方法

1）原料乳、纯牛乳

（1）取 150mL 的干净三角瓶，用煮沸冷蒸馏水涮洗干净。

（2）用 10mL 吸管准确吸取 10mL 乳样注入上述三角瓶中，再加入 20mL 中性蒸馏水（煮沸后冷却的蒸馏水），加入 0.5% 的酚酞 0.5mL，小心混匀。

（3）用 0.1mol/L NaOH 标准溶液滴定，边滴边以逆时针方向转动三角瓶，直至微红色且 30s 内不褪色。

（4）把滴定时所耗的 0.1mol/L NaOH 标准溶液的量乘以 10，即为鲜乳的酸度。

注意事项：

（1）酚酞指示剂的量要适中，过多会使呈现的颜色过重造成滴定量减少。

（2）不加水时判定终点不太容易，可导致酸度提高。

（3）在白色板上滴定判定终点。

（4）往三角瓶中所加的液体不准挂壁。

2）发酵乳

（1）称取样品 5g 左右样品（精确到 0.001g）于 150mL 三角瓶中，加入 40mL 中性蒸馏水（煮沸后冷却的蒸馏水），再加入 1% 的酚酞 5 滴，小心混匀。

（2）用 0.1mol/L NaOH 标准溶液滴定，直至微红色且 30s 内不褪色。

（3）滴定时所耗的 0.1mol/L NaOH 标准溶液的量除以样品克数，再乘以 100，即为所求的酸度。

注意事项：

（1）挂壁的样液必须用蒸馏水冲洗到瓶底后再滴定。

（2）所取样品要均匀，具有代表性。

3）冰淇淋

精确称取融化均匀的样品 4～5g 于 250mL 三角瓶中，加入 120mL 煮沸冷却后的蒸馏水，加入 2～3 滴 1% 的酚酞指示剂，用 0.1mol/LNaOH 标准溶液滴定至溶液呈粉色，并保持 30s 不褪色，即为终点。

计算：

$$酸度(\%) = \frac{V \times c \times 0.09}{m} \times 100（以乳酸计）\tag{3-3}$$

式中　m——样品重，g；

　　　V——NaOH 溶液滴定的体积数；

　　　c——NaOH 的摩尔浓度；

　　　0.09——乳酸的系数。

4）全脂奶粉

称取 4.00g 试样于 50mL 烧杯中，用 96mL 煮沸冷却后的蒸馏水分数次将试样溶解并移入 250mL 锥形瓶中，加数滴酚酞指示液，混匀。用 0.1mol/LNaoH 标准溶液滴定至粉红色并在 30s 内不褪色为终点，记录消耗 NaoH 标准溶液的体积。

$$X = \frac{V \times c \times 12}{m}\tag{3-4}$$

式中　X——试样的酸度，°T；

　　　V——试样消耗氢氧化钠标准溶液的体积，mL；

　　　c——氢氧化钠标准溶液（0.1mol/L）的实际浓度，mol/L；

　　　m——试样质量，g；

　　　12——12g 干燥奶粉相当 100mL 鲜乳。

5）炼乳

吸取 10.00mL 或 10.00g 试样，置于 250mL 锥形瓶中，加 60～65mL 煮沸冷却后的蒸馏水及数滴酚酞指示剂，以下按原料乳操作。

6）奶油

（1）试剂。

① 中性乙醇-乙醚混合液：取乙醇、乙醚等容混合后加数滴酚酞指示剂，以氢氧化钠溶液（4g/L）滴至微红色。

② 指示剂：酚酞-乙醇溶液（1g/L）。

③ 0.1mol/L NaOH 标准溶液。

（2）操作方法。准确称取 10g 试样，置于 150mL 锥形瓶中，加 30mL 中性乙醇-乙醚混合液，混匀，加 3 滴酚酞指示液，以 0.1mol/L NaOH 标准溶液滴至刚显粉红色，30s 内不褪色为终点，消耗的 NaOH 标准溶液毫升数乘以 10 即为酸度（°T）。

5. 影响因素

（1）试剂的浓度和用量。酚酞浓度不一样，到终点时 pH 稍有差异，有色液与无色液不一样，应按规定加入，尽量避免误差。

（2）稀释时的加水量。在上面的测定步骤中，不加 20mL 水直接用 NaOH 滴定，测出的数据出入很大，这主要是由于牛乳中有碱性磷酸三钙，不加水牛乳的酸度高，而加水后磷酸三钙溶解度增加，从而降低了牛乳的酸度，如果在滴定时没加水，那么所得的酸度高 2°T，应该减去 2°T。

所加的水的量不一样，滴定值也不一样，应按标准添加。

（3）碱液浓度。规定为 0.1mol/L NaOH 标准液，用时标定，配制时应除二氧化碳。

（4）终点确定。要求滴定到微红色，微红色的持续时间有长短。每个人对微红色的主观感觉也有差异，要求 30～60s 内不褪色为终点，视力误差为 0.5～1°T。

二、酒精试验（生鲜牛乳）

1. 原理

（1）乳中酪蛋白胶粒带有负电荷，酪蛋白胶粒具有亲水性，在胶粒周围形成了结合水层，所以，酪蛋白在乳中以稳定的胶体状态存在。

（2）酒精是较强的亲水性物质，它可使蛋白质胶粒脱水，浓度越大，脱水作用越强。

（3）当乳的酸度增高时，酪蛋白胶粒带有的负电荷被 H^+ 中和。

（4）酪蛋白胶粒周围的结合水易被酒精脱去，中和负电荷造成凝集。

用一定浓度的酒精与等量牛乳混合，根据蛋白质的凝聚，判定牛乳的酸度，以测定原料乳在高温加工过程中的热稳定性（试验的标准温度是 20℃）。

2. 仪器和试剂

（1）体积分数 68％乙醇（调至中性）。
（2）体积分数 70％乙醇（调至中性）。
（3）体积分数 72％乙醇（调至中性）。
（4）试管或平皿、吸管。

3. 操作方法

用吸管（或 2mL 取液器）取 2mL 乳样于干燥、干净试管或平皿内，吸取等量酒精加入其中，边加边转动试管或平皿，使酒精与乳样充分混合（勿使局部酒精浓度过高而发生凝聚）。振摇后不出现絮片的牛乳符合表 3-3 酸度标准，出现絮片的牛乳为酒精试验阳性乳，表示其酸度较高。试验温度以 20℃为标准，不同温度需进行校正。根据收乳标准，采用 68％、70％和 72％的酒精。

4. 结果对照

结果对照见表 3-3。

表 3-3 酒精试验与酸度对照表

酒精浓度/%	不出现絮状的酸度/°T
68	<20
70	<19
72	<18

5. 注意事项

(1) 取样（采样）要具有代表性。

(2) 样品中（检样）勿混入水分及其他离子，以免造成检验误差。

(3) 注意乳样与酒精等体积混合。

(4) 所用吸管与平皿必须干燥、干净。

(5) 配制酒精时，所加的水必须是煮沸过的，且水温保持室温。

(6) 配制酒精时，酒精与水必须充分混匀。

三、煮沸试验（生鲜牛乳）

1. 原理

牛乳新鲜度越差，酸度越高，乳中蛋白质对热的稳定性越差，加热后越易发生凝固。根据乳中蛋白质在不同温度时凝固的特征，可判断乳的新鲜度。

2. 仪器

(1) 吸管。

(2) 试管。

(3) 水浴锅。

3. 操作方法

取约 10mL 牛乳，注入洁净试管中，置于水浴锅中煮沸 5min，取出观察管壁有无絮片出现或发生凝固现象。如产生絮片或发生凝固，表示牛乳已不新鲜，酸度>26°T。

第二节 脂肪的测定

乳及乳制品中脂类化合物是指乳脂肪和类脂两类化合物，它们是乳及乳制品的重要组成部分。如稀奶油中脂肪质量分数为 12.5%～50%，重制奶油（黄油）为 99%～99.5%，牛乳为 3%～5%，全脂奶粉为 26%～32%，脱脂奶粉为 1%～1.5%。脂类化合物是人体重要的营养成分之一，乳脂肪具有补充消耗了的脂肪和构成脂肪组织的作用，能供给热能。类脂是与乳脂肪相似的化合物，乳中的类脂主要有磷脂、胆固醇等。类脂在细胞生命过程中对物质的转运和能量的传递起重要作用，是主要的生理活性物质。

乳脂肪不溶于水，而是以脂肪球的形式分散于乳中。通常牛乳中脂肪含量的高低及脂肪球的大小，因乳牛的品种、泌乳期、饲料及健康状况而异。一般来说，脂肪含量高的品种要比含量低的脂肪球大，随着泌乳期的延续脂肪球变小。脂肪球越大芳香味浓，脂肪球越小越容易消化吸收，凡是脂肪球大的牛乳，容易分离稀奶油，搅拌稀奶油时也容易形成奶油粒。同时乳脂肪酸的熔点低，乳脂肪本身就呈很好的乳化状态，所以乳脂肪是消化吸收很好的优质脂肪。

在乳品加工生产过程中，原料、半成品、成品的脂类含量对产品的风味、组织结构、品质、外观、口感等都有直接的影响，因此乳及乳制品中脂肪含量是重要的质量指标之一。测定乳及乳制品中脂肪含量常用的方法有巴布考克法、盖勃氏法和哥特里-罗紫法。

一、巴布考克法

巴布考克法（Babcock 法）是由美国的 Babcock 在 1890 年研究出的测定乳脂肪的方法。此法和盖勃法都是用来提取乳制品中的脂肪，这两种方法都叫湿法提取，因为样品不需要事先烘干，脂肪在牛乳中以乳胶体形式存在，要测定脂肪必须要破坏乳胶体脂肪与其他非脂成分的结合体，分离出来的非脂成分一般用浓 H_2SO_4 分解，用容量法定量，操作简便，为许多国家用于乳制品的常规分析。

1. 原理

牛乳与硫酸按一定比例混合后，使乳糖、蛋白质等非脂成分溶解，使脂肪球膜破坏，脂肪游离出来。由于硫酸作用产生的热量，促使脂肪上升到液体表面，再经过加热离心之后，则脂肪集中在巴氏乳脂瓶的瓶颈处，直接读取脂肪层高度即为脂肪含量。

2. 仪器和试剂

（1）17.6mL 牛乳吸管。
（2）巴氏离心机。
（3）巴布考克乳脂瓶（图 3-1）。
（4）硫酸，相对密度为 1.820～1.825，分析纯。

3. 操作方法

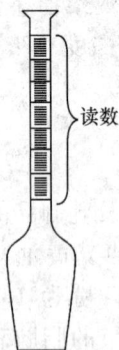

图 3-1 巴布考克乳脂瓶

吸取 20℃牛乳 17.6mL，注入巴氏乳脂瓶中（图 3-1），加等量硫酸，小心倒入乳脂瓶中，硫酸流入牛乳下面形成一层，摇动乳脂瓶使牛乳和硫酸混合，即成棕黑色，继续摇动 2～3min，将乳脂瓶放入离心机中，以 1000r/min 离心 5min，取出后向瓶中加 60℃热水至分离的脂肪层在瓶颈部刻度处，再用同样的转速旋转 2min，取出置 60℃水浴保温 5min，取出，立即读数。读数方法同盖勃法。所得数值即为脂肪的百分数。

二、盖勃氏法

盖勃氏法（Gerber 法）是乳和乳制品脂肪快速分析方法中最常用的方法，对液体乳和其他乳制品的检验结果接近其脂肪含量的真实值，对生产有指导意义。

对糖分高的样品，如采用此方法容易焦化，致使结果误差大，故不适宜。此方法只适用于脂肪 100％为乳脂肪的产品。

1. 原理

在牛乳中加硫酸，可破坏牛乳的胶质性，使牛乳中的酪蛋白钙盐变成可溶性的重硫酸酪蛋白化合物，并且能减小脂肪球的吸附力，同时还可增加消化液的相对密度，使脂肪更容易浮出液面，在操作中还需要加入异戊醇，降低脂肪球的表面张力，促进脂肪球的离析，但是异戊醇的溶解度很小，所以在操作中，不能加的太多，如果加的太多，异戊醇会进入脂肪中，使脂肪体积增大，而且会有一部分异戊醇和硫酸作用生成硫酸酯。

在操作过程中 65～70℃水浴和离心处理，目的都是使脂肪迅速而彻底分离。

2. 仪器和试剂

（1）盖勃氏乳脂计，各种规格的乳脂计：

0～1％的乳脂计：脱脂乳和乳清、乳清粉；

0～4％的乳脂计：脱脂乳、乳清、奶粉和炼乳；

0～5％、6％、7％、8％、9％、10％的乳脂计：生鲜乳和全脂乳；

0～40％，70％，90％：奶油乳脂计。

（2）11mL 牛乳吸管，1mL 移液管，10mL 移液管。

（3）离心机。

（4）恒温水浴锅。

（5）硫酸：

密度 1.820～1.825g/mL——除奶油、干酪外的其他乳制品；

密度 1.60g/mL——测奶油用；

密度 1.50～1.55g/mL——测干酪用。

（6）异戊醇：沸点 128～132℃，相对密度为 0.8090～0.8115。

3. 操作方法

量取硫酸 10mL，注入乳脂计内（图 3-2），颈口勿沾湿硫酸、用11mL 吸管吸牛乳样品至刻度，加入同一乳脂计内，再加异戊醇1mL，塞紧橡皮塞，充分摇动，使牛乳凝块溶解。将乳脂计放入65～70℃的水浴中保温 5min，转入或转出橡皮塞使脂肪柱适合乳脂计刻度部分，然后置离心机中以 1000r/min 离心 5min，再放入 65～70℃的水浴中保温 5min，取出立即读数，读数时要将乳脂肪柱下弯月面放在与眼同一水平面上，以弯月面下限为准。所得数值即为脂

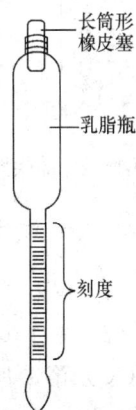

图 3-2　盖勃氏乳脂计

肪的百分数。

4. 说明

硫酸浓度及用量要严格遵守方法中规定的要求，硫酸浓度过大会使牛乳炭化成黑色溶液而影响读数；浓度过小则不能使酪蛋白完全溶解，会使测定值偏低或使脂肪层浑浊。

三、哥特里-罗紫法

哥特里-罗紫法（Rose-Gottlieb 法）又称碱性乙醚提取法，是乳品中脂肪测定公认的标准法。巴布考克法和盖勃氏法所测得的脂肪中不包括磷脂。牛乳和稀奶油等样品，其磷脂含量仅占脂类总值的 1%或更低，只要严格遵守操作条件，分析结果接近于称量法的结果。对等样品，由于其脂类中磷脂含量高达 24%，因此必须改用一种有效的称量法。

1. 原理

乙醚不能从牛乳及其他液体样品中直接提取脂肪，样品需先用浓氨水和乙醇处理，氨水可使酪蛋白钙盐变成可溶性的钙盐，使结合的脂肪游离，乙醇使溶解于氨水的蛋白质沉淀析出，然后利用乙醚提取样品中的脂肪。加入石油醚可减少抽出液中的水分含量，并且使分层清晰，最后将醚层分离并将醚除去后干燥至恒重，即可得出脂肪含量。

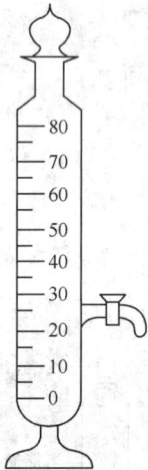
图 3-3　抽脂瓶

2. 仪器和试剂

(1) 抽脂瓶（内径 2.0～2.5cm，容积 100mL）（图 3-3）。

(2) 水浴锅。

(3) 烧瓶。

(4) 蒸馏装置。

(5) 氨水。

(6) 乙醇（95%）。

(7) 乙醚。

(8) 石油醚（沸点范围 30～60℃）。

3. 操作方法

(1) 仪器准备。恒重烧瓶，洗涤并干燥抽提器，加热水浴锅。

(2) 操作步骤。吸取 10.00mL 试样于抽脂瓶中，加入 1.25mL 氨水，充分混匀，置 60℃ 水浴中加热 5min，再振摇 2min，加入 10mL 95%乙醇，充分摇匀，于冷水中冷却后，加入 25mL 乙醚，振摇 0.5min，加入 25mL 石油醚，再振摇 0.5min，静置 30min，待上层液澄清时，读取醚层体积。放出醚层至一已恒重的烧瓶中，记录体积，蒸馏回收乙醚，置烧瓶于 98～100℃ 干燥 1h 后称量，再置 98～100℃ 干燥 0.5h 后称量，直至前后两次质量相差不超过 1.0mg。

4. 结果计算

$$X = \frac{m_1 - m_0}{m_2 \times \frac{V_1}{V_0}} \times 100 \tag{3-5}$$

式中　X——样品中脂肪的含量，g/100g；

　　　m_1——烧瓶加脂肪质量，g；

　　　m_0——烧瓶质量，g；

　　　m_2——样品质量（吸取体积乘以牛乳的相对密度），g；

　　　V_0——读取乙醚层总体积，mL；

　　　V_1——放出乙醚层体积，mL；

　　　100——每 1g 样品中脂肪含量转换为每 100g 样品中脂肪含量。

计算结果保留两位有效数字。

第三节　蛋白质的测定

蛋白质是生命的基础物质，存在于一切生物的原生质内，是构成人体及动植物细胞组织的重要成分之一，同时也是新陈代谢作用中各种酶的组成部分。

蛋白质是由氨基酸组成的天然高分子化合物，约占人体总重的 18%。食物中的蛋白质经消化成氨基酸后被人体吸收，有些氨基酸当需要时，可以由另一种氨基酸在人体内转变而取得，但也有一些氨基酸只能由食物供给，如果食物中缺乏这些氨基酸就会影响机体的正常生长和健康，这些必须从食物中摄取的氨基酸称为必需氨基酸（EAA），人体所需的必需氨基酸有赖氨酸、苯丙氨酸、缬氨酸、蛋氨酸、色氨酸、亮氨酸、异亮氨酸及苏氨酸，此外，组氨酸对婴儿生长也是必需的。

牛乳中的蛋白质含量为 3%～3.7%，是主要的含氮物质，其中主要为酪蛋白和乳清蛋白，还有少量的脂肪球膜蛋白。酪蛋白约占乳蛋白质总量的 80%～82%，又可分为 α-酪蛋白、β-酪蛋白和 κ-酪蛋白；乳清蛋白约占乳蛋白总量的 18%～20%，由 β-乳球蛋白、α-乳清蛋白、血清蛋白和免疫球蛋白组成，其中 β-乳球蛋白是牛乳乳清蛋白中的主要蛋白质，含量最高达 9.7%。乳蛋白就整体而言，富含必需氨基酸且配比适宜，比自然界中任何其他天然食物都多，但酪蛋白中蛋氨酸的含量却不多。乳中所含氮的 95% 为真蛋白质，其余 5% 是非蛋白质含氮化合物，其中有尿素、氨基酸和肌酸等。

乳与乳制品中蛋白质含量的多少，不仅表示乳制品的质量，而且也关系着人体的健康。因此，对其蛋白质含量有一定的规定。凯氏定氮法是测定食品和其他生物材料中蛋白质含量的经典方法，这种方法是基于测定试样中的总有机氮，然后由总氮量乘上一个合适的蛋白质换算因数 F 来求得蛋白质含量。凯氏定氮法又分为凯氏常量法、半微量法、微量法三种。其测定原理和操作步骤大体相同，所不同的是后两种方法蒸馏用试液量和试剂用量都比常量法少，并且采用了适合于半微量法和微量法的定氮蒸馏装置。与常量法相比，不仅可节省试剂和缩短试验时间，而且也提高了准确度，在实际工作中应用更为广泛。

一、凯氏定氮法测蛋白质（微量凯氏定氮法）

1. 原理

蛋白质是含氮的有机化合物。样品与浓硫酸和催化剂一同加热消化，使蛋白质分解，其中碳和氢被氧化为二氧化碳和水逸出，而样品中的有机氮转化为氨，与硫酸结合生成硫酸铵。然后加碱蒸馏使氨游离，用硼酸吸收后，再以硫酸或盐酸标准溶液滴定，根据酸的消耗量乘以换算系数，即为蛋白质的含量。

1）消化

浓硫酸具有脱水性，使有机物脱水后被炭化为碳、氢、氮。浓硫酸又具有氧化性，将有机物炭化后的碳氧化为二氧化碳，硫酸则被还原为二氧化硫。二氧化硫使氮还原为氨，本身则被氧化为三氧化硫，氨随之与硫酸作用生成硫酸铵留在酸性溶液中。

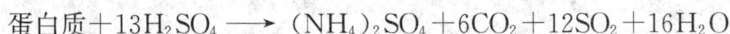

$$蛋白质 + 13H_2SO_4 \longrightarrow (NH_4)_2SO_4 + 6CO_2 + 12SO_2 + 16H_2O$$

消化时加入硫酸铜，是作催化剂，以加速分解反应，还可以加入氧化汞、氧化铜等作催化剂，为防止汞的污染，通常用硫酸铜较多。如果以汞或汞化合物作催化剂，则消化和加碱后，形成汞氨化合物。此化合物在蒸馏时不能完全分解，在这种情况下，必须加入锌粉或硫代硫酸钠或硫化钠，使汞氨化合物分解。

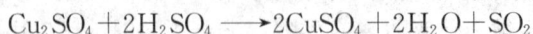

$$C + 2CuSO_4 \longrightarrow Cu_2SO_4 + SO_2 \uparrow + CO_2 \uparrow$$

$$Cu_2SO_4 + 2H_2SO_4 \longrightarrow 2CuSO_4 + 2H_2O + SO_2$$

有机物消化完后，溶液具有清澈的硫酸铜的蓝绿色，同时硫酸铜在下一步蒸馏时可做碱性反应的指示剂。

在消化过程中添加硫酸钾，与硫酸反应生成硫酸氢钾，是为了提高溶液沸点，从而提高反应温度（纯硫酸沸点338℃，添加10g硫酸钾后，可达400℃），加速反应过程。此外，也可以加硫酸钠、氯化钾等盐类来提高沸点。

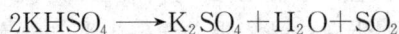

$$K_2SO_4 + H_2SO_4 \longrightarrow 2KHSO_4$$

$$2KHSO_4 \longrightarrow K_2SO_4 + H_2O + SO_2$$

在消化过程中，随着硫酸的不断分解，水分的不断蒸发，硫酸钾的浓度逐渐增大，沸点升高，加速了对有机物的分解作用。

加入过氧化氢，是利用其氧化性，以加快反应速度：

$$H_2O_2 \xrightarrow{加热} O_2 + H_2O$$

2）蒸馏

在消化完全的样品溶液中加入浓氢氧化钠使呈碱性，硫酸铵在碱性条件下，释放出氨，通过加热蒸馏，氨随水蒸气蒸出：

$$(NH_4)_2SO_4 + 2NaOH \longrightarrow 2NH_3 + Na_2SO_4 + 2H_2O$$

3）吸收

加热蒸馏时放出的氨可用硼酸溶液进行吸收。

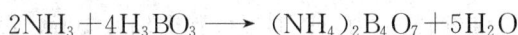

$$2NH_3 + 4H_3BO_3 \longrightarrow (NH_4)_2B_4O_7 + 5H_2O$$

4）滴定

待吸收完全后，用硫酸或盐酸标准溶液滴定生成的硼酸铵，属于盐类的滴定。硼酸为极弱的酸，在滴定中并不影响所用指示剂的变色反应。

$$(NH_4)_2B_4O_7 + H_2SO_4 + 5H_2O \longrightarrow (NH_4)_2SO_4 + 4H_3BO_3$$
$$(NH_4)_2B_4O_7 + 2HCl + 5H_2O \longrightarrow 2NH_4Cl + 4H_3BO_3$$

5）计算

根据硫酸或盐酸溶液消耗的体积，计算总氮含量，再乘以蛋白质系数，即为粗蛋白质的含量。

2. 仪器和试剂

（1）凯氏烧瓶：500mL 或 250mL。

（2）定氮蒸馏器。

（3）滴定管：25mL。

（4）三角烧瓶：250mL。

（5）容量瓶：100mL。

所有试剂均用不含氮的蒸馏水配制。

（6）浓硫酸（分析纯）。

（7）硫酸钾（分析纯）。

（8）硫酸铜$(Cu_2SO_4 \cdot 5H_2O)$（分析纯）。

（9）过氧化氢溶液：体积分数为 30%。

（10）硼酸溶液（30g/L）：取 30g 硼酸，溶解在 1L 水中。

（11）甲基红-溴甲酚绿混合指示剂：5 份 1g/L 的溴甲酚绿 95% 乙醇溶液与 1 份 1g/L 的甲基红 95% 乙醇溶液临用时混合。

（12）标准滴定溶液：硫酸标准溶液 $c_{H^+} = 0.1000mol/L$

盐酸标准溶液 $c_{H^+} = 0.1000mol/L$

（13）氢氧化钠溶液，质量比为 400/1000。称取 400g 氢氧化钠，用 1000mL 水溶解，待冷却后移入试剂瓶中。

3. 操作方法

1）样品的称取

精密称取 0.20～2.00g 固体乳样或 2.00～5.00g 半固体乳样或吸取 10.00～25.00mL 液体乳样（相当于氮 30～40mg）于凯氏烧瓶中（如测奶粉时，可将样品和称量用滤纸一起小心移入凯氏烧瓶的球部）；倾倒样品时尽量使样品不挂在凯氏烧瓶的颈口部。

2）消化

在凯氏烧瓶中加入 10g 硫酸钾和 1g 硫酸铜、20mL 浓硫酸，混合，置于有石棉网的电炉上倾斜加热（通风橱内进行）。一开始火要小，小心烧瓶内泡沫冲出而影响测定结果。当瓶内发泡停止，再加大火力，同时，分数次加入 10mL 过氧化氢溶液（加前需使烧瓶冷却一会儿），冲下瓶颈和瓶壁上的碳化粒。当烧瓶内容物的颜色逐渐变成透明的淡绿色时，继续消化 0.5～1h。

3）转移

使消化好的样品稍冷，沿瓶壁吹入少许水，混合，再逐渐沿瓶壁吹入少许水（防止剧烈沸腾，水进出烧瓶）至烧瓶内液体的体积约 60mL，沿玻璃棒将烧瓶壁内的液体倒入放有小漏斗的 100mL 容量瓶中，以水洗凯氏烧瓶三次，洗涤液沿玻璃棒倒入容量瓶中。冷却容量瓶，定容。

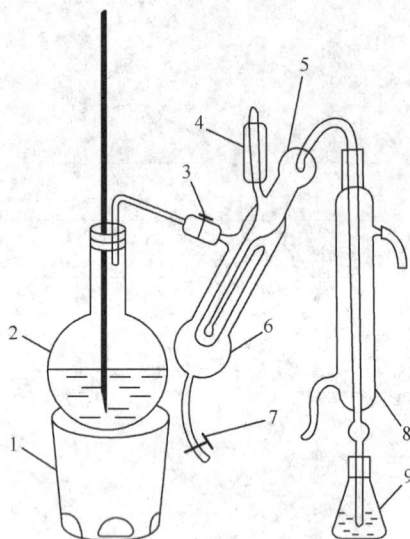

图 3-4　定氮蒸馏装置

1. 电炉子；2. 水蒸气发生器（平底烧瓶）；3. 螺旋夹；4. 小烧杯及棒状玻璃塞；5. 反应室；6. 反应室外层；7. 橡皮管及螺旋夹；8. 冷凝器；9. 蒸馏液接收瓶

4）蒸馏

接好微量定氮装置（图 3-4），于水蒸气发生瓶中装入 2/3 以下的水，加入数粒玻璃珠防止爆沸，加热煮沸水蒸气发生瓶内的水，接通冷凝水。在接收瓶中加入 50mL30g/L 硼酸溶液和三滴混合指示剂，使冷凝器的出液端口位于接收瓶液面下。将 25mL 消化液小心移入定氮器的蒸馏瓶中，再缓慢加入 25mL400g/L 氢氧化钠溶液，迅速塞好塞，用水封好塞，通入蒸汽进行蒸馏。待接收瓶内液体约为 150mL 时，稍移动接收瓶，使出液口位于液面之上；流出的蒸馏液沿瓶壁流下，至接收瓶内液体接近 200mL，用少量蒸馏水冲洗冷凝管的出液口，将冲洗液收集入接收瓶，拿开接收瓶，停止蒸馏。

5）滴定

用硫酸标准溶液滴定至灰红色。

6）空白实验

在测定样品的同时进行空白试验，即除不加样品外，其他过程和样品的测定一样。

4. 计算

$$X = \frac{(V_1 - V_2) \times 2 \times c \times 0.014}{m \times \dfrac{25}{100}} \times F \times 100 \qquad (3\text{-}6)$$

式中　X——样品中蛋白质的含量，g/100g（g/100mL）；

V_1——样品消耗硫酸标准溶液的体积，mL；

V_2——试剂空白消耗硫酸标准溶液的体积，mL；

c——硫酸标准溶液的浓度，mol/L；

0.014——氮的毫摩尔质量，g/mmol；

m——样品的质量（或体积），g（或 mL）；

F——氮换算为蛋白质的系数，乳制品为 6.38；

2——滴定反应系数；

$\dfrac{25}{100}$——蒸馏用消化液占消化液总量的比例；

100——将 1g 样品中蛋白质的含量转换为每 100g 样品中蛋白质的含量。

5. 注意事项

（1）加入样品及试剂时，避免黏附在瓶颈上。

（2）加入硫酸钾的作用：提高硫酸的沸点（338℃），增进反应速度。10g 硫酸钾将硫酸沸点提高到 400℃，但过多的硫酸钾会造成沸点太高。生成的硫酸铵在 513℃会分解，故此加入 10g 硫酸钾量一定要准确。

（3）加入硫酸铜的作用：催化剂，使氧化作用加速。

（4）消化时，采用长颈圆底凯氏烧瓶斜支于电炉上，其操作必须在通风橱中进行，并使全部样品浸泡在消化液中，防止样品黏附在瓶颈上部，以致消化不完全；在消化过程中，样品炭化变黑，产生泡沫，这时要减小火力。勿使黑色物质上升到凯氏烧瓶颈部，待消化液均匀沸腾后，再加大火力，直至消化液黑褐色消失呈淡蓝色透明为止。如样品含脂肪较多时，应适当增加硫酸量，用硫酸量少时，过多的硫酸钾会形成硫酸氢钾而不与氨作用，导致氨损失。

（5）蒸馏装置要安装平稳、牢固、严密，各连接部分不能漏气。水蒸气发生器装水不可太满，加玻璃珠以防爆沸。

（6）蒸馏时，蒸汽要发生均匀，充足，不得停火断汽，否则蒸馏瓶内压力降低会发生倒吸；避免瓶中的液体发泡冲出，进入接收瓶。加碱量要足，动作要快，防止氨损失。冷凝管出口一定要浸入吸收液中，防止氨挥发损失。

（7）蒸馏结束后，应先将吸收液离开冷凝管口，以免发生倒吸。判断是否蒸馏完全可用 pH 试纸测试冷凝管口的冷凝液而确定。

二、全自动凯氏定氮仪测定乳中的蛋白质

全自动凯氏定氮仪是依据经典（凯氏定氮）法设计的自动测氮蒸馏系统（图 3-5），该仪器具有灵敏度高、分析速度快、应用范围广、所需试样少、设备和操作比较简单等特点。广泛应用于乳与乳制品中蛋白质含量的测定，也适用于

图 3-5　Kjeltec 8400 全自动凯氏定氮仪

粮油检测、饲料分析、植物养分测试、土肥检测、医药、化工等行业的分析、教学及研究中。

仪器可以按照不同的自动化程度完成蒸汽蒸馏、滴定和分析。结果可在彩色触摸屏上显示出来或者通过一个安装了 Compass 软件的计算机打印出来。也可以通过直接连接到 Kjeltec8400 上的网络打印机进行打印。

如图 3-6 所示打开前门 8 可以看到分析仪内部的部件。推动解锁手柄 9 可以将滴定器 10 取下,滴定剂桶 16 也可以取下以便再充入液体。抬起搅拌器 15 后可以清理滴定缸 14。蒸馏头 2 和试管 4 部分由透明的自动旋转安全门 5 罩住,以保护使用者的安全。当安全门打开的时候,可以下拉喷淋头把手 1 更换试管。

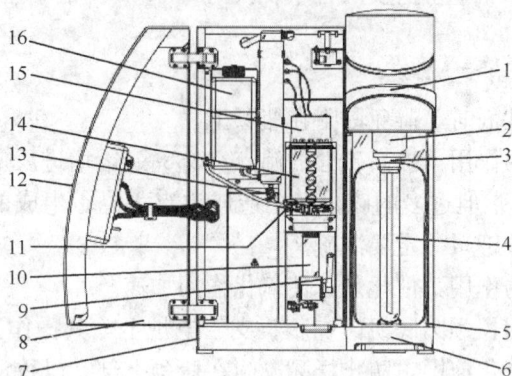

图 3-6　Kjeltec 8400 全自动凯氏定氮仪内部结构图

1. 蒸馏头把手;2. 蒸馏头;3. 试管接头;4. 试管;5. 安全门;6. 滴液盘;
7. 电源开关;8. 前门;9. 解锁手柄;10. 滴定器;11. 手夹;12. 彩色触摸屏;
13. 温度传感器;14. 滴定缸;15. 搅拌器;16. 滴定剂桶

(一) 工作流程

如图 3-7 所示,在一个单机操作的仪器(没有连接进样器)上,将试管放在仪器上并按开始按钮。安全门自动关闭。接收液从桶 17 中由泵 13 直接泵入滴定缸 15 中,同时稀释水从桶 6 中被泵 7 入试管 5。

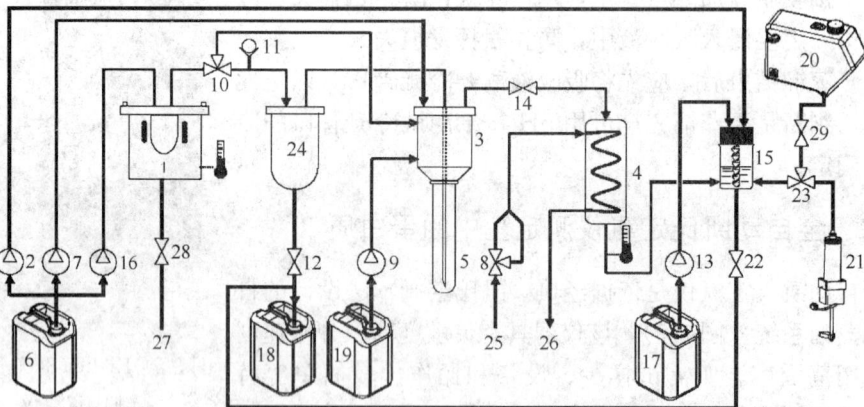

图 3-7　测定过程流程图

1. 蒸汽发生器;2. 淋洗泵;3. 蒸馏头;4. 冷凝器;5. 试管;6. 稀释液桶;7. 稀释液泵;8. 冷凝水阀;9. 碱泵 (NaOH);10. 蒸汽阀;11. 止回阀;12. 排废阀;13. 接收液泵 (H₃BO₃);14. 蒸馏阀;15. 滴定缸;16. 蒸汽发生器水泵;17. 接收液桶 (H₃BO₃);18. 废液桶;19. 碱桶 (NaOH);20. 滴定剂桶 (HCl);21. 滴定器;22. 滴定缸排废阀;23. 滴定器阀;24. 试管排废缸;25. 冷却水入口;26. 冷却水出口;27. 排水沟;28. 蒸汽缸排废阀;29. 手夹

如果使用 Safe（平衡蒸汽添加）模式，首先蒸汽阀门 10 被打开，传送蒸汽到试管中，这一功能有助于试管内固体残渣的溶解，并且也减少了碱和试管内剩余酸的剧烈反应。碱液由泵 9 从桶 19 加入到试管 5 中。

如果使用 Delay（延时）模式，仪器在加碱后会静止一段时间，到 Delay 所设置的时间过去后再继续工作。蒸汽阀 10 打开的同时，冷凝水阀 8 也会打开，使冷却水进入冷凝器 4。释放的氨气在冷凝器中被冷凝，然后进入含有吸收液的滴定缸 15。滴定器 21 里的滴定剂在蒸馏阀 14 启动的同时也会进行滴定，直到达到稳定的终点。

根据滴定缸内指示剂在蒸馏过程中的颜色，滴定剂从桶 20 进入滴定器 21。当馏出液的液位上升到预设的体积时，仪器会判断是否达到终点。如果已到达终点，会继续蒸馏以补偿滴定剂加入的体积。如果没有到达终点，会继续蒸馏直到得到一个稳定的终点。

如采用"时间（Time）"蒸馏模式，系统会在设定的时间后结束，程序不会去检查是否达到真正的终点。当蒸馏结束后，滴定缸排废阀 22 打开将滴定缸内的废液排走，蒸汽会继续冲洗系统，水会经由泵 2 进入滴定缸进行滴定缸的清洗。当滴定缸排废时，蒸馏阀 14 关闭，蒸汽阀 10 启动使试管内液体排放到试管排废缸 24。排废阀 12 打开，使废液进入废液桶 18。结果显示在屏幕上，或由打印机打印出来并贮存在内存中。安全门自动打开，操作者更换试管开始下一次分析。

（二）操作方法

1. 准备工作

用配件中的橡胶管连接好管路，注意接紧，防止漏水。仪器使用前，全部微量管道都须经水蒸气洗涤，以除去管道内可能残留的氨，正在使用的仪器，每次测样前，蒸汽洗涤 5min 即可。较长时间未使用的仪器，重复蒸汽洗涤，不得少于 3 次，并检查仪器是否正常。仔细检查各个连接处，保证不漏气。

2. 样品消化

称取 1～2g 样品，置于消化管内，加入硫酸铜 0.2g、硫酸钾 5g、浓硫酸 10mL，将消化管置于消化炉中。消化炉分成两组，每行一组共 4 个消化炉，两组共 8 个，一次可进行 8 个样品的消化。消化管放入消化炉后，用连接管连接密封住消化瓶，开启抽气装置及消化炉的电源，样品开始消化，直至消化液呈清亮的淡蓝色。同时做空白试验。

3. 蒸馏和滴定

取出消化瓶，依次移装于自动凯氏定氮仪中，打开加水、加碱及自动蒸馏滴定电钮，开启电源，几分钟后数显装置即可给出样品总蛋白百分含量，根据样品的种类选择相应的蛋白质换算系数 F，即可得出样品中蛋白质的百分含量。

4. 排液

开启排除废液电钮及加水电钮，排出废液并对消化管进行清洗后关机。

（三）常见故障及排除方法

常见故障及排除方法见表 3-4。

表 3-4　常见故障及排除方法

故障部位	故障现象	故障原因	排除方法
加碱部分	不能加碱	碱液太少，进液管离开液面	加碱液
	碱桶无压力，桶不鼓起	1. 碱桶管路或桶盖有漏气或密封不严的地方	密封漏气处或更换管路
		2. 气泵漏气或损坏	更换气泵管路或更换新气泵
	碱桶有压力，但不能加碱	1. 电磁阀电源未接通	断电后检查电磁阀接线
		2. 电磁阀内部碱结晶堵塞管路	拆开电磁阀底座清洗内部
蒸馏部分	蒸馏过程中蒸馏器加不进水	蒸汽电磁阀未打开或打开不完全	检查电磁阀电源是否接通，如无问题则更换新的电磁阀
	程序自动运行时出现失控现象	设备周围有较强电磁对处理器造成干扰	按复位键或关电源后重新开机操作

（四）维护及保养

（1）仪器应安装在符合安装条件的地方使用，且通风良好。仪器内有热源，同时又有计算机工作，所以应有良好的散热条件。

（2）仪器前部液槽中若积有液体应擦净。

（3）长期使用后在加热器上会结有水垢，影响加热效率，若水垢过厚，在关机状态下断电，可在蒸汽发生器上的一个旋塞管口插入一个小漏斗，注入除垢剂或冰醋酸清洗水垢（也可用稀释后的硫酸）。清洗后打开机箱内蒸汽发生器排水截门将水排净，并加入清水多次清洗。

（4）加碱液桶、加酸液桶应定期清理沉淀物并洗净。

（五）注意事项

（1）消化时如气体外逸，加大自来水压力。消化密封圈外壁每次实验结束清洗一遍延长使用寿命。

（2）NaOH 溶液因长期不用，管里容易产生黏固现象，每天工作完切换到手动模式把 NaOH 溶液外接皮管移入蒸馏水瓶内，前面套好消化管抽洗几次，待下次使用时，在蒸馏时须排出 100mLNaOH，以防第一个样品 NaOH 浓度不够。过一段时间用稀酸清洗一下蒸发炉并用清水过洗几次。

（3）为避免干扰、保证仪器正常运行及人身安全，操作过程中必须严格接地线。

（4）如果操作不当，10A 保险丝烧断后，请拔去电源插头，换上新的后，关水龙头，打开排水水龙头排尽蒸发炉水，按照开机调试步骤重新开机操作。

（5）在每次更换完标准滴定酸或接收液后，以及对仪器进行维修后，都要对仪器进行回收率的测定。一般采用硫酸铵进行回收率分析，保证回收率在 99.5%～100.5%的范围之内，说明仪器正常，可以进行样品测定。

第四节　奶粉中乳糖、蔗糖和总糖的测定

糖是多羟基醛或多羟基酮的化合物，从结构上可分为单糖、双糖和多糖。乳糖是哺乳动物特有的一种化合物，是一种双糖，本身具有还原性，水解生成 1 分子葡萄糖和 1 分子半乳糖。乳中糖类的 99.8%以上是乳糖，此外还含有极少量的葡萄糖、果糖、半乳糖等。乳糖是人体非常有益的营养成分，它能促进人体肠道内有益乳酸菌的生长，抑制肠道内异常发酵造成的中毒现象，乳糖还可以促进机体对钙的吸收。

在生产过程中，为了改变乳品的风味，提高乳品的甜度，蔗糖成为一种必不可少的添加物。蔗糖也是一种双糖，不具有还原性，水解后生成 1 分子葡萄糖和 1 分子果糖。

一、乳糖的测定（莱因-艾农氏法）

1. 原理

样品经除去蛋白质以后，在加热条件下，费林甲、乙液等量混合，立即生成蓝色的沉淀，它立即与酒石酸钾钠反应，生成可溶性的深蓝色酒石酸钾钠络合物。在加热条件下，样液中的还原糖与酒石酸钾钠络合物反应，生成红色的氧化亚铜沉淀，达到终点后，稍过量的还原糖把次甲基蓝还原，溶液由蓝色变为无色，显示出氧化亚铜沉淀的鲜红色。根据样液消耗的体积，计算乳糖含量。

费林氏液由甲、乙液组成，甲液为硫酸铜溶液，乙液为氢氧化钠与酒石酸钾钠溶液。平时甲、乙液分别贮存，测定时才等体积混合，混合时，硫酸铜与氢氧化钠反应，生成氢氧化铜沉淀：

生成的氢氧化铜沉淀与酒石酸钾钠反应，生成酒石酸钾钠与铜的络合物，使氢氧化铜溶解：

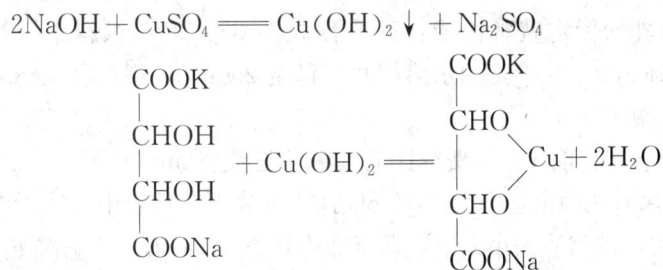

$$2NaOH + CuSO_4 \Longrightarrow Cu(OH)_2 \downarrow + Na_2SO_4$$

$$
\begin{array}{c}
COOK \\
| \\
CHOH \\
| \\
CHOH \\
| \\
COONa
\end{array}
+ Cu(OH)_2 \Longrightarrow
\begin{array}{c}
COOK \\
| \\
CHO \\
\diagdown \\
\quad Cu + 2H_2O \\
\diagup \\
CHO \\
| \\
COONa
\end{array}
$$

酒石酸钾钠铜络合物中的二价铜是一个氧化剂，能使还原糖氧化，而二价铜被还原成一价的红色氧化亚铜沉淀：

$$\begin{matrix} COOK \\ | \\ CHO \\ | \\ CHO \\ | \\ COONa \end{matrix} Cu + \begin{matrix} CHO \\ | \\ (CHOH)_4 \\ | \\ CH_2OH \end{matrix} + 2H_2O \Longrightarrow 2\begin{matrix} COOK \\ | \\ CHOH \\ | \\ CHOH \\ | \\ COONa \end{matrix} + \begin{matrix} COOH \\ | \\ (CHOH)_4 \\ | \\ CH_2OH \end{matrix} + 2Cu_2O\downarrow$$

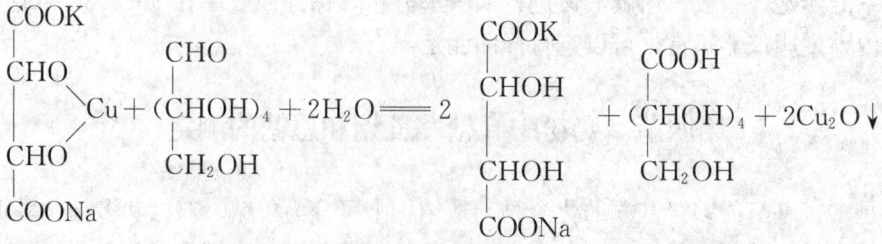

反应终点用次甲基蓝指示剂指示。次甲基蓝是氧化能力较二价铜更弱的一种弱氧化剂,故待二价铜全部被还原糖还原,过量一滴还原糖立即使次甲基蓝还原,溶液的蓝色即消失。反应终点应为氧化亚铜的砖红色。

2. 仪器和试剂

(1)费林氏液:

甲液:取 34.639g 硫酸铜,溶于水中,加入 0.5mL 浓硫酸,稀释至 500mL。

乙液:取 173g 酒石酸钾钠及 50g 氢氧化钠溶解于水中,稀释至 500mL,静置 2d 后过滤。

(2)次甲基蓝溶液:10g/L。

(3)醋酸铅溶液:c_{PbAc_2} 为 200g/L。取 20g 醋酸铅,溶解于 100mL 蒸馏水中。

(4)草酸钾-磷酸氢二钠溶液:取草酸钾 3g,磷酸氢二钠 7g,溶解于 100mL 蒸馏水中。

(5)250mL 三角瓶(蒸馏水洗净烘干)。

(6)酸式滴定管(0~50mL、0.1mL 精确度)。

(7)250mL、100mL 容量瓶。

(8)5mL、50mL 移液管。

(9)电炉。

3. 操作方法

(1)用乳糖标定费林氏液:称取预先在 92~94℃烘箱中干燥 2h 的乳糖标样约 0.75g(准确到 0.2mg),用水溶解并稀释至 250mL。将此乳糖溶液注入一个 50mL 滴定管中,待滴定。

(2)预滴定:取 10mL 费林氏液(甲、乙液各 5mL)于 250mL 三角瓶中。再加入 20mL 蒸馏水,从滴定管中放出 15mL 乳糖溶液于三角瓶中,置于电炉上加热,使其在 2min 内沸腾,沸腾后关小火焰,保持沸腾状态 15s,加入 3 滴次甲基蓝溶液,继续滴入乳糖溶液至蓝色完全褪尽为止,读取所用乳糖的毫升数。

(3)精确滴定:另取费林氏液(甲、乙液各 5mL)于 250mL 三角烧瓶中,再加入 20mL 蒸馏水,一次加入比预备滴定量少 0.5~1.0mL 的乳糖溶液,置于电炉上,使其在 2min 内沸腾,沸腾后关小火焰,维持沸腾状态 2min,加入 3 滴次甲基蓝溶液,然后继续滴入乳糖溶液(一滴一滴徐徐滴入),待蓝色完全褪尽即为终点。以此滴定量作为计算的依据（在同时测定蔗糖时，此即为转化前滴定量）。

（4）费林氏液的乳糖校正值（f_1）：

$$A_1 = \frac{V_1 \times m_1 \times 1000}{250} = 4 \times V_1 \times m_1 \tag{3-7}$$

$$f_1 = \frac{4 \times V_1 \times m_1}{A_{L1}} \tag{3-8}$$

式中　A_1——实测乳糖数，mg；

　　　V_1——滴定时消耗乳糖液量，mL；

　　　m_1——称取乳糖的质量，g；

　　　A_{L1}——由乳糖液滴定毫升数查表 3-5 所得的乳糖数，mg；

　　　250——乳糖标样溶液的体积，mL；

　　　1000——1g 样品换算为 1mg 样品。

（5）乳糖的测定。

① 样品处理。称取 2.5～3g 样品（准确至 0.01g），用 100mL 水分数次溶解并洗入 250mL 容量瓶中。

加 4mL 醋酸铅、4mL 草酸钾-磷酸氢二钠溶液，每次加入试剂时都要徐徐加入，并摇动容量瓶，用水稀释至刻度。静置数分钟，用干燥滤纸过滤，弃去最初 25mL 滤液后，所得滤液作滴定用。

② 滴定。

预滴定：将此滤液注入一个 50mL 滴定管中，待测定。取 10mL 费林氏液（甲、乙液各 5mL）于 250mL 三角烧瓶中，再加入 20mL 蒸馏水，置于电炉上加热，使其在 2min 内沸腾后关小火焰，保持沸腾状态 15s，加入 3 滴次甲基蓝。然后徐徐滴入乳糖溶液至蓝色完全褪尽为止，读取所用乳糖的毫升数。

精确滴定：另取 10mL 费林氏液（甲、乙各 5mL）于 250mL 三角瓶中，再加入 20mL 蒸馏水，一次加入比预滴定量少 0.5～1.0mL 的乳糖溶液，置于电炉上，使其在 2min 内沸腾，沸腾后关小火焰，维持沸腾状态 2min，加入 3 滴次甲基蓝溶液，然后一滴一滴徐徐滴入乳糖溶液，待蓝色完全褪尽即为终点。以此滴定量作为计算的依据（在同时测定蔗糖时，此即为转化前滴定量）。

（6）乳糖含量的计算

$$L = \frac{F_1 \times f_1 \times 0.25 \times 100}{V_1 \times m} \tag{3-9}$$

式中　L——样品中乳糖的质量分数，g/100g；

　　　F_1——由消耗样液的毫升数查表 3-5 所得乳糖数，mg；

　　　f_1——费林氏液乳糖校正值；

　　　V_1——滴定消耗滤液量，mL；

　　　m——样品的质量，g。

　　　0.25——样品溶解定容到 250mL 时的糖测定体积，L；

　　　100——将每 1g 样品中乳糖的含量转换为每 100g 样品中的乳糖含量。

二、蔗糖的测定

1. 原理

样品除去蛋白质后，其中蔗糖经盐酸水解转化为具有还原能力的葡萄糖和果糖，再按还原糖测定。将水解前后转化糖的差值乘以相应的系数即为蔗糖含量。

2. 仪器和试剂

（1）费林氏液：

甲液：取 34.639g 硫酸铜，溶于水中，加入 0.5mL 浓硫酸，稀释至 500mL。

乙液：取 173g 酒石酸钾钠及 50g 氢氧化钠溶解于水中，稀释至 500mL，静置 2d 后过滤。

（2）次甲基蓝溶液：10g/L。

（3）盐酸溶液：体积比 1∶1。

（4）酚酞溶液：0.5g 酚酞溶于 75mL 体积分数为 95％的乙醇中，并加入 20mL 蒸馏水，然后再加入约 0.1mol/L 的氢氧化钠溶液，直到加入一滴立即变成粉红色，再加入水定容至 100mL。

（5）氢氧化钠溶液：c_{NaOH} 为 300g/L。取 300g 氢氧化钠，溶于 1000mL 蒸馏水中。

（6）醋酸铅溶液：c_{PbAc_2} 为 200g/L。取 20g 醋酸铅，溶解于 100mL 蒸馏水中。

（7）草酸钾-磷酸氢二钠溶液：取草酸钾 3g、磷酸氢二钠 7g，溶解于 100mL 蒸馏水中。

（8）250mL 三角瓶（蒸馏水洗净烘干）。

（9）酸式滴定管（0～50mL、0.1mL 精确度）。

（10）250mL、100mL 容量瓶。

（11）5mL、50mL 移液管。

（12）电炉。

3. 操作方法

（1）用蔗糖标定费林氏液。

称取在 105℃烘箱中干燥 2h 的蔗糖约 0.2g（准确到 0.2mg），用 50mL 水溶解并洗入 100mL 容量瓶中，加水 10mL，再加入 10mL 盐酸，置 75℃水浴锅中，时时摇动，在 2min30s 至 2min45s 之间，使瓶内温度升至 67℃。自达到 67℃后继续在水浴中保持 5min，于此时间内使其温度升至 69.5℃，取出，用冷水冷却，当瓶内温度冷却至 35℃时，加 2 滴甲基红指示剂，用 300g/L 的氢氧化钠中和至呈中性。冷却至 20℃，用水稀释至刻度，摇匀。并在此温度下保温 30min 后再按上述乳糖测定中 2 进行操作。得出滴定 10mL 费林氏液所消耗的转化糖量。

费林氏液的蔗糖校正值（f_2）：

$$A_2 = \frac{V_2 \times m_2 \times 1000}{100 \times 0.95} = 10.5263 \times V_2 \times m_2 \qquad (3\text{-}10)$$

$$f_2 = \frac{10.5263 \times V_2 \times m_2}{AL_2} \quad (3-11)$$

式中 A_2——实测转化糖数，mg；

       V_2——滴定时消耗蔗糖液量，mL；

       1000——1g 样品换算为 1mg 样品；

       100——蔗糖溶液总体积，mL；

       0.95——还原糖换算为葡萄糖的系数；

       m_2——取称蔗糖的质量，g；

       AL_2——由蔗糖滴定毫升数查表 3-5 所得的转化糖数，mg。

（2）蔗糖的测定。

① 转化前转化糖量的计算：利用测定乳糖时的滴定量，自表 3-5 乳糖及糖因数表（10mL 费林氏液）中查出相对应的转化糖量，按式（3-12）计算：

$$X = \frac{F_2 \times f_2 \times 0.25 \times 100}{V_1 \times m} \quad (3-12)$$

式中 X——转化前转化糖质量分数，%；

       F_2——由测定乳糖时消耗样液的毫升数查表 3-5 所得转化糖数，mg；

       f_2——费林氏液蔗糖校正值；

       V——滴定消耗滤液量，mL；

       0.25——样品溶解定容到 250mL 时糖测定体积，L；

       100——将每 1g 样品转化前转化糖的含量转换为每 100g 样品转化糖的含量；

       m——样品的质量，g。

② 样液的转化及滴定。

转化：取 50mL 样液于 100mL 容量瓶中，加水 10mL，再加入 10mL 的盐酸，置 75℃水浴锅，时时摇动，在 2min30s 至 2min45s 之间，使瓶内温度升至 67℃后继续在水浴中保持 5min，于此时间内使其温度升至 69.5℃，取出，用冷水冷却，当瓶内温度冷却至 35℃时，加 2 滴酚酞指示剂，用氢氧化钠中和至呈中性，冷却至 20℃，用水稀释至刻度，摇匀。并在此温度下保温 30min。

滴定：与乳糖的测定中的滴定相同，得出滴定 10mL 费林氏液所消耗的转化液量。

$$转化后转化糖质量分数（\%） = \frac{F_3 \times f_2 \times 0.50 \times 100}{V_2 \times m} \quad (3-13)$$

式中 F_3——由 V_2 查表得转化糖数，mg；

       f_2——费林氏液蔗糖校正值；

       0.5——250mL/50mL×100mL＝500mL＝0.5L；

       100——转换为每 100g 样品中的含量；

       m——样品的质量，g；

       V_2——滴定消耗的转化液量，mL。

（3）蔗糖含量的计算。

$$X = (L_1 - L_2) \times 0.95 \quad (3-14)$$

式中 X——样品中庶糖的含量，g/100g；

L_1——转化后转化糖的质量分数，%；

L_2——转化前转化糖的质量分数，%；

0.95——还原糖换算为葡萄糖的系数。

若样品中蔗糖与乳糖之比超过3∶1，则计算乳糖时应在滴定量中加上表3-6乳糖滴定量校正值数中的校正值数后再查表3-5计算。

表3-5　乳糖及转化糖因数（10mL费林试液）

滴定量/mL	乳糖/mg	转化糖/mg	滴定量/mL	乳糖/mg	转化糖/mg
15	68.3	50.5	33	67.8	51.7
16	68.2	50.6	34	67.9	51.7
17	68.2	50.7	35	67.9	51.8
18	68.1	50.8	36	67.9	51.8
19	68.1	50.8	37	67.9	51.9
20	68.0	50.9	38	67.9	51.9
21	68.0	51.0	39	67.9	52.0
22	68.0	51.0	40	67.9	52.0
23	67.9	51.1	41	68.0	52.1
24	67.9	51.2	42	68.0	52.1
25	67.9	51.2	43	68.0	52.1
26	67.9	51.2	44	68.1	52.2
27	67.8	51.4	45	68.1	52.3
28	67.8	51.4	46	68.1	52.3
29	67.8	51.5	47	68.2	52.4
30	67.8	51.5	48	68.2	52.4
31	67.8	51.6	49	68.2	52.5
32	67.8	51.6	50	68.3	52.5

注："因数"系指与滴定量相应的数目，可自表中查得，若蔗糖含量与乳糖的比超过3∶1时则在滴定量中加表3-6中的校正数后计算如下：

表3-6　乳糖滴定量校正值

滴定到终点时所用糖液的量/mL	用10mL费林试剂蔗糖对乳糖量的比	
	3∶1	6∶1
15	0.15	0.30
20	0.25	0.50
25	0.30	0.60
30	0.35	0.70
35	0.40	0.80
40	0.45	0.90
45	0.50	0.95
50	0.55	1.05

制定依据：GB5413—1985。

三、总糖的测定

乳及乳制品中的总糖通常是指具有还原性的糖和在测定条件下能水解为还原性的蔗糖的总量。总糖是乳品生产中常规分析项目。

总糖的测定公式： 总糖＝蔗糖＋乳糖。

注：允许差如下：

（1）重复性。由同一分析人员在短时间间隔内测定的两个结果之间的差值，不应超过结果平均值的 1.5%。

（2）重现性。由不同实验室的两个分析人员对同一样品测得的两个结果之差，不应超过结果平均值的 2.5%。

第五节 相对密度的测定

乳的相对密度是指乳在 15℃时的质量与同温度下同体积水的质量之比。正常牛乳相对密度约为 1.030～1.034；乳的密度是指乳在 20℃时的质量与同体积 4℃水的质量之比。正常牛乳的相对密度为 1.028～1.032。在同温度下乳的密度较相对密度小 0.0019，乳品生产中常以 0.002 的差数进行换算。

乳的相对密度和密度受多种因素的影响，如乳的温度、脂肪含量、非脂干物质含量（SNF）、乳挤出的时间及是否掺假等。乳的相对密度/密度受乳温度的影响较大，温度升高则测定值下降，温度下降则测定值升高。在 10～30℃ 范围内，乳的温度每升高或降低 1℃实测值减少或增加 0.002。因此，在乳密度/相对密度的测定中，必须同时测定乳的温度，并进行必要的校正。

一、原理

利用乳稠计（图 3-8）在乳中取得浮力和重力相平衡的原理测定乳的密度和相对密度，因为测定的温度不同，乳的密度较相对密度数值小 0.002。乳的密度和相对密度均可用乳稠计测定。乳稠计有 20℃/4℃ （密度计）和 15℃/15℃ （相对密度计）两种。乳的相对密度和密度也可用度数来表示。

$$度数＝（读数－1）×1000$$

图 3-8 乳稠计

二、仪器

（1）乳稠计（密度计 20℃/4℃或相对密度计 15℃/15℃），温度计。

$$a＋2度＝b$$

式中 a——20℃/4℃测得的度数；

b——15℃/15℃测得的度数。

（2）玻璃圆筒（或 200～250mL 量筒）：圆筒高应大于乳稠计的长度，其直径大小应使乳稠计沉入后，玻璃圆筒（或量筒）内壁与乳稠计的周边距离≥5mm。

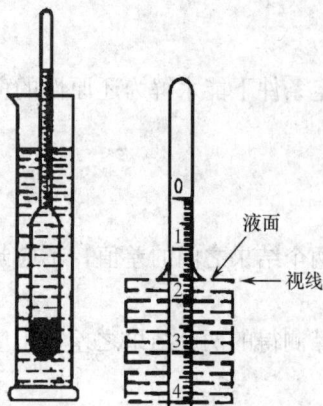

图 3-9　乳稠计的使用

三、操作方法

（1）将 10～25℃ 的牛乳样品混匀后小心地注入容积为 250mL 的量筒中，加到量筒容积的 3/4，勿使发生泡沫。

（2）用手拿住乳稠计上部，小心地将其沉入乳样中，到相当标尺 30 度处，放手让它在乳中自由浮动，但不能与筒壁接触。待静止 1～2min 后，读取乳稠计度数，以牛乳表面层与乳稠计的接触点，即新月形表面的顶点为准（图 3-9）。

（3）用温度计测定牛乳的温度。

（4）根据牛乳温度和乳稠计度数，查牛乳温度换算表（表 3-7），将乳稠计度数换算成 20℃ 的度数。

四、计算

$$乳稠计度数 = (d_4^{20} - 1.000) \times 1000 \tag{3-15}$$

计算举例：牛乳试样温度为 16℃，用 20℃/4℃ 的乳稠计测得相对密度为 1.0305，即乳稠计读数为 30.5 度。换算成温度 20℃ 时乳稠计度数，查表 3-7，同 16℃ 与 30.5 度对应的乳稠计度数为 29.5 度，即 20℃ 时的牛乳相对密度为 1.0295。

如若计算全乳固体，则可换算成 15℃/15℃ 的乳稠计度数。这可直接从 20℃/4℃ 的乳稠计读数 29.5 度加 2 度求得，即 29.5 度＋2 度＝31.5 度。

五、结果对照

牛乳温度与乳稠计读数换算如表 3-7 所示。

表 3-7　牛乳温度与乳稠计读数换算表

乳稠计读数度	牛乳温度/℃															
	10	11	12	13	14	15	16	17	18	19	20	21	22	23	24	25
	换算为 20℃ 时牛乳乳稠计度数															
25	23.3	23.5	23.6	23.7	23.9	24.0	24.2	24.4	24.6	24.8	25.0	25.2	25.4	25.6	25.8	26.0
25.5	23.7	23.9	24.0	24.2	24.4	24.5	24.7	24.9	25.1	25.3	25.5	25.7	25.9	26.1	29.3	26.5
26	24.2	24.4	24.5	24.7	24.9	25.0	25.2	25.4	25.6	25.8	26.0	26.2	26.4	26.6	26.8	27.0
26.5	24.6	24.8	24.9	25.1	25.3	25.4	25.6	25.8	26.0	26.5	26.7	26.9	27.1	27.3	27.5
27	25.1	25.3	25.4	25.6	25.7	25.9	26.1	26.3	26.5	26.8	27.0	27.2	28.0	28.2	28.4	28.6
27.5	25.5	25.7	25.8	26.1	26.1	26.3	26.6	26.8	27.0	27.3	27.5	27.7	28.0	28.2	28.4	28.6
28	26.0	26.1	26.3	26.5	26.6	26.8	27.0	27.3	27.5	27.8	28.0	28.2	28.5	28.7	29.0	29.2
28.5	26.4	26.6	26.8	27.0	27.1	27.3	27.5	27.8	28.0	28.5	28.7	29.0	29.2	29.5	29.7
29	26.9	27.1	27.3	27.5	27.6	27.8	28.0	28.3	28.5	29.0	29.2	29.5	29.7	30.0	30.2
29.5	27.4	27.6	27.8	28.0	28.1	28.3	28.5	29.0	29.2	29.5	29.7	30.0	30.2	30.5	30.7
30	27.9	28.1	28.3	28.5	28.6	28.8	29.0	29.3	29.5	29.8	30.0	30.2	30.5	30.7	31.0	31.2

乳稠计读数度	牛乳温度/℃															
	10	11	12	13	14	15	16	17	18	19	20	21	22	23	24	25
	换算为20℃时牛乳乳稠计度数															
30.5	28.3	28.5	28.7	28.9	29.1	29.3	29.5	29.8	30.0	30.3	30.5	30.7	31.0	31.2	31.5	31.7
31	28.8	29.0	29.2	29.4	29.6	29.8	30.3	30.3	30.5	30.8	31.0	31.2	31.5	31.7	32.0	32.2
31.5	29.3	29.5	29.4	29.9	30.1	30.2	30.5	30.7	31.0	31.3	31.5	31.7	32.0	32.2	32.5	32.7
32	29.8	30.0	29.9	30.4	30.6	30.7	31.0	31.2	31.5	31.8	32.0	32.3	32.5	32.3	33.0	33.3
32.5	30.2	30.4	30.4	30.8	31.1	31.3	31.5	31.7	32.0	32.3	32.5	32.8	33.0	33.5	33.5	33.7
33	30.7	30.8	30.8	31.3	31.5	31.7	32.0	32.2	32.5	32.8	33.0	33.3	33.5	33.8	34.1	34.3
33.5	31.2	31.3	31.3	31.8	32.0	32.2	32.5	32.7	33.0	33.3	33.5	33.8	33.9	34.3	34.6	34.7
34	31.7	31.9	31.8	32.3	32.5	32.7	33.0	33.0	33.5	33.7	34.0	34.3	34.4	34.8	35.1	35.3
34.5	32.1	32.3	32.3	32.8	32.7	33.2	33.5	33.5	34.0	34.2	34.5	34.8	34.9	35.3	35.6	35.7
35	32.6	32.8	32.8	33.3	33.2	33.7	34.0	34.0	34.5	34.7	35.0	35.3	35.5	35.8	36.1	36.3
35.5	33.0	33.3	33.3	33.8	33.7	33.7	34.9	34.4	35.0	35.2	35.5	35.7	36.0	36.2	36.5	36.7
36	33.5	33.8	33.8	34.3	34.2	34.2	34.9	34.9	35.6	35.7	36.0	36.2	36.2	36.7	37.0	37.3

第六节　奶粉水分的测定

　　奶粉中水分含量的多少，直接影响奶粉的感官性状，水分过高，会造成奶粉结块，商品价值降低，因此，奶粉中水分的含量是奶粉质量的重要指标之一。奶粉中水分存在形态有三种：游离水，指存在于动植物细胞外各种毛细管和腔体中的自由水，包括吸附于食品表面的吸附水；结合水是指形成食品胶体状态的结合水，如蛋白质、淀粉的水合作用和膨润吸收的水分及糖类、盐类等形成结晶的结晶水；化合水是指物质分子结构中与其他物质化合生成新的化合物的水，如碳水化合物中的水。前一种形态存在的水分，易于分离，后两种形态存在的水分，不易分离。如果不加限制地长时间加热干燥，必然使奶粉变质，影响测定结果。所以要在一定的温度、一定的时间和规定的操作条件下进行测定，方能得到满意的结果。测定奶粉中水分含量的方法有直接干燥法、减压干燥法、红外线干燥法等。

　　奶粉中水分含量的国家标准如下：

　　全脂奶粉：一级：<2.50%；二级：<2.75%；三级：<3.00%。

　　脱脂奶粉：一级：<4.00%；二级：<4.50%；三级：<5.00%。

　　全脂加糖奶粉：一级：<2.50%；二级：<2.75%；三级：<3.00%。

一、测定原理

　　食品中的水分一般是指在100℃左右直接干燥的情况下所失去物质的总量。利用直接干燥法，将样品放入100℃±5℃的烘箱中加热，直至恒重，所失去的质量即为水分含量。直接干燥法适用于在95～105℃下不含或含其他挥发性物质甚微的食品。

二、仪器

(1) 分析天平：灵敏度为 0.1mg。

(2) 扁形铝制或玻璃制称量皿：内径 50~70mm，高 35mm 以下。

(3) 干燥器：配有有效干燥剂。

(4) 电热恒温干燥箱：可控制恒温在 100℃±5℃，烘箱内的温度应均匀。

(5) 带密封盖的瓶子：用于混合奶粉（2 倍于奶粉的体积）。

三、操作方法

1. 样品的准备

将样品全部移入 2 倍于样品体积的干燥、带盖的瓶中，旋转振荡，使之充分混合（在此步骤中，不可能得到完全均匀的样品，必须在样品瓶中的相距较远的两点，取 2 份样品，平行分析）。

2. 测定

(1) 将称量瓶清洗干净，置于 95~105℃干燥箱中，瓶盖斜支于瓶边，加热 0.5~1h，取出盖好，然后将皿移入干燥器中，冷却至室温（约 0.5h），称量，并重复干燥至恒重。

(2) 准确称取 3.5g 样品于已恒重的称量皿中，加盖，迅速准确称量后，置于 95~105℃干燥箱中，瓶盖斜支于瓶边，加热 2~4h。

(3) 将称量皿盖好取出，移入干燥器中，冷却至室温，并迅速准确地称量。

(4) 再将皿和盖再次放入 95~105℃干燥箱中，加热 1h 左右。加盖，然后移入干燥器中，冷却至室温，迅速称量。

(5) 重复上述操作，至前后两次质量相差不超过 2mg 为止，即为恒重。

3. 计算

$$X = \frac{m_1 - m_2}{m_1 - m_3} \times 100\% \tag{3-16}$$

式中　X——试样中水分的含量；

　　　m_1——称量瓶和试样的质量，g；

　　　m_2——称量瓶加入奶粉干燥至恒重的质量，g；

　　　m_3——称量瓶的质量，g。

计算结果保留三位有效数字。

在重复性条件下获得的两次独立测定结果的绝对差值不得超过算术平均值的 5%。

第七节　溶解度的测定

溶解度是奶粉重要的质量指标。原料乳的质量、加工方法、操作条件、成品水分含量、成品包装情况及成品的贮存条件都会成为影响奶粉溶解度的因素。

如果使用酸度过高和乳蛋白质不稳定的异常乳加工奶粉，则会影响奶粉的溶解度。在乳的热处理时，如温度过高，时间过长则会导致乳蛋白质变性，也会影响溶解度。

含水 3% 左右的奶粉，保存一年以上仍具有良好的溶解度，如果奶粉中水含量高，就会影响溶解度，这是由于蛋白质胶体状态的改变导致溶解能力迅速降低。

在奶粉生产中，由于喷雾干燥的方法不同，其产品颗粒大小也不一致。而颗粒大小是影响奶粉溶解度的重要因素。

奶粉的溶解度是指每百克样品经规定的溶解过程后，全部溶解的质量。

一、原理

样品按规定的方法水溶解后，称取不溶物的质量，换算成可溶物的质量。

二、仪器及设备

（1）离心机。1000r/min。

（2）离心管。50mL 厚壁硬质。

（3）烧杯。50mL。

（4）称量皿。直径 50～70mm 的铝皿或玻璃皿。

三、操作方法

（1）称取样品 5g（准确至 0.01g）于 50mL 烧杯中，用 38mL25～30℃的蒸馏水分数次将奶粉溶解于 50mL 离心管中，加塞。

（2）将离心管置于 30℃水中保温 5min 取出，振摇 3min。

（3）置离心机中，以 1000r/min 转速离心 10min，使不溶物沉淀。倾去上清液，并用棉栓或滤纸擦净管壁。

（4）再加入 25～30℃的蒸馏水 38mL，加塞上、下摇动，使沉淀悬浮于溶液中。

（5）再置离心机中 1000r/min 离心 10min，倾去上清液，用棉栓或滤纸仔细擦净管壁。

（6）用少量水将沉淀冲洗入已知质量的称量皿中，先在沸水浴上将皿中水分蒸干，再移入 100℃烘箱中干燥至恒重。

四、计算公式

$$X = 100 - \frac{(m_2 - m_1) \times 100}{(1-B) \times m} \qquad (3-17)$$

式中　X——溶解度，g/100g；

　　　m——样品的质量，g；

　　　m_1——称量皿质量，g；

　　　m_2——称量皿和不溶物干燥后质量，g；

　　　100——样品总质量，g；

B——样品水分，g/100g。

注：加糖奶粉计算时要扣除加糖量。

$$X = 100 - \frac{(m_2 - m_1) \times 100}{(1 - B - A) \times m} \tag{3-18}$$

式中　X——溶解度，g/100g；

　　　A——样品中蔗糖含量，g。

五、注意事项

(1) 要仔细擦净管壁。

(2) 最后两次质量差不超过 2mg。

(3) 同一样品 2 次测定值之差不得超过 2 次测定平均值的 2%。

(4) 倾去上清液时要小心，不得倒掉不溶物沉淀。

第八节　杂质度的测定

杂质度是乳制品的重要理化指标，杂质度的高低直接影响着乳质量的好坏。原料乳在运输、贮存和加工过程中有时会由于外界因素和加工工艺不当而混入一些杂质，这些杂质可能用肉眼看不出来，但却对感官、溶解度等指标有着重要的作用，因此，对杂质度的检测是不可缺少的。

杂质度：根据规定方法测得的 500mL 液体乳样品或 62.5g 奶粉样品中，不溶于 60℃热水残留于过滤板上的可见带色杂质的数量，结果比照标准板判断。

一、原理

牛乳或奶粉因挤乳及生产运输过程中夹杂杂质，测定时需使样品在一定的条件下溶解后，根据牛乳或奶粉固有的性质、溶解性和色泽鉴别乳的杂质度。

二、仪器及设备

(1) 过滤设备：正压或负压杂质度过滤机或 200～250mL 抽滤瓶。

(2) 棉质过滤板：直径 32mm，密度为 135g/m³，过滤时牛乳通过面积的直径为 28.6mm。

(3) 烧杯：500mL。

三、操作方法

1. 奶粉中杂质度的测定

称取 62.5g 奶粉样品，用 500mL 水充分调和，加热至 60℃（取液态乳 500mL，加热至 60℃）。于过滤装置上的棉质过滤板上过滤，用水冲洗净附于过滤板上的复原乳，将过滤板晾干或烘箱内烘干后，在非直接但均匀的光亮处与杂质度标准板比较，即可得出过滤板上的杂质量。

2. 牛乳中杂质度的测定

取液态乳 500mL，加热至 60℃。于过滤装置上的棉质过滤板上过滤，用水冲洗净附于过滤板上的复原乳，将过滤板晾干或于烘箱内烘干后，在非直接但均匀的光亮处与杂质度标准板比较（表 3-8），即可得出过滤板上的杂质量。

表 3-8　杂质度标准板（GB/T5413.30—1997）

标准板号	1	2	3	4
标准样板				
绝对杂质含量/mg	0.125	0.375	0.750	1.000
牛乳杂质含量/(mg/L)	0.25	0.75	1.50	2.0
奶粉杂质含量/(mg/kg)	2	6	12	16

四、注意事项

（1）称量要准确。

（2）水温必须在 60℃。

（3）当过滤板上杂质的含量介于两个级别之间时，判定为杂质含量较多的级别。

（4）同方法同一样品所做的 2 次重复测定，其结果应一致，否则应重复再测定两次。

（5）抽滤过程中，用搅拌棒引流，避免待测样从过滤板边缝隙中流失。

第九节　乳中掺假的检验

牛乳的营养价值被越来越多的人认同，其在我国的销量也逐年增加。同时一些不法分子为了获取更多的经济利益，在乳中添加一些有害物质，严重危害消费者身心健康。当前发现的掺假的主要物质有葡萄糖粉、糊精、脂肪粉、植脂末、棕榈油、淀粉、豆浆、面粉、蔗糖、苏打、面碱、亚硝酸盐、硝酸盐、抗生素、双氧水（H_2O_2）、焦亚硫酸钠、甲醛、氯化物、尿素、水解动物皮毛蛋白粉、三聚氰胺、乳中掺尿等，掺假现象严重危及乳品和乳品相关食品的质量安全。本章主要针对乳中的掺假物质进行定性和定量的检测，以确保乳制品的食用安全性。

一、乳中掺水检测

牛乳掺水后，使牛乳中各种组成成分的含量降低，并使其物理性质发生改变。因而可利用牛乳中非脂乳固体的含量来推算出其掺水量。一般牛乳的非脂乳固体质量分数在8.5%以上，若牛乳的非脂乳固体含量低于8.5%的即可疑为掺水。

$$掺水量 = \frac{8.5\% - 被测样品非脂乳固体的质量分数}{8.5\%} \times 100\% \qquad (3\text{-}19)$$

由于不同牛乳样品内所含非脂乳固体变动幅度较大，因而用此法计算出的掺水量比较粗略，如果掺入的水量很少，就不易发觉。要检定牛乳是否掺水，冰点测定法是一个比较准确的方法。

1. 原理

正常牛乳的冰点是相当稳定的，而用水稀释后的牛乳，其冰点会升高，加入不同水量的牛乳其冰点也不同。

2. 仪器和试剂

(1) 冰点测定仪。
(2) 乙醚。
(3) 无水乙醇。

3. 操作方法

(1) 把煮沸后冷却到10℃以下的水（30～35mL）注入内管中备用。
(2) 把冷却到10℃以下的牛乳样品（30～35mL）注入另一内管（样品管）中备用。
(3) 从乙醚口加入乙醚400mL，以缓慢速度通入干燥空气，由于乙醚的不断挥发，真空瓶内的温度将在5～10min内从室温降到0℃并继续下降，当降至−2℃时在外管中加入少量乙醇（必须充满外管与内管下部的空间，使传热更为均匀），将已盛有蒸馏水的内管纳入外管（金属管）中，加塞（塞上已附有标准温度计和搅拌器），继续缓慢地吸入空气，保持搅拌器上下有规律地运动，并注视标准温度，一般情况下，内管温度应逐渐下降，直至−1.5～−1.2℃时，会突然上升，直至一点停止不动，这一点就是冰点。
如果温度已下降至−1.5℃以下，而温度仍继续下降时即可用诱冰棒加入一小粒冰块，催促结冰，使温度上升至平衡点。
(4) 按照上述操作过程，测定被测牛乳的冰点。
(5) 在测定冰点时，由于乙醚不断蒸发，所以应及时补充，以保持乙醚温度在−1.3℃左右，加入乙醚时可停止吹气。
(6) 由被测样品测出的冰点加上水测出的冰点就是被测样品的真正冰点。

二、乳中掺入食盐的检测

牛乳掺水后相对密度下降，为了增加相对密度，掺假者可能会掺水后又掺盐来迷惑消费者。我们可根据下述原理来进行检验。

1. 原理

CrO_4^{2-}、Cl^- 均可与 Ag^+ 反应生成难溶性沉淀，但因二者溶度积不同，Ag_2CrO_4 沉淀遇一定浓度的 Cl^- 而褪色，Ag^+ 与 Cl^- 作用生成 $AgCl$ 沉淀，褪色程度与 Cl^- 含量成正比，$AgCl$ 白色沉淀因 CrO_4^{2-} 的存在而呈黄色。

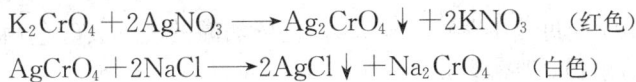

$$K_2CrO_4 + 2AgNO_3 \longrightarrow Ag_2CrO_4 \downarrow + 2KNO_3 \quad （红色）$$
$$AgCrO_4 + 2NaCl \longrightarrow 2AgCl \downarrow + Na_2CrO_4 \quad （白色）$$

2. 试剂配制

（1）硝酸银（9.6g/L）：用小烧杯准确称取 9.6g 硝酸银（硝酸银在 95～105℃条件下烘 1～2h 后使用），加入 1000mL 蒸馏水溶解。

（2）铬酸钾（10%）：用小烧杯准确称取 10g 铬酸钾，加入 100mL 蒸馏水溶解。

3. 操作方法

取乳样 2mL 于试管中，加铬酸钾指示剂 5 滴，混合均匀，再加入硝酸银试剂 1.5mL 混匀。

4. 结果判定

呈砖红色者该乳样氯化物＜150mg/kg，判定为无盐；若呈黄色者，判定为有盐，再继续滴加硝酸银试剂，边加边混匀，直至呈砖红色为止，记量，例如：某乳样再次消耗硝酸银试剂量为 0.7mL，该乳中氯化物为

$$(1.5 + 0.7) \times 100 = 220(mg/kg)$$

折合掺食盐量为

$$(220 - 150)‰ \times 1.65 = 115.5(mg/kg)$$

正常值：泌乳期＜150mg/kg，秋、冬季＜170 mg/kg。

根据反应后溶液颜色深浅的不同，含盐量可判为微量、中量，大量。

5. 注意事项

（1）试剂加入先后不同会影响测定结果，因此应按牛乳＋指示剂＋硝酸银顺序进行。

（2）硝酸银必须烘干后使用，否则会影响检测结果。

（3）牛乳中氯化物含量一般＜0.15%，而羊乳通常＜0.18%，但高于牛乳。如果牛乳中掺入羊乳，混合乳的氯化物含量将会＞0.15%。

三、乳中掺碱的检测

为了掩蔽牛乳的酸败现象，降低牛乳的酸度，防止牛乳因变酸而发生凝结，因而在牛乳中加入少量的碱，常用的碱为 Na_2CO_3 及 $NaHCO_3$。但是加碱后的牛乳不但滋味不佳，而且易使腐败菌生长，同时有些维生素也被破坏，对饮用者健康不利，因而对鲜乳加碱的检验有一定的意义。

(一) 玫瑰红酸法（GB5409—1985）

1. 原理

玫瑰红酸的 pH 变色范围为 $6.9\sim8.0$，遇到加碱的乳，其颜色由褐黄色变为玫瑰红色，故可借此检出加碱乳和乳房炎乳；

2. 试剂配制

玫瑰红酸（0.5g/L）：准确称取 0.5g 玫瑰红酸，加入 1000mL 95％的乙醇溶解。

3. 操作方法

于干燥干净试管中加入 2mL 乳样，加 2mL 玫瑰红酸，摇匀观察颜色变化，有碱时呈玫瑰红色，不含碱的纯牛乳为褐黄色。根据碱含量的不同，可判定为微量、中量、大量。

此外，还可采用以下的快速检测法：在白瓷滴定板的坑内，滴入被检乳及上述指示剂各一滴，混合均匀，如呈现玫瑰红色则说明乳中掺有碱性物质。

(二) 牛乳灰分碱度测定法

1. 原理

经高温灼烧后样品中的有机物被破坏，将有机酸钠盐和碳酸钠转化成氧化钠，溶于水后形成氢氧化钠，其含量可用标准酸液滴定求出。

2. 试剂

0.1mol/L 盐酸标准溶液、1％酚酞指示剂。

3. 仪器

(1) 高温电炉（1000℃）。
(2) 电热恒温水浴锅。
(3) 瓷坩锅。
(4) 锥形瓶、玻璃漏斗。

4. 操作方法

(1) 取 25mL 乳样于瓷坩锅中，置水浴上蒸干，然后在电炉上灼烧成灰。

（2）灰分用 50mL 热水分数次浸渍，并用玻璃棒捣碎灰块，过滤，滤纸及灰分残块用热水冲洗。

（3）滤液中加入 3～5 滴酚酞指示剂，用 0.1mol/L 盐酸标准溶液滴定至微红色，30s 内不褪色为止。

5. 计算

$$X = \frac{V \times 0.0053}{25 \times 1.030} \times 100 - 0.025 \tag{3-20}$$

式中 X——被检测牛乳中碳酸钠含量，g/100g；

V——滴定所消耗 0.1mol/l 盐酸标准溶液的体积，mL；

25——牛乳样品的体积，mL；

100——将每 1g 样品中碳酸钠的含量转换为每 100g 样品中碳酸钠的含量；

0.0053——1mL 0.1mol/L 盐酸标准溶液相当于碳酸钠的质量，g；

1.030——正常牛乳的平均相对密度；

0.025——正常牛乳中碳酸钠含量，g/100g。

四、乳中掺重铬酸钾的检测

重铬酸钾（$K_2Cr_2O_7$）又名红矾钾，橙红色三斜晶系板状结晶，不吸湿，有刺激性气味，能溶于水但不溶于醇。该物质可用作强氧化剂、着色剂、漂白剂、防腐剂，常用做奶样防腐剂。有些不法商人则将其添加到牛乳中，起到牛乳防腐的作用。

1. 原理

利用重铬酸钾与硝酸银反应生成黄色的重铬酸银，可检出掺重铬酸钾的乳。

2. 操作方法

取 2mL 乳样于试管中，加入 2mL 2%的硝酸银，振荡摇匀后观察颜色的变化，如出现黄色判定为掺重铬酸钾。

3. 检测验证结果

检验验证可参考表 3-9 所示数据。

表 3-9 正常牛乳与掺假牛乳数据对比表

重铬酸钾占正常牛乳的浓度比例/%	奶样颜色	掺假试验的结果判定
0	白色	不含 $K_2Cr_2O_7$
0.1	橘黄	含 $K_2Cr_2O_7$
0.005	米黄	含 $K_2Cr_2O_7$
0.002	稍黄	含 $K_2Cr_2O_7$
0.001	只有和正常原奶做对比才能比出稍微有点黄色	很难判定

五、乳中掺焦亚硫酸钠的检测

焦亚硫酸钠，又名偏重亚硫酸钠（$Na_2S_2O_5$），白色结晶或粉末，有二氧化硫的臭气。易溶于水与甘油，微溶于乙醇，对水的溶解度为 30％（常温），50％（100℃）。1％水溶液 pH 为 4.0～5.5，在空气中放出二氧化硫（SO_2）而分解。它能消耗组织中的氧，抑制好气性微生物的活动，并能抑制某些微生物活动所必须的酶的活性，所以有防腐作用。所以，掺假者为了延长原乳的存放时间，常常在原乳中掺入焦亚硫酸钠。

1. 原理

焦亚硫酸钠具有强烈的还原性和漂白作用，它能把碘还原成碘离子，从而使碘失去了遇淀粉变蓝的能力。

2. 试剂配制

(1) 碘-碘化钾试剂：10g 碘加 20g 碘化钾溶于 500mL 蒸馏水中。
(2) 1％淀粉溶液：1g 淀粉溶解于 100mL 蒸馏水中（必要时可以加热溶解）。

3. 操作方法

取 3mL 乳样于试管中，滴加 1 滴碘-碘化钾试剂（一定要准确），振荡摇匀 3～5s 后，再加 2 滴 1％淀粉溶液，振荡摇匀后观察现象。

4. 结果判定

牛乳参考表 3-10 按颜色不同可区别出正常牛乳和掺假牛乳。

表 3-10　正常牛乳与掺假牛乳颜色比较

乳样颜色	掺假试验	结果判定
蓝色	不含防腐剂	合格乳
白色	含防腐剂	异常乳

5. 检测验证结果

根据表 3-11 所示乳样颜色，可以判定出牛乳中加入焦亚硫酸钠的不同比例。

表 3-11　不同浓度焦亚硫酸钠牛乳的颜色对比表

焦亚硫酸钠占正常牛乳的浓度比例/％	乳样颜色	掺假试验的结果判定
0	蓝色	无 $Na_2S_2O_5$
0.1	白色	有 $Na_2S_2O_5$
0.01	白色	有 $Na_2S_2O_5$
0.008	白色	有 $Na_2S_2O_5$
0.005	白色	有 $Na_2S_2O_5$
0.002	和原乳对比稍显淡蓝色	很难判定

六、乳中掺双氧水的检测（淀粉溶液显色法）

1. 原理

双氧水（H_2O_2）具有强烈的氧化性，它能把碘化钾中的碘离子（I^-）氧化成碘（I_2），由于碘遇淀粉变成蓝色，因此我们可以很快检出加入双氧水的乳。

2. 试剂

碘化钾（分析纯），1%淀粉溶液。

3. 操作方法

取奶样 3mL 于试管中，加碘化钾 1 小勺（约 0.3g），充分摇匀后，再滴入 2 滴 1%的淀粉溶液，摇匀后观察现象。

4. 结果判定

如表 3-12 所示颜色按乳样颜色变化判定结果。

表 3-12　正常牛乳和掺双氧水牛乳颜色对比表

乳样颜色	掺假试验	结论判定
不变色	不含防腐剂	合格乳
蓝色	含防腐剂	异常乳

七、乳中掺硫氰酸钠的检测

原料乳或奶粉中掺入硫氰酸钠后可有效的抑菌、保鲜，是不法奶户的掺假物质之一。但硫氰酸钠是毒害品，少量的食入就会对人体造成极大伤害。

1. 原理

硫氰酸钠遇铁盐生成血红色的硫氰化铁，乳样与铁盐溶液接触面的颜色变化与硫氰酸钠掺入量有关，通过显色判定乳样中是否掺有硫氰酸钠。

2. 仪器和试剂

（1）三氯化铁溶液：称取 1g 三氯化铁于干净干燥的小烧杯中，用蒸馏水溶解定容至 100mL 的容量瓶中。

（2）器皿：10mL 容量瓶、50mL 烧杯、18mm×180mm 试管、2mL 刻度吸管、1mL 刻度吸管。

3. 操作方法

（1）吸取 2mL 原料乳样注于试管中。

（2）沿试管壁缓缓加入 1mL 三氯化铁溶液（加入 1mL 三氯化铁溶液 1min；在 0.5～1min 内观察三氯化铁与乳样接触面的颜色变化。

4. 结果判定

参考表 3-13 进行结果判定。

表 3-13　牛乳加入硫氰酸钠的颜色变化

接触面颜色变化	掺入硫氰酸钠浓度/%	结果判定
黄色	0	无
橘黄色（或橘红色）	0.01～0.025	微量
红色	0.05～0.10	中量
血红色	≥0.50	大量

注：该方法是一种定性快速检测方法，其检出限为 0.01%。

八、乳中掺蔗糖的检测（GB5409—1985）

有些不法奶商常常在掺假乳中加入价格便宜的白砂糖来改善鲜乳口感。测蔗糖就是为了遏制部分奶商的这种不法行为。

1. 原理

蔗糖与间苯二酚在强酸性下发生红色化学反应。

2. 操作方法

牛乳 3mL，加浓 HCl 0.6mL，摇匀，加固体间苯二酚 0.5g，于沸水浴或小火焰上加热煮沸 3s 后，观察结果。

3. 结果判定

正常，淡棕黄色（橘黄色）；有红色出现，证明有蔗糖存在。

4. 注意事项

（1）盐酸浓度不能高也不能低，否则影响显色反应。
（2）试剂配制及贮存过程中不能被有机物污染，特别是糖类污染，若试剂变为红色即不能使用。
（3）加热时间过长，其他醛类糖也能产生浅红色的反应。

九、乳中掺米汤、淀粉的检测

牛乳掺水后变得稀薄。掺伪者为了掩盖这种掺假，往往用先掺水，后加淀粉糊或米汤的办法来增加牛乳的稠度。

1. 原理

淀粉与碘试剂呈蓝色或紫色反应。

2. 试剂

碘化钾 4g，碘 2g，加蒸馏水至 100mL。

3. 操作方法

取乳 5mL，加热煮沸，先观察乳液中是否有凝集现象，若无凝集现象，稍放冷后，加入碘试剂 3～5 滴。

4. 结果判定

(1) 正常乳煮沸后无凝集或沉淀，呈均匀乳浊状，变质乳、陈旧乳、高酸度乳，则出现细小凝集至大片凝集或絮状。

(2) 乳加碘试剂后呈黄色，掺淀粉乳呈蓝色，掺糊精乳呈紫色或红色。检出限度 0.1%.

(3) 煮沸试验为了判定结果鲜明，可给乳样中加等量蒸馏水，即使有细微凝集也易看出。

十、乳中掺植脂末、油脂粉的检测

厂家以乳脂率论价，奶农为了掺水又不使乳脂率下降，向原乳中掺植脂末或油脂粉。

1. 原理

植脂末和油脂粉是由棕榈油和糊精或饴糖生产而成，而糊精和饴糖中含有葡萄糖成分，利用葡萄糖尿糖试纸显色的原理来检测。

2. 操作方法

取一平板，取 10mL 乳样注入平板中，倾斜看平板上是否有漂浮物。由于棕榈油熔点是 24℃，一般厂家把收购原乳的温度控制在低于 15℃，而植脂末和油脂粉遇冷会有少量棕榈油络合物浮在乳样上。然后取尿糖试纸一根，浸入乳样中 2s 后取出，在 1s 后观察结果。有植脂末和油脂粉时尿糖试纸会有颜色变化。随着添加量的增多，颜色由淡蓝 → 浅黄绿→ 黄绿色 → 黄色。如果尿糖试纸颜色呈棕红色则是添加了葡萄糖粉。

十一、牛乳中豆浆、豆饼水的检测

(一) 方法一

1. 原理

大豆中几乎不含淀粉，但含有约 25% 碳水化合物，其中主要有棉子糖、水苏糖、阿拉伯半聚乳糖及蔗糖等，遇碘后呈污绿色。本法对豆浆检出限为 5%。

2. 试剂

碘液：取碘 2g 和碘化钾 4g，溶于 100mL 蒸馏水中。

3. 操作方法

取被检乳样 10mL 于试管中，加入 0.5mL 碘-碘化钾溶液，摇匀，立刻观察颜色变化。阳性显污绿色，阴性为黄色，此试验应做阴、阳对照试验。

(二) 方法二

1. 原理

牛乳中加入豆浆、豆饼水，由于其中有皂角素，加入氢氧化钠或氢氧化钾生成黄色物质。

2. 试剂

280g/L 氢氧化钠或氢氧化钾。

3. 操作方法

取牛乳 5mL，加入 2mL 氢氧化钠或氢氧化钾溶液混匀静置 5～10min，阳性显黄色，此试验应做阴、阳对照试验。

十二、水解蛋白类物质的检测

乳品企业以蛋白质含量计价，部分奶农为了掺水不使蛋白质含量降低，同时也能提高非脂干物质的含量而向原乳中加水解蛋白粉。

1. 原理

用硝酸汞沉淀除去乳酪蛋白，但水解蛋白不会被除去，与饱和苦味酸产生沉淀反应。

2. 试剂

(1) 除蛋白试剂：硝酸汞 14g，加入 100mL 蒸馏水，加浓硝酸约 2.5mL，加热助溶，待试剂全部溶解后加蒸馏水至 500mL。溶液出现浑浊等污染现象停止使用。

(2) 饱和苦味酸溶液：称取 2g 固体苦味酸于烧杯中，用冷却的蒸馏水定容至 100mL，后将定容好的溶液倒入烧杯中煮沸（沸腾即可），然后将液体冷却，待结晶析出后将上清液倒入试剂瓶中。

3. 操作方法

1) 奶粉样品的处理

将样品旋转振荡，使之充分混合；准确称取 6g 样品，加入 50mL 中性温水（60℃左右），充分溶解样品。原料奶样品：将样品充分混合即可。

2）操作方法

取 5mL 乳样，放入干净干燥的平皿或其他容器内，加除蛋白试剂 5mL 混合均匀，边加边摇动，不可产生大体积絮状物，将摇匀的液体过滤于试管中收集滤液（约 3mL 左右），然后沿试管壁慢慢加入饱和苦味酸溶液约 0.5mL（每加 0.5mL 约需要 30～40s），切勿使滤液与苦味酸混合（加入的苦味酸溶液层不超出总液体体积的 1/4）；加入苦味酸后立即用黑色比色板做底色观察样品（10s 以内），判定结果。

4. 结果判断

按环层颜色变化判定结果：

（1）阴性：饱和苦味酸的液相与无色的滤液液相扩散状态清晰，无白色圆圈状或无黄褐色沉淀圈，试管底部滤液仍有部分未与饱和苦味酸混合。

（2）阳性：出现白色或黄褐色沉淀圈（沉淀圈表现为较明显清晰的环状层面），甚至出现沉淀层。

掺水解蛋白粉越多，滤液越不透明，白色沉淀越明显。最低检出量 0.05％。

5. 注意事项

（1）本方法如果牛乳酸度＞16°T 或其他非正常生鲜牛乳（如含有外来添加物、生理病理异常乳等）时容易出现假阳性。

（2）水解蛋白粉是用废皮革、毛发等下脚料加工提炼而成，根本不能食用，而且其中的重金属含量以及亚硝酸盐等致癌物质的含量较高，长期食用含有水解蛋白粉的牛乳或奶粉，会对人体造成极大的伤害。

十三、乳中掺尿素的检测

原料乳实行"按质论价"时往往以蛋白质为主要检测指标，部分不法奶商往往会在鲜乳中加尿素来提高蛋白质含量。

1. 原理

尿素与二乙酰-肟在酸性条件下，以锰离子（或三价铁离子）的催化产生缩合，并在氨基硫脲存在下，形成 5,6-二甲基-1,2,4 三嗪的红色复合物。

2. 试剂配制

（1）酸性试剂：在 1000mL 容量瓶中加入约 100mL 蒸馏水，然后加入浓硫酸 44mL 及 85％磷酸 66mL，冷却至室温后，加入硫氨脲 80mg、硫酸锰 2g，溶解后用蒸馏水稀释至 1000mL。置棕色瓶中放入冰箱内可保存半年。

（2）2％二乙酰-肟试剂：称取二乙酰-肟 2g，溶于 100mL 蒸馏水中。置棕色瓶中放入置冰箱内可保存半年。

（3）使用液：取酸性试剂 90mL 和 2％二乙酰-肟 10mL，混合均匀，即可使用。

3. 操作方法

取使用液 1～2mL 于试管中，加原乳一滴，加热煮沸约 1min 观察结果。

4. 结果判定

正常原乳无色或微红色，掺入尿素或尿的原奶立即呈深红色。掺入量越大，显色越快，红色越深。

注：正常乳煮沸时间超过 2min 也会出现淡红色。

十四、乳中硝酸盐、亚硝酸盐的检验

(一) 定性测定

1. 亚硝酸盐的检测

(1) 检测原理：利用亚硝酸盐在弱酸性条件下，与对氨基苯磺酸重氮化，再与 α-萘胺偶合形成紫红色染料，从而加以识别。

(2) 指示剂配制：将 0.1g α-萘酚、0.2g α-萘胺及 0.6g 对氨基苯磺酸溶解于 400mL 50% 的冰醋酸中，在棕色瓶中避光保存。

(3) 检测方法：取奶样 2mL 于试管中，然后加入 1.5mL 测亚硝酸盐指示剂，摇匀 2min 后，按颜色深浅判定结果（表 3-14）。

2. 硝酸盐的检测

1) 原理

在鲜乳中的硝酸盐被还原成亚硝酸盐后，再与对氨基苯磺酸和甲萘胺作用，形成红色的偶氮化合物。

2) 指示剂的制备

(1) 还原剂：硝酸钡 44g，硫酸锰 5g，醋酸镉 2g，锌粉 2g，烘干后混合在一起，研成细粉贮存于棕色广口瓶中备用。

(2) 显色剂：同测定亚硝酸盐的试剂。

3) 检测方法

取乳样 2mL 于小试管中，加还原剂一小勺（约 0.3g），充分摇匀后，加显色剂 2mL，摇匀约 3min 后观察颜色深浅判定结果（表 3-14）。

表 3-14 乳中不同浓度亚硝酸盐、硝酸盐颜色变换表

乳样颜色	亚硝酸盐或硝酸盐含量	结论判定
乳白色	无亚硝酸盐或硝酸盐	合格乳
微粉色	含亚硝酸盐或硝酸盐 0.2mg/kg	异常乳
水粉色	含亚硝酸盐或硝酸盐 0.3mg/kg	异常乳
粉红色	含亚硝酸盐或硝酸盐 0.4mg/kg	严重异常乳
红色	含亚硝酸盐或硝酸盐 $\geq$0.5mg/kg	严重异常乳

4) 结果判定

注释：

(1) 该方法与测亚硝酸盐方法同时做即可判定得出鲜乳中硝酸盐含量。

（2）作为乳品生产厂家控制鲜乳收购质量，该方法具有方便快速、准确的优点，鲜乳收购时只要测硝酸盐就可控制鲜乳中硝酸盐与亚硝酸盐二者的含量，从而就可有效的保证鲜乳收购质量。

（3）鲜乳中掺入低脱盐乳清粉时有时也会加重该实验的现象。

（4）牛乳中硝酸盐、亚硝酸盐的定量检验参照国标（GB/T 5413.32—1997）。

十五、乳房炎乳的检验（GB5409—1985）

1. 试剂配制

（1）用 Na_2CO_3 水溶液和氯化铵水溶液的过滤液作为试剂。

Na_2CO_3 水溶液：$60gNa_2CO_3 \cdot 10H_2O$ 溶于 100mL 蒸馏水中，均匀搅拌，加热，过滤；

氯化铵水溶液：称取 40g 无水氯化铵溶于 300mL 蒸馏水中均匀搅拌，加热，过滤；

将上述两溶液的滤液倾注一起，混合，搅拌，加热，过滤。加入等量的 15% 的氢氧化钠溶液，继续搅拌，加热，过滤即为试液。棕色瓶中保存。

（2）用十二烷基硫酸钠 20g，加入麝香草酚蓝（百里香酚蓝）20 mg、水 1000mL，调制成 pH 为 6.2～6.4。

2. 操作

取样 2mL 置乳房炎诊断平皿中，加试剂 2mL，将诊断样回旋 10s，充分混合，根据凝集反应程度判定。

3. 结果判定

根据表 3-15 所示颜色的不同判定牛乳中是否是乳房炎乳。

表 3-15　乳房炎乳颜色对比表

试剂反应程度	乳汁凝集反应	颜色反应
阴性－	无变化或有微量凝集，回转后消失	黄色
阴性或阳性	少量凝集，回转后消失	黄色或微绿色
微阳性＋	明显凝集，呈黏稠状	黄色或微绿色
阳性＋＋	大量凝集，黏稠性强	黄色、黄绿色或绿色
强阳性＋＋＋	完全凝集，成胶状，旋转向心向上	黄色、黄绿色或深绿色

十六、拮抗剂的检测

拮抗剂的主要成分是 β-内酰胺酶，它是由革兰氏阳性细菌产生和分泌的，可选择性分解牛乳中残留的 β-内酰胺类抗生素。β-内酰胺酶为我国不允许使用的食品添加剂，该酶的使用掩盖了牛乳中实际含有的抗生素。

1. 检测原理

β-内酰胺酶可水解 β-内酰胺类抗生素（如青霉素），使其失去抗菌活性。而 β-内酰胺酶抑制剂（如舒巴坦）可抑制 β-内酰胺酶活性，使抗生素（如青霉素）维持其抗菌活性。

2. 仪器及试剂

（1）检测用平板为双层培养基（pH6.8）。
（2）冷冻干燥青霉素（瓶号 A）。
（3）冷冻干燥青霉素＋舒巴坦（瓶号 B）。
（4）藤黄球菌 CMCC12228 菌悬液。
（5）β-内酰胺酶标准品（瓶号 D）。
（6）牛津杯（灭菌小钢管）。

3. 操作方法

（1）检测用平板为双层培养基（平皿直径 90mm，底层培养基为 20mL＋菌层培养基 5mL），200mL 培养基可制备 7 块平板，其中 1 块平板作为对照用，其余 6 块平板可用于检测用。

（2）取瓶装培养基，置沸水中使培养基彻底融解至液体状，铺平板底层，制备 7 块平板后，将瓶内剩余的 60mL 培养基置于 55℃ 水浴中，加 60mL 菌悬液（4），在水浴中迅速摇匀，取 5mL 铺菌层培养基。该操作在冬季时，要避免因平板底层温度过低而导致菌层厚薄不均，影响检测结果。

（3）待菌层培养基彻底凝固后，将牛津杯置于制备好的检测用平板上，平均分配于平板的 4 个相限，放置 3min。

（4）取待检牛乳样 2mL 置于瓶号 A 内，充分混匀，加 200mL 于牛津杯内。

（5）取上述待检牛乳样 2mL 置于瓶号 B 内，充分混匀，加 200mL 于牛津杯内。

（6）水样对照：取瓶号 A 和瓶号 B 各 1 只，分别加无菌水 2mL，各取 200mL 按上述检测程序加于牛津杯内。取瓶号 A 和瓶号 B 各 1 只，分别加无菌水 2mL，再各加 10 倍稀释的 β-内酰胺酶 10mL，充分混匀后。从上述 2 只管各取 200mL 按上述检测程序加于牛津杯内。

（7）平板加盖陶瓷盖，37℃，过夜培养，观察结果。

4. 结果判定

（1）水样对照：
瓶号 A（含青霉素）水样，有抑菌圈约 25～30mm。
瓶号 B（含青霉素＋舒巴坦）水样，有相同直径的抑菌圈。
加酶瓶号 A（含青霉素＋酶）水样，无抑菌圈或明显小于上述抑菌圈。
加酶瓶号 B（含青霉素＋舒巴坦＋酶）水样，有相同直径的抑菌圈。

（2）待检牛乳结果：当加于瓶号 B（青霉素＋舒巴坦）样品牛乳的抑菌圈直径比加于瓶号 A（青霉素）的抑菌圈直径≥3mm 时，判定为阳性，即该待检牛乳中加有 β-内酰胺酶（图 3-10）。

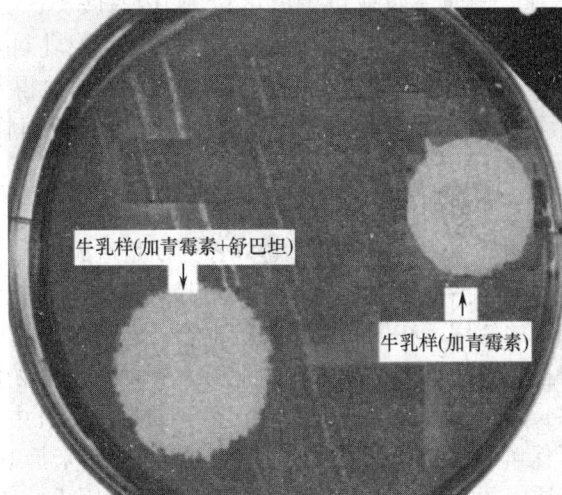

图 3-10　牛乳中加有 β-内酰胺酶

5. 注意事项

试剂盒应在 4℃ 冰箱保存，有效期为 14d。当保存时间超过 7d 后，菌层的加菌量可适当增加 1 倍，即剩余 60mL 培养基加菌悬液 120mL。

十七、掺洗衣粉的检测

1. 原理

牛乳中掺洗衣粉后，十二烷基苯碘酸钠在紫外线下发荧光。

2. 仪器

紫外线分析仪（365nm）。

3. 操作方法

取 10mL 乳样于蒸发皿上，在暗室中置于波长为 365nm 的紫外线分析仪下观察荧光，同时做空白对照试验。

4. 结果判定

如牛乳中掺洗衣粉，则发出银白色荧光，正常牛乳无荧光，呈乳黄色，此法检测的灵敏度为 0.1%。

第十节　抗生素的检验

抗生素是一类由微生物和其他生物在生命活动过程中合成的次生代谢产物或其衍生

物，其在很低的浓度时就能抑制或干扰病原菌、病毒等的生命活动。近年来，我国的乳及乳制品工业发展迅速，同时畜牧业也发展迅猛，β-内酰胺类、氨基糖苷类、四环素类、大环内酯类等抗生素在乳畜饲养业中广泛应用，造成乳及乳制品中抗生素残留，给消费者健康带来了潜在威胁，因而提高抗生素残留的检测技术显得尤其重要，尽快开发或引进先进的抗生素检测技术以解决我国当前乳和乳制品行业面临的难题已成为当务之急。

乳和乳制品中抗生素残留的来源要追寻到原料生产及其流通过程。首先，使用抗生素防治动物疫病。对患病奶牛用药不当及不遵守停药期是造成牛乳中抗生素残留的重要因素，尤其是采用乳房灌注治疗奶牛乳房炎时，更易造成牛乳中抗生素的残留。其次，是抗生素类饲料添加剂的使用。在饲料中添加抗生素，可以有效抑制或杀灭畜体肠道内的有害微生物，维持畜体胃肠道有益微生物的平衡，从而促进动物生长、预防疾病。但是，如果泌乳期奶牛长期食用含抗生素的饲料，很容易造成牛乳中抗生素残留。再次，饲养户和经营商为了保鲜，将抗生素人为添加到畜产品中，来抑制微生物的生长、繁殖，防止牛乳酸败变质，也是造成抗生素残留超标的重要因素。这种情况很少，但危害很大。

从乳制品加工的角度来看，原料乳中抗生素残留物严重干扰发酵乳制品的生产，抗生素残留可严重影响干酪、黄油、发酵乳的发酵和后期风味的形成。长期服用含低剂量抗生素残留的乳制品，日积月累会危害人体健康。主要危害表现在：其一，毒性作用，如长期摄入氨基糖苷类抗生素严重超标的乳产品可导致肾毒性和耳毒性。其二，过敏反应。其三，病原菌耐药性增加。其四，破坏人体胃肠道微生物菌群的动态平衡。其五，妨碍我国畜产品的国际贸易。

目前抗生素残留检测的方法很多，基本上可以分为四大类型：一是经典的微生物检测方法；二是现代仪器分析方法；三是生化免疫分析法；四是专一试剂盒法。

一、Snap 快速抗生素检测仪

1. 竞争酶联免疫分析原理

酶联免疫测定法（ELISA）属于生化免疫分析法，是将特定抗生素类群（如 β-内酰胺类、四环素类）作为靶子，让固定在一定部位的特定抗体或广谱受体捕捉。大多数检测法利用竞争性原理，使样品内的抗生素与内置抗生素标志物竞争与固定的抗体或广谱受体结合，然后进行冲洗和显色。内置抗生素标志物与固定抗体或广谱受体形成的复合体，通过酶的作用分解可形成有色物质或发光物质。通过测定色度或光度并与参照物对照，就可以判断结果呈阴性还是阳性。

2. Snap 试剂盒组成

Snap 试剂盒组成如图 3-11 所示。

3. 操作方法

（1）检测准备，如图 3-12 所示。

样品管　　　　　　　　　　　　Snap检测板

冻干的试剂颗粒　　　　　　　　　　　　移液管

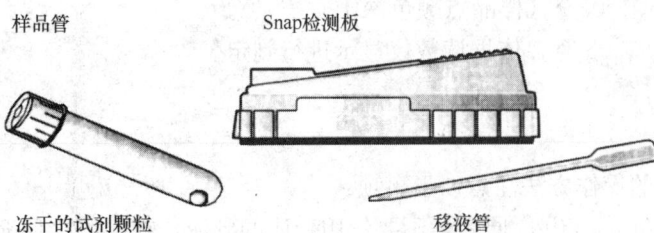

图 3-11　Snap 试剂盒组成图

图 3-12　Snap 检测准备步骤图

（2）加入样品和按 Snap 键，如图 3-13 所示。

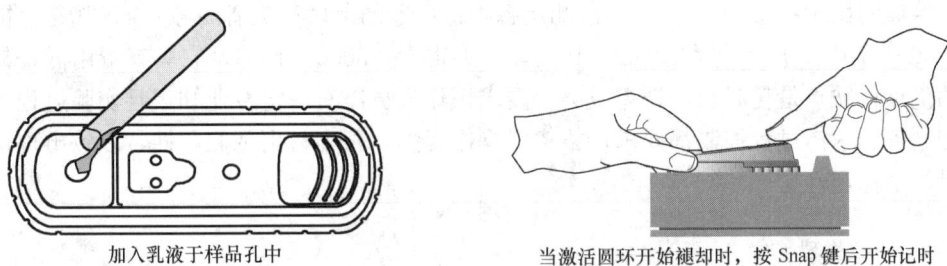

加入乳液于样品孔中　　　　　　当激活圆环开始褪却时，按 Snap 键后开始记时

图 3-13　Snap 检测加入样品和按键步骤图

（3）判读结果。4min 后立即插入 Snapshot 读数仪判读结果，如图 3-14 所示。

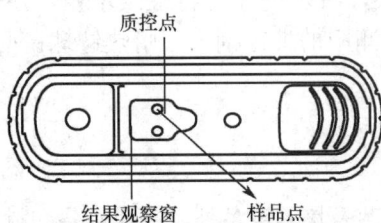

质控点

结果观察窗　　　　　样品点

图 3-14　Snap 检测板图

阳性结果：＞1.05 P（样品点颜色浅于质控点）。

阴性结果：<1.05 N（样品点颜色深于质控点）。

当读数值 为 1.05 时，依据读数仪显示进行判定。

4. 注意事项

使用此仪器的操作方法注意以下事项：

（1）使用 $450\mu L \pm 50\mu L$ 原乳，不要使用变质的乳液，在检测之前充分混合样品。

（2）当移取样品时，从样品容器的中央取样。

（3）预先升温加热槽至 45℃±5℃，至少保持 15min，便携式加热器至少保持 5min。

（4）在检测过程中检测板须置于加热槽中。

（5）在进行检测之前，从包装中取出检测板、样品管和吸液管。

（6）当蓝色激活圆环开始浸湿时，按 Snap 键。

（7）如果质控点没有颜色变化，说明检测失败，重新检测样品。

（8）不要使用过期的检测试剂盒。

（9）不要将不同试剂盒包装中的样品管和检测板混合使用。

（10）所有试剂盒必须保存于 0～8℃（在检测当天，试剂盒可保持在室温条件下）。

（11）如读数在 1.05 时，依据读数仪上显示的结果进行判定。

二、TTC 法

TTC 法是我国鲜乳中抗生素残留量检验标准（GB4689.27—1994）的检测法，是一种经典的微生物检测法。TTC 法测定各种抗生素的灵敏度为青霉素：4×10^{-9}，链霉素：500×10^{-9}，庆大霉素：400×10^{-9}，卡那霉素：5000×10^{-9}。它具有费用低，易开展的优点；缺点是耗时长、误差较大，要求操作人员需有一定专业知识且实验过程中菌液的制备、水浴过程控制都要求严格遵守操作规程，否则易出现假阳性，以致出现检验结果的不稳定性。

1. 测定原理

样品经过 80℃ 杀菌后，添加嗜热链球菌菌液。培养一段时间后，嗜热链球菌开始增殖。这时候加入代谢底物2,3,5-氯化三苯四氮唑（TTC），若该样品中不含有抗生素或抗生素的浓度低于检测限，嗜热链球菌将继续增殖，还原 TTC 成为红色物质。相反，如果样品中含有高于检测限的抑菌剂，则嗜热链球菌受到抑制，因此指示剂 TTC 不还原，保持原色。

2. 仪器和试剂

除微生物实验室常规灭菌及培养设备外，其他设备和材料如下：

（1）冰箱：2～5℃、−20～−5℃。

（2）恒温培养箱：36℃±1℃。

（3）带盖恒温水浴锅：36℃±1℃，80℃±2℃。

（4）天平：感量 0.1g、0.001g。

（5）无菌吸管：1mL（具 0.01mL 刻度），10.0mL（具 0.1mL 刻度）或微量移液器及吸头。

（6）无菌试管：18mm × 180mm。

（7）温度计：0～100℃。

（8）旋涡混匀器。

（9）菌种：嗜热乳酸链球菌。

（10）脱脂乳：经 113℃，20min 灭菌。

（11）4‰ 2,3,5-氯化三苯四氮唑（TTC）水溶液：称取 1gTTC，溶于 5mL 灭菌蒸馏水中，装入褐色瓶内于 7℃ 冰箱保存，临用时用灭菌蒸馏水以 1∶5 稀释。如遇溶液变为绿色或淡褐色，则不能再用。

3. 检验程序

鲜乳中抗生素残留检验程序见图 3-15。

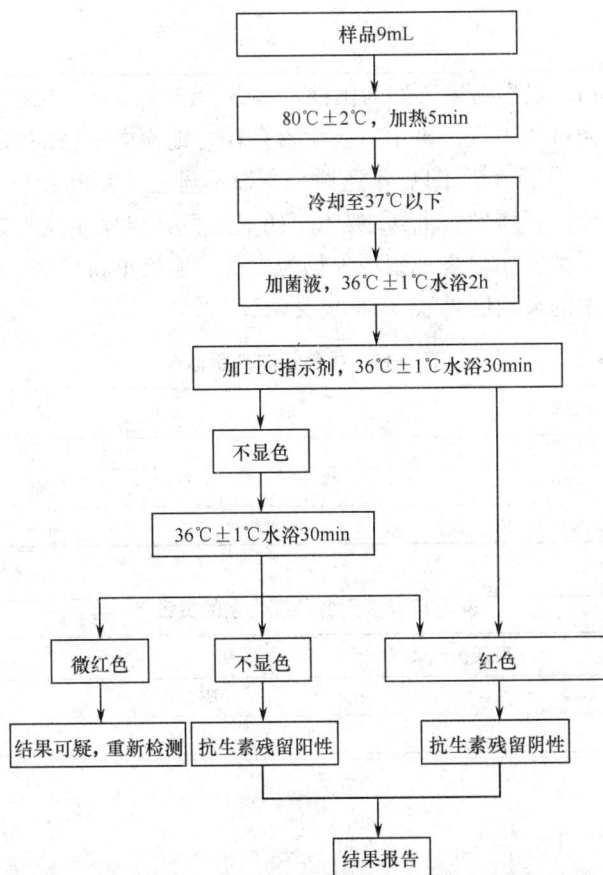

图 3-15　鲜乳中抗生素残留检验流程图

4. 操作方法

（1）菌液制备。将菌种移种脱脂乳，经 36℃±1℃ 培养 15h 后，以灭菌脱脂乳 1∶1 稀释待用。

注意：

① 菌液制备时，接种操作应在无菌条件下进行。如果是干粉菌种应在无菌条件下称取 2～3g 溶于 1000mL 灭菌的脱脂乳中。

② 脱脂乳的制备可用脱脂奶粉与水以 1∶9 混合配制而成。

（2）取检样 9mL，置于 16mm×160mm 试管内，在 80℃ 水浴中加热 5min，冷却至 37℃ 以下，加活菌液 1mL，于 36℃±1℃ 水浴中保温培养 2h，再加入 4% 的 TTC 指示剂 0.3mL，在 36℃±1℃ 水浴再保温培养 30min，进行观察。如为阳性，再于 36℃±1℃ 水浴中培养 30min 做第二次观察。每份检样做 2 份，另外再做阴性和阳性对照各一份，阳性对照管用无抗生素的乳 8mL 加抗生素及菌液和 TTC 指示剂。阴性对照管用无抗生素乳 9mL 加菌液和 TTC 指示剂。

5. 判断方法

准确培养 30min，观察结果，如为阳性，再继续培养 30min 做第二次观察。在观察时要迅速，避免光照过久干扰。乳中有抗生素存在，则检样中虽加菌液培养物，但因细菌的繁殖受到抑制，因指示剂 TTC 不还原，所以不显色。与此相反，如果没有抗生素存在，则加入菌液即进行增殖，TTC 被还原而显红色，也就是说检样呈乳的原色时为阳性，成红色时为阴性。如最终观察现象仍为可疑，建议重新检测。其显色状态判断标准与检测各种抗生素的灵敏度见表 3-16 和表 3-17。

表 3-16　显色状态判断标准

显色状态	判断
未显色者	阳性
微红色者	可疑
桃红色——红色	阴性

表 3-17　检测各种抗生素的灵敏度

抗生素名称	最低检出量/单位	抗生素名称	最低检出量/单位
青霉素	0.004	庆大霉素	0.4
链霉素	0.5	卡那霉素	5

小结

本章主要针对牛乳酸度、密度、脂肪、蛋白质、乳糖、水分、溶解度、灰分、杂质度、抗生素、掺假等理化项目进行检验，以评价原料或产品质量的好坏，从而确保产品的食用安全性，以保证消费者健康。

复习题

1. 牛乳酸度的表示方法有哪几种？
2. 简述吉尔涅尔度的定义。
3. 简述盖勃氏法测定乳脂肪的原理。
4. 简述凯氏定氮法测定乳中蛋白质的原理。
5. 简述蛋白质测定过程中的注意事项。
6. 乳糖测定过程中为何在保持沸腾的条件下滴定？
7. 论述乳中掺水、食盐、碱等物质的检测原理。
8. 论述乳中含有拮抗剂的检测原理。
9. 简述乳中抗生素的来源及危害。
10. 简述溶解度和杂质度的概念。

第四章　乳与乳制品的微生物检验

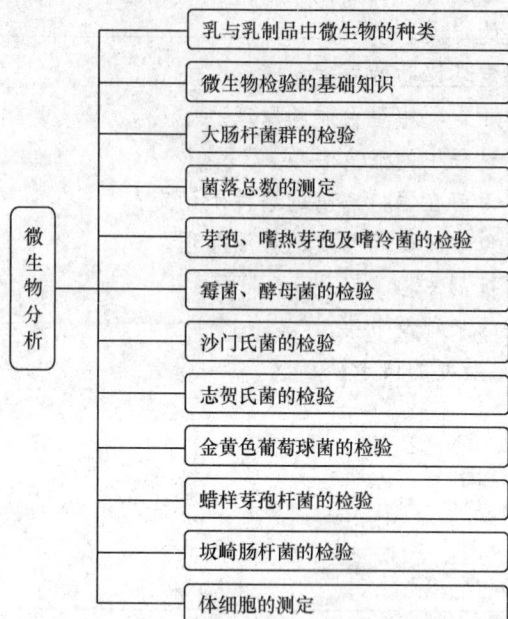

```
                        ┌─────────────────────────┐
                        │ 乳与乳制品中微生物的种类  │
                        ├─────────────────────────┤
                        │ 微生物检验的基础知识       │
                        ├─────────────────────────┤
                        │ 大肠杆菌群的检验          │
                        ├─────────────────────────┤
                        │ 菌落总数的测定            │
              ┌───┐     ├─────────────────────────┤
              │微 │     │ 芽孢、嗜热芽孢及嗜冷菌的检验│
              │生 │     ├─────────────────────────┤
              │物 ├─────┤ 霉菌、酵母菌的检验         │
              │分 │     ├─────────────────────────┤
              │析 │     │ 沙门氏菌的检验            │
              └───┘     ├─────────────────────────┤
                        │ 志贺氏菌的检验            │
                        ├─────────────────────────┤
                        │ 金黄色葡萄球菌的检验       │
                        ├─────────────────────────┤
                        │ 蜡样芽孢杆菌的检验         │
                        ├─────────────────────────┤
                        │ 坂崎肠杆菌的检验          │
                        ├─────────────────────────┤
                        │ 体细胞的测定             │
                        └─────────────────────────┘
```

乳是人们最好的营养食品，同时也是微生物最好的培养基。在乳及乳制品的生产过程中，很容易被微生物污染。常见的微生物有细菌、酵母菌和霉菌，这些微生物一般分为三类，一类是病原微生物，它不改变乳及乳制品的性质，但对人、畜健康有害，可以通过乳散播人畜的各类流行病，如溶血性链球菌、乳房炎链球菌以及沙门氏菌、痢疾杆菌等。另一类是有害微生物，这些微生物可以引起乳及乳制品的腐败变质，如低温细菌、产酸菌、大肠杆菌等。此外，还有一类是乳品生产中的有益微生物，它们可以使我们得到所希望的乳制品，如乳酸菌在干酪、酸性奶油及酸乳制品方面起了重要作用。因此，我们必须了解乳中微生物的种类和特征，以便防止致病微生物和有害微生物侵入乳及乳制品中，而利用有益微生物生产各种发酵乳制品。但即使是有益微生物，也能使乳发生酸败，不利于乳品加工，故除了生产某些乳制品时利用其特性外，应尽可能的防止其侵入乳中。

第一节　乳与乳制品中微生物的种类

一、生鲜牛乳中的微生物

（一）生鲜牛乳中微生物的来源

生鲜牛乳中微生物含量随季节、牧场环境、乳牛个体等因素发生较大变化，它们主要来源于以下途径。

1. 牛体污染

（1）挤奶环境。环境清洁与否对减少牛乳细菌污染非常重要，这些污染因素包括牛舍空气、垫草、尘埃以及牛体本身排泄物等，这里都含有大量的细菌。

（2）尘埃和牛粪。不洁的牛体附着的尘埃每克中含菌量可达到几亿到几十亿，挤奶时它们极易散落到牛乳中，污染了牛乳。这些污染细菌多数属于带芽孢的杆菌和大肠菌群等。

（3）清洁程度。为了提高牛乳的卫生质量，挤乳时不论是在牛舍或特设的挤奶台，都要用温水彻底清洗乳房。乳房清洗效果对生鲜牛乳细菌数的影响见表4-1。

表 4-1 乳房清洗程度对牛乳中细菌数的影响

乳房清洗程度	乳中细菌数/(个/mL)
乳房及腹部未清洗	7058
乳房及腹部已清洗	718

（4）乳房的污染。许多细菌通过乳头管移行至乳池下部，由于细菌本身的繁殖和乳房的机械运动而到达乳房内部。尽管如此，奶牛的乳房内牛乳的含菌量还是比较少的，一般平均不过 200～600 个/mL，但乳头管处细菌附着的较多，大约 6000 个/mL，所以挤奶时头把乳必须单独处理。在正常情况下，随着挤奶的进行，乳中细菌含量逐渐减少，挤奶到最后阶段只有 40 个/mL 左右。

正常存在于乳房中的微生物，主要是一些无害的球菌，当乳汁刚从健康畜体内挤出时，其所含的细菌数并不多，细菌的种类也不复杂，只有在管理不良，污染严重或当乳房呈现病理状态时，乳中的细菌含量及种类才会大大增加，甚至有病原菌存在。

2. 外界污染

（1）空气质量。一般挤乳过程中，鲜乳经常暴露在空气中，因此细菌污染的机会很多。据测定，牛舍中空气中细菌含量通常是 50～100 个/mL，当牛舍中尘埃较多时，最高含菌量可达 1000 个/mL，其中以芽孢杆菌和球菌属居多；此外霉菌和酵母含量也较多。

（2）挤奶用具。挤奶时所用的桶、挤奶机、过滤布、洗乳房用布和盛乳容器等，如不事先进行彻底清洗消毒，则通过这些用具也使鲜乳受到污染。据调查，只用清水清洗过的乳桶装乳，鲜乳每毫升含菌量可达 250 多万个；而使用前用蒸汽消毒过的奶桶装乳，鲜乳含菌量只有 23253 个/mL。

（3）饲料及褥草的污染。乳被饲料中的细菌污染，主要是在挤奶前分发干草时，附着在干草上的细菌（主要是芽孢杆菌，如酪酸芽孢杆菌、枯草杆菌等）随同灰尘、草屑等飞散在厩舍的空气中，既污染了牛体，又污染了所有用具，或挤奶时直接落入奶桶，造成乳的污染。

（4）其他外界污染。操作工人的手不清洁，或者混入苍蝇及其他昆虫等，都是污染的原因，特别是夏秋季节，由于苍蝇常在垃圾或粪便上停留，所以每个苍蝇的体表可存在几百万甚至几亿个细菌。其中包括各种致病菌，当其落入乳中时就可把细菌带入乳中造成污染。还须注意勿使污水溅入桶内，并防止其他直接或间接的原因从桶口侵入微生物。

3. 疾病

（1）乳房炎。乳房炎是乳牛常见的疾病。它通常是由于感染了病原微生物引起的，患病后牛乳的微生物含量明显增加。

（2）其他乳畜病。当乳畜患有结核病、布鲁氏杆菌病、炭疽、口蹄疫、李氏杆菌病、伪结核、胎儿弯曲杆菌病等传染病时，其乳常成为人类疾病的传染来源。来自乳房炎、副伤寒患畜的乳；可能引起人的食物中毒，因此，对乳畜的健康状况必须严格监督，定期检查。

（二）生鲜牛乳在贮存过程中微生物的繁殖

牛乳是微生物的最好培养基，通常情况下，微生物会从牛体（挤乳环境、牛粪、乳房等）、空气、盛乳容器、饲料等处进入牛乳中，由于牛乳的营养非常丰富，又含有大量的水分，特别适合微生物的需要，所以牛乳被微生物污染后不及时处理，微生物会大量的繁殖。轻则使牛乳腐败变质，重则造成严重疾病，危害身体健康。此外，乳制品的质量主要取决于原料乳的好坏，鲜乳阶段尤其需要注意微生物的变化情况，以防鲜乳变质。

1. 牛乳在室温下贮存时微生物的变化

新鲜牛乳在杀菌前都有一定数量、不同种类的微生物存在，如果放置在室温（10～21℃）下，会因微生物在乳液中活动而逐渐使乳液变质。室温下微生物生长分为几个阶段，各阶段主要微生物各不相同。

（1）抑制期。生鲜牛乳中含有多种抗菌性物质，它在最初阶段抑制牛乳中的微生物，使其中的微生物反而减少。这种杀菌作用源于一种名为"乳烃素"的细菌抑制物，其杀菌或抑菌作用随温度的升高而增强，但持续时间会缩短。因此，鲜乳放置在室温环境中，在一定时间内并不会出现变质的现象。

（2）乳链球菌期。生鲜牛乳过了抑菌期后，抑菌物质减少或消失，其内的微生物迅速繁殖，尤其是细菌占绝对优势。这些细菌主要是乳链球菌、乳酸杆菌、大肠杆菌和一些蛋白分解菌。特别是乳链球菌生长繁殖特别旺盛。

（3）乳酸杆菌期。乳链球菌在牛乳中繁殖，使牛乳的 pH 下降至 6 左右，这时乳酸杆菌的活动力逐渐增强。当 pH 下降至 4.5 以下时，由于乳酸杆菌耐酸力较强，尚能继续繁殖并产酸。此时还有非常耐酸的丙酸菌、孢子形成菌等出现。在这阶段，乳液中可出现大量乳凝块，并有大量乳清析出。

（4）真菌期。当酸度继续下降至 3.5～3 时，绝大多数微生物被抑制甚至死亡，仅酵母菌和霉菌尚能适应高酸性的环境，并能利用乳酸及其他一些有机酸，于是形成优势菌。由于酸被利用，乳液的酸度会逐渐降低，使乳液的 pH 不断上升接近中性。

（5）胨化菌期。经过上述几个阶段的微生物活动后，乳液中的乳糖大量被消耗，残余量已很少，在乳中仅是蛋白质和脂肪尚有较多量存在。这时的腐败菌大部分是能分解蛋白质和脂肪的芽孢杆菌属、假单胞菌属以及变形杆菌属的一些细菌。在这一阶段，乳凝块被消化（液化）、乳液的 pH 逐步提高向碱性方向转化，并有腐败的臭味产生的现象。

2. 牛乳在冷藏中微生物的变化

生鲜牛乳在未消毒即冷藏保存的条件下，一般的嗜温微生物在低温环境中被抑制；而嗜低温微生物却能够增殖，但生长速度非常缓慢。低温中，牛乳中较为多见的细菌有：假单胞菌、醋酸杆菌、产碱杆菌、无色杆菌、黄杆菌属等，还有一部分乳酸菌、微球菌、酵母菌和霉菌等。

二、液态乳制品中的微生物

1. 消毒牛乳中的微生物

经低温长时间或高温瞬时杀菌的牛乳，还有少量对热抵抗力较强的微生物残留，不能完全杀灭。当乳中微生物细胞聚集或微生物细胞被包围在凝乳中时，使微生物不易被杀灭，造成杀菌效果低而使乳中微生物增多。最常见的残留细菌如下：

（1）嗜冷菌和营冷菌。在乳品中存在的营冷菌，多数为革兰氏阴性无芽孢、氧化酶阳性的小杆菌，主要为假单胞菌、黄杆菌和产碱杆菌的细菌。消毒乳中的营冷菌主要来自原料乳和杀菌后污染。

（2）嗜热菌和耐热菌。乳中的嗜热菌主要是需氧型和兼性厌氧型的芽孢杆菌。能耐受巴氏消毒，但在巴氏消毒温度（63℃）不能繁殖的菌类为耐热菌。主要是嗜中温菌，少数是营冷菌。在消毒乳中常见的耐热菌有节杆菌、芽孢杆菌、微杆菌、微球菌和部分葡萄球菌、链球菌等。

（3）大肠菌类。这类菌不耐热，巴氏消毒即可杀死。消毒乳中有大肠菌类存在，说明是消毒后污染的。它可作为食品卫生指标，消毒乳中大肠菌类超过卫生指标时，不但要检查成品的大肠菌类的含量，也应检查各个加工过程的乳，以便查出污染原因。

2. 稀奶油中的微生物引起的质量问题

（1）细菌。贮存在 5℃ 的鲜制稀奶油的优势菌是假单胞菌、无色杆菌、产碱杆菌、不动杆菌、气单胞菌。

给稀奶油带来缺陷的微生物有产麦芽臭乳链球菌，它是稀奶油产生麦芽臭的原因。稀奶油中常见的嗜冷菌有假单胞菌，另外也可能有使稀奶油变成紫色的蓝黑色杆菌。

（2）酵母菌和霉菌。乳糖发酵性酵母是稀奶油产生缺陷的原因微生物。一般除产生恶臭外，会伴有气体产生。但是，酵母菌在已进行乳酸发酵的稀奶油内停止发育，经常在稀奶油中发现不发酵乳糖的酵母，也不产生明显的缺陷。

常见的霉菌有白色土毛霉。霉菌多为好气性，在稀奶油表面呈膜状或簇状繁殖。

3. 超高温灭菌乳中的微生物

超高温灭菌乳中残存的微生物可以是芽孢，或者是非耐热性微生物。若是芽孢，则可能是灭菌强度不够造成的，如蜡状芽孢杆菌，若是后加工污染，则可能是由于无菌灌装后封口不良所致，造成这种污染的微生物可以是任何类型，即可以是单一污染，也可以是混合污染。

三、发酵乳制品中的微生物

1. 酸奶中的微生物

广义上说，酸奶可称为是"卫生安全"的食品，然而一些腐生菌对环境条件不如致病菌敏感，特别是霉菌和酵母菌，低 pH 对它们几乎没有影响，只要有蔗糖或乳糖作为能源存在，它们就可以迅速生长，使产品腐败变质。

（1）酵母菌。酵母菌是污染酸奶的主要微生物类群。产品发生酵母菌污染的典型特征之一是"鼓盖"，这种现象多数是由厌氧性酵母菌引起的；当出现好气性酵母菌污染时，会在酸奶，特别是凝固型酸奶表面出现由酵母菌生长引起的斑块。从"鼓盖"酸奶中可分离出的酵母包括克鲁维酵母、红酵母、毕赤酵母、酵母属等。

（2）霉菌。霉菌是另一种造成酸奶严重污染的主要微生物类群。像毛霉、根霉、曲霉、青霉等霉菌在酸奶和空气的接触面处生长后，可出现各种霉菌的纽扣状斑块。

2. 干酪中的微生物引起的质量问题

（1）霉菌生长。有些品种的干酪需要霉菌来促进干酪的成熟，但对大多数干酪而言，霉菌生长会引起干酪腐败变质。霉菌会破坏干酪产品的外观，产生霉味，还可能产生毒素。干酪成熟室中常见的霉菌有链格孢霉、根霉、枝孢属、丛梗孢属、毛霉和青霉属。另外，高水分含量的软质干酪、农家干酪和稀奶油干酪容易受到地霉属的污染。

（2）产气菌污染。干酪在制造和成熟过程中，腐败性气体的产生与乳中残留的产气菌数量和凝块的受污染程度有关。生乳受大肠菌严重污染时，会产生大量气体，导致凝块在干酪槽中上浮。这类问题在农家干酪生产中出现较多，在现代化的乳品厂中极少出现，因为生乳都经过巴氏杀菌，操作过程也很严格。由于污染原因不同，干酪的产气问题有三种类型：早产气、中期产气和晚期产气。

（3）烂边。如果硬质干酪的表面不能保持干燥，会使水分在表面积聚，从而导致微生物如成膜酵母、霉菌和蛋白分解性细菌的生长，最终引起干酪变软、变色，甚至产生异味。这种由于干酪表面微生物的生长而引起的腐败变质现象称为"烂边"。

（4）变色。在成熟过程中，干酪表面颜色的变化主要由霉菌生长所引起。黑曲霉会在硬质干酪的表面形成黑斑；干酪唇红霉在青纹干酪表面可形成红斑。一些细菌如植物乳杆菌会在契达干酪内部形成锈斑。

（5）膨胀。这种现象是由于大肠菌类等有害微生物利用乳糖发酵产酸产气而使干酪膨胀造成的，它常伴有不良味道和气味。干酪成熟初期发生膨胀现象，常常是由大肠杆菌之类的微生物引起。如在成熟后期发生膨胀，多半是由于某些酵母菌和丁酸菌而引起，并有显著的丁酸味和油腻味。

（6）苦味。由苦味酵母、液化链球菌、乳房链球菌等微生物强力分解蛋白质后，使干酪产生不快的苦味。

（7）致病菌。干酪在制作过程中，受葡萄球菌污染严重时，就能产生肠毒素，这种毒素在干酪中长期存在，食后会引起食物中毒。

四、奶粉中的微生物

奶粉是一种粉末状产品，水分含量一般为 2%～4%，低的水分活度有利于抑制奶粉中微生物的生长繁殖，但奶粉的生产过程很难将所有的微生物全部杀死，奶粉中还有一定数量的微生物存活。

奶粉中被污染的细菌主要有耐热的芽孢杆菌、微球菌、链球菌、棒状杆菌等。

奶粉中可能有病原菌存在，最常见的是沙门氏菌和金黄色葡萄球菌等。

（1）沙门氏菌。在众多食物中毒症状中，沙门氏菌病是最常见的一种，已经证明奶粉中有沙门氏菌的存在。

（2）金黄色葡萄球菌。在奶粉中第二类重要的微生物是金黄色葡萄球菌，研究发现，生乳中的金黄色葡萄球菌与奶粉中的金黄色葡萄球菌种类不同，说明最可能的污染途径是因设备而产生的污染。经过喷雾干燥过程后，只有 2% 的金黄色葡萄球菌可以存活。

（3）芽孢杆菌。芽孢杆菌也是奶粉中值得注意的病原菌，它可以产生多种肠毒素，从而对人体健康造成危害。生产过程中的温度很适合于蜡状芽孢杆菌的增殖，蜡状芽孢杆菌是一种耐热的产芽孢杆菌，一般的灭菌操作很难将它们杀死，为了确保产品不含蜡状芽孢杆菌，必须做好三方面的工作，即原料乳质量、设备构造和设备卫生。

（4）大肠菌群。大肠菌群是奶粉中十分常见且十分重要的一类微生物。奶粉经过喷雾干燥阶段后仍可能残存大肠菌群。

五、稀奶油中的微生物

1. 细菌

贮存在 5℃ 的鲜制稀奶油的优势菌是假单胞菌、无色杆菌、产碱杆菌、不动杆菌、气单胞菌。

给稀奶油带来缺陷的微生物有产麦芽臭乳链球菌，它是稀奶油产生麦芽臭的原因。稀奶油中常见的嗜冷菌有假单胞菌，另外也可能有使稀奶油变成紫色的蓝黑色杆菌。

2. 酵母菌和霉菌

乳糖发酵性酵母是稀奶油产生缺陷的原因微生物。一般除产生恶臭外，会伴有气体产生。但是，酵母菌在已进行乳酸发酵的稀奶油内停止发育，经常在稀奶油中发现不发酵乳糖的酵母，也不产生明显的缺陷。

常见的霉菌有白色土毛霉。霉菌多为好气性，在稀奶油表面呈膜状或簇状繁殖。

第二节　微生物检验的基础知识

一、接种

1. 常用的接种工具

常用的有接种针、接种环、接种钩、玻璃涂棒等（图 4-1）。

（1）接种针。长为 8cm，呈直线状，固定在长约 20cm 的金属柄上，多用于穿刺接种。

（2）接种环。在接种针的前端，用镊子卷成一直径为 2mm 的密封圆圈，并使圆环平面与金属柄之间弯成 160°～170°角，常用于斜面和平板等的接种。

（3）接种钩。取一较粗、较硬的针丝，将其前端弯成一个约 3mm 长的直角。多用于霉菌和放线菌的接种。

（4）涂布棒。用直径 3～4mm，长 20cm 的玻璃棒，在火焰上将其前端弯成边长约为 3cm 的等边三角形，再将该三角形平面与柄之间弯成 140°角。涂布棒多用于涂布平板进行菌种分离或活菌计数用。

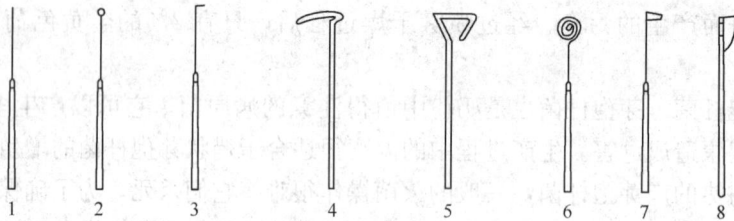

图 4-1　接种和分离工具

1. 接种针；2. 接种环；3. 接种钩；4、5. 玻璃涂棒；6. 接种圈；7. 接种锄；8. 小解剖刀

2. 接种方法

将微生物接到适于它生长繁殖的人工培养基上或活的生物体内的过程叫做接种。

接种前，将接种环和接种针在酒精灯外焰垂直快速加热至红色灭菌，然后等待几秒钟让其冷却，以避免过热的接种环杀死接触到的细菌。也可以使用一次性塑料接种环，它在接种致病菌时很有用，使用结束后直接放到合适的消毒液中消毒后弃掉。

转接时，从试管口部取下的棉塞，注意只能拿其外表面的部分，严禁碰到塞的内部，以防造成污染（也不要放到操作台上）。重新盖住试管前，将棉塞在火焰上快速灼烧灭菌。试管或三角瓶的口部在取下塞子后及重新盖住前都要进行快速灼烧。一旦取下棉塞，暴露的试管很容易在空气中被污染，可以将试管倾斜放在酒精灯外焰的附近，用完后尽快盖住瓶塞以减少污染。用过的接种环，再次接种其他菌株时，要在酒精灯的外焰缓慢加热灭菌。

常用的接种方法有以下几种：

1) 划线接种

这是最常用的接种方法。即在固体培养基表面做来回直线形的移动，就可达到接种的作用。常用的接种工具有接种环、接种针等。在斜面接种和平板划线中就常用此法。

2) 三点接种

在研究霉菌形态时常用此法。此法即把少量的微生物接种在平板表面上，呈等边三角形的三点，让它各自独立形成菌落后，来观察、研究它们的形态。除三点外，也有一点或多点进行接种的。

3) 穿刺接种

穿刺接种是把菌种接种到固体或半固体深层琼脂培养基中的接种方法。在保藏厌氧菌种或研究微生物的动力时常采用此法。做穿刺接种时，用的接种工具是接种针。用的培养基一般是半固体培养基。

它的做法是：用笔直的接种针，从原菌种斜面上挑取少量菌苔，沿水平方向从柱状培养基中刺入，或先将待接种柱状培养基试管口垂直朝下，然后从柱状培养基下方向上刺入，勿穿到管底，然后沿原穿刺途径慢慢抽出接种针。

4) 涂布接种

与浇混接种略有不同，就是先倒好平板，让其凝固，用无菌吸管吸取菌液注入平板后，用灭菌的涂布器在平板表面做均匀涂布，就可长出单个的微生物的菌落。

5) 液体接种

从固体培养基中将菌洗下，倒入液体培养基中，或者从液体培养物中，用移液管将菌液接至液体培养基中，或从液体培养物中将菌液移至固体培养基中，都可称为液体接种。

6) 注射接种

该法是用注射的方法将待接的微生物转接至活的生物体内，如人或其他动物中，常见的疫苗预防接种，就是用注射接种，接入人体，来预防某些疾病。

二、分离纯化

从混杂的微生物群体中获得只含有某一种或某一株微生物的过程称为微生物的分离与纯化。常用的分离、纯化方法有平板划线分离法、稀释分离法、涂布分离法。

(一) 平板划线分离法

将经增殖的含菌培养物，在固体培养基表面做规则的划线，密集的含菌样品经多次划线稀释，最后得到由单个细胞发育的菌落。具体方法如下：

(1) 将固体培养基加热融化后，倒入无菌培养皿中（每皿 15mL），迅速摇匀，静置凝固后即成平板备用。

(2) 取经增殖的含菌样品少许于盛有无菌水的试管内，充分摇匀（或于盛有玻璃珠和无菌水的三角瓶中），使细胞均匀地悬浮于水中。

(3) 用接种环取一环菌悬液，按图 4-2 方式划线。

（4）待划线完毕，倒置于保温箱中培养。待长出菌落，挑取单菌落于斜面培养基中。

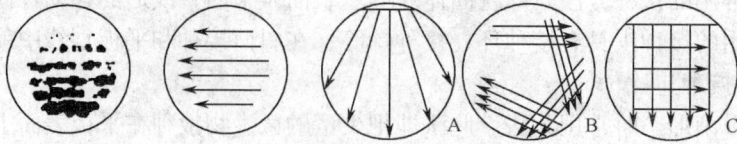

图 4-2　平板划线法
A. 扁形划线；B. 连续划线；C. 方格划线

（二）稀释分离法

（1）取盛有无菌水的试管若干支（9mL/支），分别记 1、2、3…。用无菌吸管取 1mL 样品悬浮液（或增殖液）注入一号管内，用吸管吹吸 3 次混匀，记为 10^{-1}，然后从一号管内取 1mL 于二号管内，通过吸管的吹吸混合均匀，记为 10^{-2}。同样从二号管内取出 1mL 于三号管内，即为 10^{-3}。以此类推。

（2）用 3 支无菌吸管分别吸取后 3 个稀释度的稀释液各 1mL 于 3 个无菌培养皿中，然后加入融化后冷却至 45～50℃ 的固体培养基 12～15mL，迅速摇匀，待凝固后，倒置于保温箱中培养，挑选单个菌落移接于斜面培养基上培养，如图 4-3 所示。

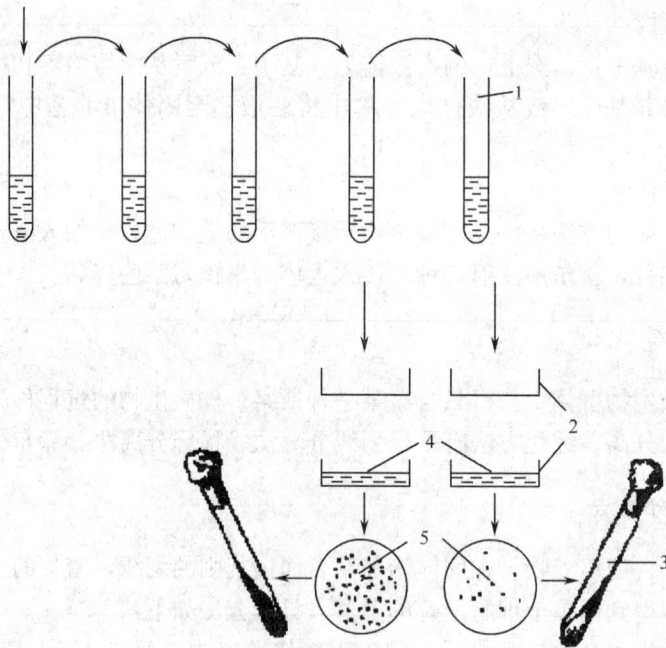

图 4-3　稀释分离法示意图
1. 盛有 9mL 无菌水的试管；2. 无菌培养基；3. 试管斜面培养基；
4. 10～15mL 琼脂培养皿；5. 单个菌落

（三）涂布分离法

取一滴样品稀释液于平板培养基上，用无菌玻璃涂布器将样品在琼脂培养基表面均匀涂布，使其形成单个菌落。其操作方法如下：

（1）融化固体培养基倒平板数个。

（2）将待分离的样品适当稀释。

（3）用无菌吸管取稀释液 $0.1 \sim 0.2 mL$ 于培养基平板上，立即用无菌玻璃刮刀依次涂布 $2 \sim 3$ 个平板。然后倒置培养，将单个菌落转入斜面培养基培养。

三、培养

微生物的生长，除了受本身的遗传特性决定外，还受到许多外界因素的影响，如营养物浓度、温度、水分、氧气、pH 等。不同的微生物培养在固体、液体或半固体培养基中，微生物自身的群体形态和它的生长繁殖情况都不一样，表现出一定的培养特征和生长规律，了解它们的培养特征和生长繁殖规律，对识别和控制利用微生物具有重要价值。微生物的种类不同，培养的方式和条件也不尽相同。

按照微生物对氧气的需要情况，可分为以下两个类型：

（1）好氧培养法。好氧培养一般是以空气作为氧气的来源。实验室的平皿培养和斜面培养是最简单的好氧培养。菌体生长所需的氧气通过培养皿盖或棉塞缝隙从空气中获得，三角瓶液体培养则通过摇动，增加液体与空气的接触面供氧；发酵罐培养一般采用将经过净化处理的空气强制通入培养基内，通过控制通气量和搅拌速度增加氧的供应。

（2）厌氧培养法。厌氧培养法主要靠隔绝空气或驱除氧气的方式实现。实验室厌氧培养时可把菌种接种到固体或半固体培养基的深层，并且在基质中加入一些还原剂，以造成缺氧和低氧化还原电位的环境；亦可在密闭的容器内依靠抽真空后填充无氧气体或化学吸氧剂等方式除氧。

根据培养基的物理状态，可分为固体培养和液体培养两大类。

（1）固体培养：是将菌种接至疏松而富有营养的固体培养基中，在合适的条件下进行微生物培养的方法。

（2）液体培养：在实验中，通过液体培养可以使微生物迅速繁殖，获得大量的培养物，在一定条件下，还是微生物选择增菌的有效方法。

四、相关仪器的使用

（一）电热恒温培养箱

1. 构造

电热恒温培养箱是夹层充填绝热材料的双层金属箱体，箱体安装底部电阻丝，加热升温（图 4-4）；利用空气对流使箱内温度均匀。箱内设有数层带孔金属夹板，用以放置培养材料。箱门为双重门，内层为玻璃门，便于观看箱内培养材料而不降温度。箱壁设有温度调节器，可设定培养温度，其设定温度的误差一般为 $\pm 1℃$。在乳与乳制品微生物检验中所需的培养温度一般为 $36℃±1℃$，霉菌和酵母菌培养温度为 $25～28℃$。

2. 用途

恒温培养微生物。

3. 使用及维护

（1）放入箱内的物体应经室内恒温，不应放入过热或过冷的培养皿或培养基。取放时，应尽快开、关箱门，维持箱内恒温。

（2）箱内不宜放置过密，以免过多堵塞金属孔，不利于箱内空气流通恒温；培养皿放置不宜过密，以免金属夹板压弯，使培养皿不能处于水平状态。

图 4-4　电热恒温培养箱

（3）箱底层温度较高，不宜放培养物。

（4）停用时应先断电，用 3‰体积分数的来苏水溶液擦洗消毒，再用清水擦净、擦干。

（5）箱内湿度较大，停用时应开启箱门降低湿度；一旦发现有金属锈斑，需涂抹防锈漆。

（二）超净工作台

1. 构造

超净台是一个正面开放，顶部和两侧封闭的操作台（图 4-5），放在无菌室内，空气进入顶部预过滤器送入风机，由风机加压送入正压箱，经高效除尘滤菌进入均压层，以无涡流的层流方式垂直向下进入操作空间，透过操作台上条孔进入下部出气孔，在操作台区域中形成无涡流的无菌洁净空气。

图 4-5　超净台

2. 用途

用于微生物的接种和分离。

3. 使用及维护

（1）超净台应放置在无菌室内，工作前应先在无菌室内开启紫外灯，并保持无菌室清洁，减少尘埃，这样可以减轻超净台除尘滤菌负荷，提高超净台工作效率，延长使用寿命。

（2）超净台应经常保持干净，不留积水。

（3）定期测定菌落总数空白样，以检查超净台效果。若效果不佳应维修、拆洗或更换滤网。

(三) 高压蒸汽灭菌器

1. 构造

这是一种双层金属圆筒压力容器，双层之间盛水，外壁坚厚，金属盖门上有螺旋，可紧闭盖门，防蒸汽外溢，提高内部压力。灭菌器上装有排气阀、安全阀，以调节气压，保障安全；此外，还装有压力表和温度计。

2. 用途

培养基、生理盐水、采样器皿、药品和纱布等用品的灭菌。

3. 使用及维护

（1）待灭菌的物品不应包裹太紧，如玻璃容器加塞太紧，灭菌时会使玻璃容器因外压大于内压而破裂；也不应放入不耐高温的物品。

（2）用前应加水，加入待灭菌物品后，旋紧盖门。

（3）接通电源升温，当压力升至 0.035MPa 时，打开排气阀，使内部冷空气溢出后再关闭排气阀。

（4）当压力升至所需值时开始计时，持续 20～30min，即可灭菌。

（5）灭菌完毕不可立即开盖取物，应关闭电源，见压力表降至零时，方可开盖。否则强大内压冲出，会伤及人员。

第三节　大肠菌群的检验

大肠菌群是指一群能发酵乳糖、产酸、产气、需氧和兼性厌气的革兰氏阴性无芽孢杆菌。该菌主要条件来源于人畜粪便，故以此作为粪便污染指标来评价食品的卫生质量，推断食品中是否有污染肠道致病菌存在。大肠杆菌对健康有潜在的危险性，GB 属于安全指标。食品中大肠菌群数系以 100mL（g）检样内大肠菌群最可能数（MPN，most probable number，是一种间接计数方法）表示。

一、试剂与培养基

（1）月桂基硫酸盐胰蛋白胨（lauryl sulfate tryptose，LST）肉汤。

① 成分：

胰蛋白胨或胰酪胨	20.0g
氯化钠	5.0g
乳糖	5.0g

磷酸氢二钾（K_2HPO_4）	2.75g
磷酸二氢钾（KH_2PO_4）	2.75g
月桂基磺酸钠	0.1g
蒸馏水	1000mL
pH	6.8 ± 0.2

② 制法。将上述成分溶解于蒸馏水中，调节 pH。分装到有玻璃小倒管的试管中，每管 10mL。121℃高压灭菌 15min。

（2）煌绿乳糖胆盐（brilliant green lactose bile，BGLB）肉汤。

① 成分：

蛋白胨	10.0g
乳糖	10.0g
牛胆粉（oxgall 或 oxbile）溶液	200.0mL
0.1%煌绿水溶液	13.3mL
蒸馏水	1000mL
pH	7.2 ± 0.1

② 制法。将蛋白胨、乳糖溶于约 500mL 蒸馏水中，加入牛胆粉溶液 200mL（将 20.0g 脱水牛胆粉溶于 200mL 蒸馏水中，pH7.0～7.5），用蒸馏水稀释到 975mL，调节 pH 至 7.4，再加入 0.1%煌绿水溶液 13.3mL，用蒸馏水补足到 1000mL，用棉花过滤后，分装到有玻璃小倒管的试管中，每管 10mL。121℃高压灭菌 15min。

（3）结晶紫中性红胆盐琼脂（violet red bile agar，VRBA）。

① 成分：

蛋白胨	7.0g
酵母膏	3.0g
乳糖	10.0g
氯化钠	5.0g
胆盐或 3 号胆盐	1.5g
中性红	0.03g
结晶紫	0.002g
琼脂	15～18g
蒸馏水	1000mL
pH	7.4 ± 0.1

② 制法。将上述成分溶于蒸馏水中，静置几分钟，充分搅拌，调节 pH。煮沸 2min，将培养基冷却至 45～50℃倾注平板。使用前临时制备，不得超过 3h。

（4）磷酸盐缓冲液。

① 成分：

磷酸二氢钾（KH_2PO_4）	34.0g
蒸馏水	500mL
pH	7.2

② 制法。

贮存液：称取 34.0g 的磷酸二氢钾溶于 500mL 蒸馏水中，用大约 175mL 的 1mol/L 氢氧化钠溶液调节 pH 至 7.2，用蒸馏水稀释至 1000mL 后贮存于冰箱。

稀释液：取贮存液 1.25mL，用蒸馏水稀释至 1000mL，分装于适宜容器中，121℃ 高压灭菌 15min。

（5）无菌生理盐水：称取 8.5g 氯化钠溶于 1000mL 蒸馏水中，121℃ 高压灭菌 15min。

（6）1mol/L 氢氧化钠（NaOH）：称取 40g 氢氧化钠溶于 1000mL 蒸馏水中。

（7）1mol/L 盐酸（HCl）：移取浓盐酸 90mL，用蒸馏水稀释至 1000mL。

（8）Petrifilm 大肠菌群检验测试片和压板。

二、设备和材料

除微生物实验室常规灭菌及培养设备外，其他设备和材料如下：

（1）恒温培养箱：36℃±1℃。

（2）冰箱：2～5℃。

（3）恒温水浴箱：46℃±1℃。

（4）天平：感量 0.1g。

（5）均质器。

（6）振荡器。

（7）无菌吸管：1mL（具 0.01mL 刻度），10mL（具 0.1mL 刻度）或微量移液器及吸头。

（8）无菌锥形瓶：容量 500mL。

（9）无菌培养皿：直径 90mm。

（10）pH 计或 pH 比色管或精密 pH 试纸。

（11）菌落计数器或 Petrifilm 自动判读仪。

三、检验程序

大肠菌群 MPN 计数的检验程序见图 4-6。

四、操作步骤

1. 样品的稀释

（1）固体和半固体样品：称取 25g 样品，放入盛有 225mL 磷酸盐缓冲液或生理盐水的无菌均质杯内，8000～10000 r/min 均质 1～2min，或放入盛有 225mL 磷酸盐缓冲液或生理盐水的无菌均质袋中，用拍击式均质器拍打 1～2min，制成 1:10 的样品匀液。

（2）液体样品：以无菌吸管吸取 25mL 样品，置盛有 225mL 磷酸盐缓冲液或生理盐水的无菌锥形瓶（瓶内预置适当数量的无菌玻璃珠）中，充分混匀，制成 1:10 的样品匀液。

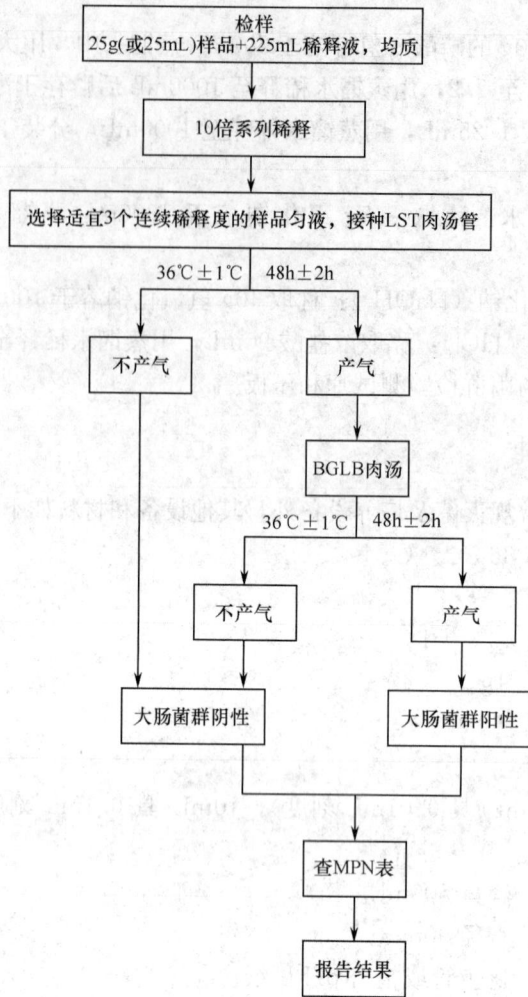

图 4-6 大肠菌群 MPN 计数检验程序

（3）样品匀液的 pH 应在 6.5～7.5 之间，必要时分别用 1mol/L NaOH 或 1mol/L HCl 调节。

（4）用 1mL 无菌吸管或微量移液器吸取 1：10 样品匀液 1mL，沿管壁缓缓注入 9mL 磷酸盐缓冲液或生理盐水的无菌试管中（注意吸管或吸头尖端不要触及稀释液面），振摇试管或换用 1 支 1mL 无菌吸管反复吹打，使其混合均匀，制成 1：100 的样品匀液。

（5）根据对样品污染状况的估计，按上述操作，依次制成 10 倍递增系列稀释样品匀液。每递增稀释 1 次，换用 1 支 1mL 无菌吸管或吸头。从制备样品匀液至样品接种完毕，全过程不得超过 15min。

2. 初发酵试验

每个样品，选择 3 个适宜的连续稀释度的样品匀液（液体样品可以选择原液），每个稀释度接种 3 管月桂基硫酸盐胰蛋白胨（LST）肉汤，每管接种 1mL（如接种量超过 1mL，则用双料 LST 肉汤），36℃±1℃培养 24h±2h，观察倒管内是否有气泡产生，如未产气则继续培养至 48h±2h。记录在 24h 和 48h 内产气的 LST 肉汤管数。未产气者为大肠菌群阴性，产气者则进行复发酵试验。

3. 复发酵试验

用接种环从所有 48h±2h 内发酵产气的 LST 肉汤管中分别取培养物 1 环，移种于煌绿乳糖胆盐（BGLB）肉汤管中，36℃±1℃培养 48h±2h，观察产气情况。产气者，计为大肠菌群阳性管。

4. 大肠菌群最可能数（MPN）的报告

根据大肠菌群阳性管数，检索 MPN 表（表 4-2），报告每克（或毫升）样品中大肠菌群的 MPN 值。

表 4-2 大肠菌群最可能数（MPN）检索表

阳性管数			MPN	95%可信限		阳性管数			MPN	95%可信限	
0.10	0.01	0.001		下限	上限	0.10	0.01	0.001		下限	上限
0	0	0	<3.0	—	9.5	2	2	0	21	4.5	42
0	0	1	3.0	0.15	9.6	2	2	1	28	8.7	94
0	1	0	3.0	0.15	11	2	2	2	35	8.7	94
0	1	1	6.1	1.2	18	2	3	0	29	8.7	94
0	2	0	6.2	1.2	18	2	3	1	36	8.7	94
0	3	0	9.4	3.6	38	3	0	0	23	4.6	94
1	0	0	3.6	0.17	18	3	0	1	38	8.7	110
1	0	1	7.2	1.3	18	3	0	2	64	17	180
1	0	2	11	3.6	38	3	1	0	43	9	180
1	1	0	7.4	1.3	20	3	1	1	75	17	200
1	1	1	11	3.6	38	3	1	2	120	37	420
1	2	0	11	3.6	42	3	1	3	160	40	420
1	2	1	15	4.5	42	3	2	0	93	18	420
1	3	0	16	4.5	42	3	2	1	150	37	420
2	0	0	9.2	1.4	38	3	2	2	210	40	430
2	0	1	14	3.6	42	3	2	3	290	90	1 000
2	0	2	20	4.5	42	3	3	0	240	42	1 000
2	1	0	15	3.7	42	3	3	1	460	90	2 000
2	1	1	20	4.5	42	3	3	2	1 100	180	4 100
2	1	2	27	8.7	94	3	3	3	>1 100	420	—

注：1. 本表采用 3 个稀释度［0.1g（或 0.1mL）、0.01g（或 0.01mL）和 0.001g（或 0.001mL）］，每个稀释度接种 3 管。

2. 表内所列检样量如改用 1g（或 1mL）、0.1g（或 0.1mL）和 0.01g（或 0.01mL）时，表内数字应相应降低 10 倍；如改用 0.01g（或 0.01mL）、0.001g（或 0.001mL）、0.000 1g（或 0.000 1mL）时，则表内数字应相应增高 10 倍，其余类推。

第四节　菌落总数的测定

菌落总数是指食品检样经过处理，在一定条件下培养后（如培养基、温度和时间、pH、需氧性质等）所取 1mL（g）检样中所含菌落的总数。本方法规定的培养条件下所得的结果，只包括一群在营养琼脂上生长发育的嗜中性需氧的菌落总数。生产中主要作为判定食品被污染程度的标志，也可以应用这一方法观察细菌对食品被污染程序的标志，也可以应用这一方法观察细菌在食品繁殖的动态，以便对被检样品进行卫生学评价时提供依据。

一、仪器和试剂

（1）冰箱。

（2）恒温培养箱。

（3）恒温水浴锅。

（4）均质器或灭菌乳钵。

（5）架盘药物天平（0~500g，精确至 0.5g）。

（6）菌落计数器。

（7）放大镜：4 倍。

（8）灭菌吸管（1mL、10mL）。

（9）灭菌锥形瓶（500mL）。

（10）灭菌玻璃珠（直径约 5mm）。

（11）灭菌培养皿。

（12）灭菌刀。

（13）剪子。

（14）镊子灭菌试管（16mm×160mm）。

（15）营养琼脂培养基。

（16）磷酸盐缓冲液。

（17）0.85％灭菌生理盐水。

（18）75％乙醇。

二、操作步骤

1. 检样稀释及培养

（1）以无菌操作，将检样 25g（25mL）剪碎放于含有 225mL 灭菌生理盐水或其他稀释液的灭菌玻璃瓶内（瓶内预置适当数量的玻璃珠），经充分振摇或研磨做成 1：10 的均匀稀释液。

（2）用 1mL 灭菌吸管吸取 1：10 稀释液 1mL，沿管壁徐徐注入含有 9mL 灭菌生理盐水或其他稀释液的试管内（注意吸管尖端不要触及管内稀释液），振摇试管，混合均匀，做成 1：100 的稀释液。

（3）另取 1mL 灭菌吸管，按上面操作顺序，做 10 倍递增稀释液，如此每增加一次，即换用 1 支 1mL 灭菌吸管。

（4）根据食品卫生许可要求或对标本污染情况的估计，选择 2～3 个适宜稀释度，分别在做 10 倍递增稀释的同时，即以吸取该稀释度的吸管移 1mL 稀释液于灭菌平皿内，每个稀释度做两个平皿。

（5）稀释液移入平皿后，应及时将晾至 46℃营养琼脂培养基注入平皿内约 15mL，并转动平皿使混合均匀。同时，将营养琼脂培养基倾入加有 1mL 稀释灭菌培养皿平皿内做空白对照。

（6）待琼脂凝固后，翻转平板，置 36℃±1℃温箱内培养 48h±2h。

2. 菌落计数的方法

做平板菌落计数时，可用肉眼观察，必要时用放大镜检查，以防遗漏。在记下每个平板的菌落数后，求出同稀释度的各平板平均菌落数。

3. 菌落计数的报告

1）平板菌落数的选择

选取菌落数在 30～300 之间的平板作为菌落总数测定标准，一个稀释度使用两个平板，应采用两个平板平均数，其中一个平板有较大片状菌落生长时，则不宜采用，应以无片状菌落生长的平板作为该稀释度的菌落数，若片状菌落不到平板的一半，而其余一半中菌落分布又很均匀，即可计算半个平板后乘以 2 代表全皿菌落数，平皿内如有链状菌落生长时（菌落之间无明显界线），若仅有一条链，可视为一个菌落，如有不同来源的几条链，则应将每条链作为一个菌落计。

2）稀释度的选择

（1）应选择平均菌落数在 30～300 之间的稀释度，乘以稀释倍数报告（表 4-3 中例 1）。

（2）若有两个稀释度，其生长的菌落数均在 30～300 之间，则视两者之比如何来决定，若其比值≤2，应报告其平均数；若>2 则报告其中较小的数字（表 4-3 中例 2 或例 3）。

（3）若所有稀释度的平均菌落数均>300，则应以稀释度最高的平均菌数乘以稀释倍数报告（表 4-3 中例 4）。

（4）若所有稀释度的平均菌落数均<30，则应按稀释度最低的平均菌落乘以稀释倍数报告（表 4-3 中例 5）。

（5）若所有稀释度均无菌落生长，则以<1 乘以最低稀释倍数报告（表 4-3 中例 6）。

（6）若所有稀释度的平均落菌数均不在 30～300 之间，其中一部分>300 或<30 时，则以最接近 30 或 300 的平均菌落数乘以稀释倍数（表 4-3 中例 7）。

表 4-3　稀释度选择及菌落数报告方式

例次	稀释液及菌落数			两稀释液之比	菌落总数/(个/g 或 mL)	报告方式/(个/g 或 mL)
	10^{-1}	10^{-2}	10^{-3}			
1	多不可计	164	20	—	16400	16000 或 1.6×10^4
2	多不可计	295	46	1.6	37750	38000 或 3.8×10^4
3	多不可计	271	60	2.2	27100	27000 或 2.7×10^4
4	多不可计	多不可计	313	—	313000	310000 或 3.1×10^5
5	27	11	5	—	270	270 或 2.7×10^2
6	0	0	0	—	$<1 \times 10$	<10
7	多不可计	305	12	—	30500	31000 或 3.1×10^4

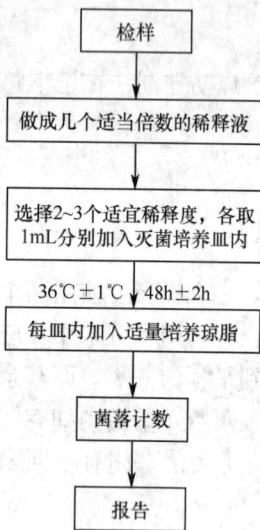

图 4-7　细菌总数的检验程序

3) 菌落数的报告

菌落数在 100 以内时，按其实有数报告，>100 时采用二位有效数字，在二位有效数字后面的数值，以四舍五入方法计算，为了缩短数字后面的零数，也可以用 10 的指数来表示。

三、细菌总数的检验程序

细菌总数的检验程序如图 4-7 所示。

四、注意事项

(1) 操作要快而准，包括材料、加样、倒培养基。

(2) 吸液体时液体不能进入吸头。

(3) 样品稀释时一定要混匀。

(4) 倒培养基前，瓶口要过火焰。

(5) 一定要有空白对照。

(6) 培养基温度控制，培养基薄厚。

(7) 检测时一定要使平皿完全暴露于空气中。

(8) 检测完要迅速进行培养。

第五节　芽孢、嗜热芽孢及嗜冷菌的检验

一、芽孢总数测定

1. 样品准备

(1) 在无菌操作条件下，将 10mL 室温状态下的待检样品加入一个灭菌试管中，盖好棉塞。

(2) 在同直径的试管中加入 10mL 同样室温状态下的水，并插入温度计。

(3) 将上述两支试管同时放入水浴中保温，待温度计温度升至 80℃时开始计时。

（4）计时达 10min 后，迅速将样品管取出，置于 4～10℃ 的冷水中迅速降温至室温。

（5）按无菌操作条件对降温后的样品进行稀释，编号后记录在"微生物检验操作表"中。

① 显示目录料选取 10^{-2}、10^{-3}、10^{-4} 三个稀释度的样品稀释液。

② 中间产品检验选取 10^{-1}、10^{-2} 两个稀释度的样品稀释液。

③ 问题产品检验选取 10^{-1}、10^{-2} 两个稀释度的样品稀释液。

2．培养基准备

（1）检查预先经过灭菌处理的锰盐营养琼脂培养基是否处于正常、可用状态。

（2）将灭菌培养基用微波炉加热 2min，或用水浴锅融化后，在 40～45℃ 水浴中保温待用。

3．接种培养

（1）在无菌操作条件下，在一个灭菌平皿内倾入 15mL 锰盐营养琼脂培养基，并暴露至接种过程结束，标记后以作为环境对照样品。

（2）按样品编号在灭菌平皿底部做相应标记，并记录在"微生物检验操作表"中。

（3）在无菌操作条件下，用 1mL 的灭菌吸管移取 1mL 选定的样品稀释液或样品原样至灭菌平皿内。

（4）同上对同一样品重复操作。即每个选定的样品稀释度做两个平皿。

（5）按以上步骤，以 1mL 无菌生理盐水作为空白操作对照。

（6）在无菌操作条件下，将约 15mL 的锰盐营养琼脂培养基倾入样品平皿中，将平皿置于操作台面上轻轻转动，使样品和培养基混合均匀。

（7）待琼脂凝固后，将平皿翻转，即保持有标记和培养基的一面向上。

（8）将所有平皿（包括空白和环境对照）置于 35℃±2℃ 的恒温培养箱内，保温培养 60～62h。

（9）在"微生物检验操作表"中记录保温时间。

4．菌落计数

（1）选择菌落数在 30～300 之间的平皿为标准，在菌落计数器上计数每个平皿上的菌落数，记录在"微生物检验操作表"中。

（2）检验结果：（平行样品菌落数之和/2）×稀释倍数。记录在"微生物检验操作表"中。

（3）计数结果在 100 以内，按实际计数报告；100～10000 的，按两位有效数字报告。

二、耐热芽孢总数测定

1. 样品准备

（1）在无菌操作条件下，将10mL室温状态下的待检样品加入一个灭菌试管中，盖好棉塞。

（2）在同直径的试管中加入10mL同样室温状态下的水，并插入温度计。

（3）将上述两支试管同时放入水浴中保温，待温度计温度升至100℃开始计时。

（4）计时达10min后，迅速将样品管取出，置于4～10℃的冷水中迅速降温至室温。

（5）按无菌操作条件对降温后的样品进行稀释，编号后记录在"微生物检验操作表"中。

① 显示目录料选取10^{-2}、10^{-3}、10^{-4}三个稀释度的样品稀释液。

② 中间产品检验选取10^{-1}、10^{-2}两个稀释度的样品稀释液。

③ 问题产品检验选取10^{-1}、10^{-2}两个稀释度的样品稀释液。

2. 培养基准备

（1）检查预先经过灭菌处理的锰盐营养琼脂培养基是否处于正常、可用状态。

（2）将灭菌培养基用微波炉加热2min，或用水浴锅融化后，在40～45℃水浴中保温待用。

3. 接种培养

（1）在无菌操作条件下，在一个灭菌平皿内倾入15mL营养琼脂培养基，并暴露至接种过程结束，标记后以作为环境对照样品。

（2）按样品编号在灭菌平皿底部做相应标记，并记录在"微生物检验操作表"中。

（3）在无菌操作条件下，用1mL的灭菌吸管移取1mL选定的样品稀释液或样品原样至灭菌平皿内。

（4）同上对同一样品重复操作。即每个选定的样品稀释度做两个平皿。

（5）按以上步骤，以1mL无菌生理盐水作为空白做对照。

（6）在无菌操作条件下，将约15mL的营养琼脂培养基倾入样品平皿中，将平皿置于操作台面上轻轻转动，使样品和培养基混合均匀。

（7）待琼脂凝固后，将平皿翻转，即保持有标记和培养基的一面向上。

（8）将所有平皿（包括空白和环境对照）置于55℃±1℃的恒温培养箱内，保温培养60～62h。

（9）在"微生物检验操作表"中记录保温时间。

4. 菌落计数

（1）选择菌落数在30～300之间的平皿为标准，在菌落计数器上计数每个平皿上的菌落数，记录在"微生物检验操作表"中。

（2）检验结果：（平行样品菌落数之和/2）×稀释倍数。记录在"微生物检验操作表"中。计数结果在 100 以内，按实际计数报告；100～10000 的，按两位有效数字报告。

三、嗜冷菌的检测

（1）以无菌操作称取检样 25g（或 25mL），放入含有 225mL 灭菌水的三角瓶中，振摇 30min，即为 1∶10 稀释液。

（2）用灭菌吸管吸取 1∶10 稀释液 1mL 注入含有 9mL 无菌生理盐水的试管中，即为 1∶100 稀释液。依此类推，做成稀释倍数为 1∶1000 和 1∶10000 的稀释液，做一次递减稀释液换一次吸管。

（3）用无菌管吸取 1mL 1∶1000 的稀释液于灭菌平皿中，做 2 个平皿；再吸取 1∶10000 的稀释液 1mL 于灭菌平皿中，做 2 个平皿。

（4）将晾至 45℃左右的嗜冷菌培养基（最好是 CVT 培养基）注入平皿中，待凝固后，倒置于 7℃冰箱中，培养 10d 后开始计数。

注：CVT 培养基配制：

酵母浸膏：2.5g；

蛋白胨：5.0g；

结晶紫：0.002g；

琼脂条冬季加 15g，夏季加 20g；

TTC：0.05g；

葡萄糖 1.0g；

蒸馏水 1000mL。

注意：在未加琼脂条和指示剂前，在室温下用 4％的氢氧化钠调 pH7.0，溶解后，再 15、20min 条件下高压灭菌。

第六节　酵母菌、霉菌的检验

一、设备和材料

（1）恒温培养箱。

（2）冰箱。

（3）恒温振荡器。

（4）架盘药物天平 0～500g。

（5）显微镜（10 倍、100 倍）。

（6）灭菌玻塞三角瓶 300mL。

（7）灭菌试管（15mm×150mm）。

（8）灭菌平皿（直径 9cm）。

（9）酒精灯。

（10）灭菌吸管（1mL、10mL）。

（11）载玻片。

（12）盖玻片。

（13）灭菌广口瓶（500mL）。

（14）牛皮纸袋。

（15）金属勺。

（16）刀。

（17）试管架。

（18）接种针。

（19）橡皮乳头。

二、培养基和试剂

（1）孟加拉红培养基。

（2）马铃薯-葡萄糖琼脂培养基。

（3）灭菌蒸馏水。

（4）乙醇。

三、检验程序

检验程序如图 4-8 所示。

```
            ┌──────────┐
            │   检样   │
            └────┬─────┘
                 │
  ┌──────────────┴──────────────┐
  │ 取25g或25mL，加入225mL无菌水 │
  └──────────────┬──────────────┘
                 │
  ┌──────────────┴──────────────┐
  │    做成几个适当倍数的稀释样   │
  └──────────────┬──────────────┘
                 │
  ┌──────────────┴──────────────┐
  │   选择3个适宜稀释度，各以     │
  │   1mL加入灭菌平皿中          │
  └──────────────┬──────────────┘
                 │
  ┌──────────────┴──────────────┐
  │  每皿加入适量孟加拉红培养基   │
  │  或马铃薯-葡萄糖琼脂培养基    │
  └──────────────┬──────────────┘
                 │
            ┌────┴─────┐
            │ 菌落计数 │
            └────┬─────┘
                 │
            ┌────┴─────┐
            │   报告   │
            └──────────┘
```

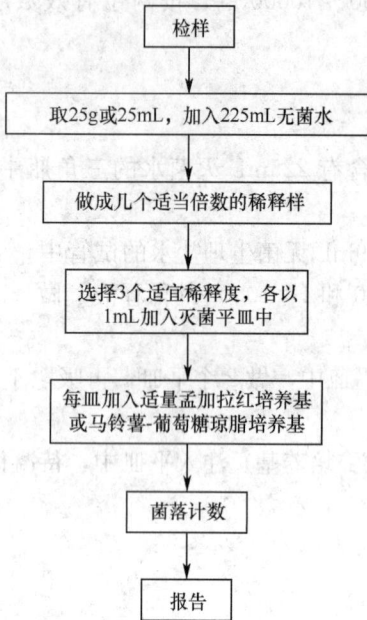

图 4-8　酵母菌、霉菌检验程序

四、操作步骤

（1）采样：取样时特别注意样品的代表性和避免采样时的污染。首先准备好灭菌容器和采样工具，如灭菌牛皮纸袋、广口瓶、金属刀或勺等。在卫生学调查基础上，采取有代表性的样品。样品采集后应尽快检验，否则应将样品放在低温干燥处。

（2）以无菌操作称取检样 25g（或 25mL），放入含有 225mL 灭菌水的玻塞三角瓶中，振摇 30min，即为 1∶10 稀释液。

（3）用灭菌吸管吸取 1∶10 稀释液 10mL，注入灭菌试管中，另用带橡皮胶头的 1mL 灭菌吸管反复吹吸 50 次，使霉菌孢子充分散开。

（4）取 1mL1∶10 稀释液注入含有 9mL 灭菌水的试管中，另换一支 1mL 灭菌吸管吹吸 5 次，此液为 1∶100 稀释液。

（5）按上述操作顺序做 10 倍递增稀释液，每稀释一次，换用一支 1mL 灭菌吸管，根据对样品污染情况的估计，选择 3 个合适的稀释度，分别在做 10 倍稀释的同时，吸取 1mL 稀释液于灭菌平皿中，每个稀释度做 2 个平皿，然后将晾至 45℃左右的培养基注入平皿中，待琼脂凝固后，倒置于 25～28℃温箱中，3d 后开始观察。共培养观察 5d。

五、计算方法

通常选择菌落数在 10～150 之间的平皿进行计数，同稀释度的 2 个平皿的菌落平均数乘以稀释倍数，即为每克（或每毫升）检样中所含霉菌和酵母数。

六、报告

每克（或每毫升）食品所含霉菌和酵母数以个/g（或个/mL）表示。

第七节　沙门氏菌的检验
（GB/T 4789.4—2003）

一、设备和材料

冰箱，恒温培养箱，均质器或灭菌乳钵，架盘药物天平（0～500g，精确至 0.5g），显微镜（10 倍、100 倍），灭菌吸管（10mL），灭菌锥形瓶（250mL 、500mL），灭菌毛细管，灭菌广口瓶，灭菌培养皿，灭菌试管。

二、培养基和试剂

缓冲蛋白胨水（BP），氯化镁孔雀绿增菌液（MM），四硫酸钠煌绿（TTB）增菌液，亚硒酸盐胱氨酸（SC）增菌液，亚硫酸铋琼脂（BS），DHL 琼脂，HE 琼脂，WS 琼脂，SS 琼脂，三糖铁琼脂，蛋白胨水、靛基质试剂，尿素琼脂（pH7.2），氰化钾（KCN）培养基，氨基酸脱羧酶试验培养基，糖发酵管，ONPG 培养基，半固体琼脂，丙二酸钠培养基，沙门氏菌因子血清。

三、检验程序

沙门氏菌检验程序见图 4-9。

四、操作步骤

1. 前增菌和增菌

冻肉、蛋品、乳品及其他加工食品均应经过前增菌。以无菌操作取 25g（mL），加在装有 225mL 缓冲蛋白胨水的 500mL 广口瓶内。固体食品可先应用均质器以 8000～10000r/min 打碎 1min，或用乳钵加灭菌砂磨碎，粉状食品用灭菌匙或玻棒研磨使乳化，于 36℃±1℃培养 4h（干蛋品培养 18～24h），移取 10mL，转种于 100mL 氯化镁孔雀绿增菌液或四硫酸钠煌绿增菌液内，于 42℃培养 18～24h。同时，另取 10mL，转种于 100mL 亚硒酸盐胱氨酸增菌液内，于 36℃±1℃培养 18～24h。

鲜肉、鲜蛋、鲜乳或其他未经加工的食品不必经过前增菌。各取 25g（25mL）加入灭菌生理盐水 25mL，按前法做成检样匀液，取 25mL，接种于 100mL 氯化镁孔雀绿增菌液或四硫磺酸钠煌绿增菌液内，于 42℃培养 24h；另取 25mL 接种于 100mL 亚硒

```
                              ┌──────┐
                              │ 检样 │
                              └──────┘
            ┌────────────────────┴────────────────────┐
    ┌───────────────────────┐          ┌───────────────────────────┐
    │      前增菌法          │          │       直接增菌法           │
    │ 冻肉、蛋品、乳品及其他 │          │ 鲜肉、鲜蛋、鲜乳或其他未   │
    │ 加工食品25g+BP225mL    │          │ 经加工的食品25g+灭菌生理   │
    └───────────────────────┘          │ 盐水25mL，做成检样匀液     │
                                       └───────────────────────────┘
     ┌──────────┬──────────┐          ┌───────────┬───────────┐
┌─────────────┐┌──────────────┐ ┌──────────────┐┌──────────────┐
│10mL+MM(或   ││10mL+SC100mL  │ │ 检样匀液      ││ 检样匀液      │
│TTB)100mL    ││              │ │ 25mL+MM(或   ││ 25mL+SC100mL │
└─────────────┘└──────────────┘ │ TTB)100mL    ││              │
                                └──────────────┘└──────────────┘
        ┌──────────┐                   ┌───────────────────────┐
        │    BS    │                   │ DHL(或HE、WS、SS)      │
        └──────────┘                   └───────────────────────┘
                    ┌────────────────┐
                    │ 挑取可疑菌落    │
                    └────────────────┘
        ┌──────────────────────────────────────────┐
        │ TSI(斜面、底层、产气、H₂S)，蛋白胨水      │
        │ (靛基质)，尿素(pH7.2)，KCN，赖氨酸        │
        └──────────────────────────────────────────┘
```

TSI(斜面、底层、产气、H_2S)，蛋白胨水(靛基质)，尿素(pH7.2)，KCN，赖氨酸

H_2S+靛基质-尿素-KCN-赖氨酸	H_2S+靛基质+尿素-KCN-赖氨酸	H_2S-靛基质-尿素-KCN-赖氨酸+/-	非如左述的各种反应结果
	甘露醇、山梨醇	ONPG	
沙门氏菌血清学试验	沙门氏菌血清学试验	非沙门氏菌	非沙门氏菌

┌──────┐
│ 报告 │
└──────┘

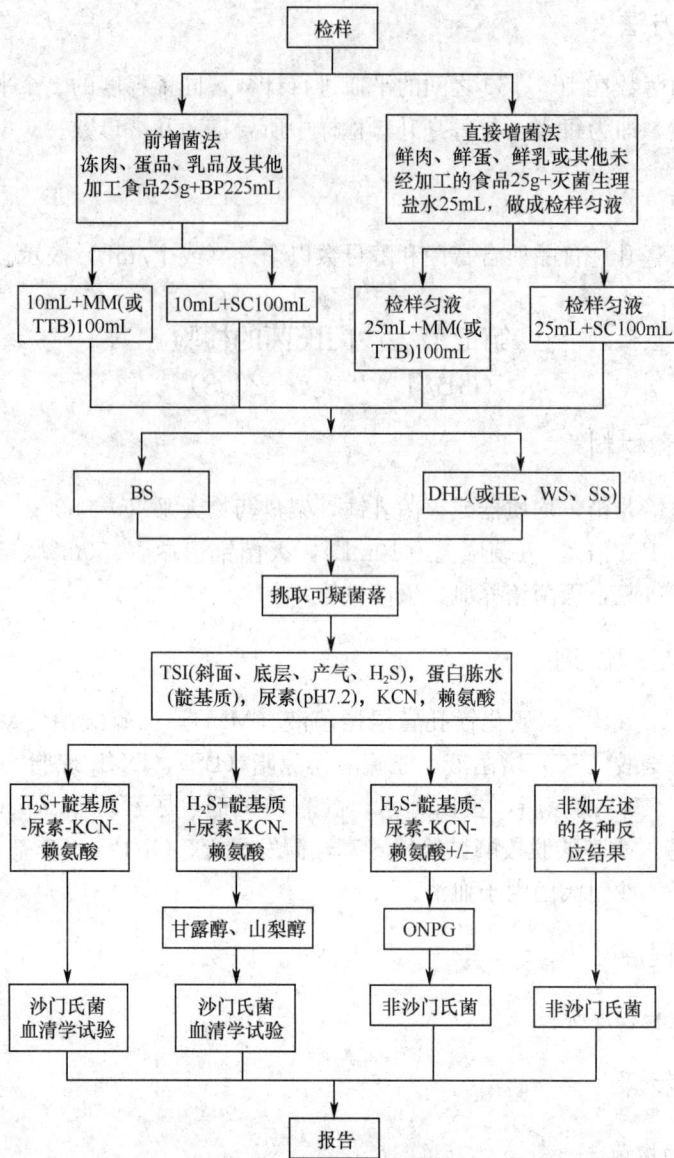

图 4-9　沙门氏菌检验程序

酸盐胱氨酸增菌液内，于36℃±1℃培养18~24h，

2. 分离

取增菌液1环，划线接种于一个亚硫酸铋琼脂平板和一个 DHL 琼脂平板（或 HE 琼脂平板、WS 或 SS 琼脂平板）。两种增菌液可同时划线接种在同一个平板上。于36℃±1℃分别培养18~24h。（DHL、HF、WS、SS）或40~48h（BS），观察各个平板上生长的菌落，沙门氏菌Ⅰ、Ⅱ、Ⅳ、Ⅴ、Ⅵ和沙门氏菌Ⅲ在各个平板上的菌落特征见表4-4。

表 4-4　沙门氏菌属各群在各种选择性琼脂培养平板上的菌落特征

选择性琼脂平板	沙门氏菌Ⅰ、Ⅱ、Ⅳ、Ⅴ、Ⅵ	沙门氏菌Ⅲ
亚硫酸铋琼脂平板	产硫化氢菌落为黑色有金属光泽、棕褐色或灰色，菌落周围培养基可呈黑色或棕色；有些菌株不产生硫化氢，形成灰绿色的菌落，周围培养基不变	黑色有金属光泽
DHL 琼脂平板	无色半透明，产硫化氢菌落中心代黑色或几乎全黑色	乳糖迟缓阳性或阴性的菌株与沙门氏菌Ⅰ、Ⅱ、Ⅳ、Ⅴ、Ⅵ相同；乳糖阳性的菌株为粉红色，中间带黑色
HE 琼脂平板 WS 琼脂平板	蓝绿色或蓝色，多数菌株产硫化氢，菌落中心黑色或几乎全黑色	乳糖阳性的菌株为黄色，中心黑色或几乎全黑色；乳糖迟缓阳性或阴性的菌株为蓝绿色或蓝色，中心黑色或几乎全黑色
SS 琼脂平板	无色半透明，产硫化氢菌株有的菌落中心带黑色，但不如以上培养基明显	乳糖迟缓阳性或阴性的菌株与沙门氏菌Ⅰ、Ⅱ、Ⅳ、Ⅴ、Ⅵ相同；乳糖阳性的菌株为粉红色，中间带黑色，但中心无黑色形成时与大肠埃希氏菌不能区别

3. 生化试验

（1）自选择性琼脂平板上直接挑取数个可疑菌落，分别接种三糖铁琼脂。在三糖铁琼脂内，肠杆菌科常见属种的反应结果见表 4-5。

表 4-5　肠杆菌科各属在三糖铁琼脂内的反应结果

斜面	底层	产气	硫化氢	可能的菌属和种
−	+	+/−	+	沙门氏菌属、弗劳地氏柠檬酸杆菌、变形杆菌属、缓慢爱德华氏菌
+	+	+/−	+	沙门氏菌Ⅲ、弗劳地氏柠檬酸杆菌、普通变形杆菌
−	+	+	−	沙门氏菌属、大肠埃希氏菌、蜂窝哈夫尼亚菌、摩根氏菌，普罗菲登斯菌属
−	+	−	−	伤寒沙门氏菌、鸡沙门氏菌、志贺氏菌属、大肠埃希氏菌、蜂窝哈夫尼亚菌、摩根氏菌、普罗菲登斯菌属
+	+	+/−	−	大肠埃希氏菌、肠杆菌属、克雷伯氏菌属、沙雷氏菌属、弗劳地氏柠檬酸杆菌

注：＋阳性；－阴性；＋/－多数阳性，少数阴性。

表 4-5 说明三糖铁琼脂内只有斜面产酸并同时硫化氢阴性的菌株可以排除，其他的反应结果均有沙门氏菌存在的可能，同时也均有不是沙门氏菌的可能。

（2）在接种三糖铁琼脂的同时，再接种蛋白胨水（供做靛基质实验）、尿素琼脂（pH7.2）、氰化钾（KCN）培养基和赖氨酸脱羧酶试验培养基及对照培养基各一管，于 $36℃±1℃$ 培养 $18\sim24h$，必要时可延长至 48h，按表 4-6 判定结果。按反应序号分类，沙门氏菌属的结果应属于 A_1、A_2 和 B_1，其他 5 种反应结果均可排除。

表4-6　肠杆菌科各属生化反应初步鉴别表

反应序号	硫化氢 (H₂S)	靛基质	尿素 pH7.2	氰化钾 (KCN)	赖氨酸脱羧酶	判定菌属
A₁	+	−			+	沙门氏菌属
A₂	+	+			+	沙门氏菌属（少见）缓慢爱德华氏菌
A₃	+	−	+	+		弗劳地氏柠檬酸杆菌 奇异变形杆菌
A₄	+	+	+	+		普通变形杆菌
B₁	−	−			+	沙门氏菌属、大肠埃希氏菌、甲型副伤寒沙门氏菌志贺氏菌属
B₂	−	+			+	大肠埃希氏菌、志贺氏菌属
		+			+	
B₃	−	+	+/−	+	+	克雷伯氏菌族各属阴沟肠杆菌、弗劳地氏柠檬酸杆菌
					+	
B₄	−	+	+/−	+	−	摩根氏摩根氏菌、普罗菲登斯菌属

注：1. 三糖铁琼脂底层均产酸；不产酸者可排除；斜面产酸与产气与否均不限。

2. KCN和赖氨酸可选用其中一项，但不能判定结果时，仍需补做另一项。

3. +阳性；−阴性；+/−多数阳性，少数阴性。

（1）反应序号A₁：典型反应判定为沙门氏菌属。如尿素、氰化钾和赖氨酸三项中有一项异常，按表4-7判定为沙门氏菌。如有两项异常，则按A₃判定为弗劳地氏柠檬酸杆菌。

表4-7　沙门氏菌判断结果

尿素 pH7.2	氰化钾 (KCN)	赖氨酸	判定结果
−	−	−	甲型伤寒沙门氏菌（要求血清学鉴定结果）
−	+	+	沙门氏菌Ⅳ或Ⅴ（要求符合本群生化特性）
+			沙门氏菌个别变体（要求血清学鉴定结果）

注：+阳性；−阴性。

（2）反应序号A₂：补做甘露醇和山梨醇试验，按表4-8判定结果。

表4-8　甘露醇和山梨醇试验结果

甘露醇	山梨醇	判定结果
+	+	沙门氏菌靛基质阳性变体（要求血清学鉴定结果）
−		缓慢爱德华氏菌

注：+阳性；−阴性。

（3）反应序号 B_1：补做 ONPG，ONPG＋为大肠埃希氏菌，ONPG-为沙门氏菌。同时，沙门氏菌应为赖氨酸＋，但甲型副伤寒沙门氏菌为赖氨酸－。

（4）必要时按表 4-9 进行沙门氏菌生化群的鉴别。

表 4-9　沙门氏菌属各生化群的鉴别

项目	I	II	III	IV	V	VI
卫矛醇	＋	＋	－	－	＋	－
山梨醇	＋	＋	＋	＋	＋	－
水杨苷	－	－	－	＋	－	－
ONPG	－	－	＋	－	＋	－
丙二酸盐	－	＋	＋	－	－	－
氰化钾	－	－	－	＋	＋	－

注：＋阳性；－阴性。

4. 血清学分型鉴定

1）抗原的准备

一般采用 1.5％琼脂斜面培养物作为玻片凝集试验用的抗原。

O 血清不凝集时，将菌株接种在含琼脂量较高的培养基上再检查；如果由于 V_i 抗原的存在而阻止了 O 凝集反应时，可挑去菌苔于 1mL 生理盐水中做成浓菌液，于酒精灯火焰上煮沸后再检查。H 抗原发育不良时，将菌株接种在 0.7％～0.8％半固体琼脂平板的中央，菌落蔓延生长时，在其边缘部分取菌检查；或将菌株通过装有 0.3％～0.4％半固体琼脂的小玻管 1～2 次，自远端取菌培养后再检查。

2）O 抗原的鉴定

用 A～F 多价 O 血清凝集者，依次用 O4、O3、O10、O7、O8、O9、O2 和 O11 因子血清做凝集试验。根据试验结果，判定 O 群。被 O3、O10 血清凝集的菌株，再用 O10、O15、O34、O19 单因子血清做凝集试验，根据试验结果，判定 O 群被 O3、10 血清凝集的菌种，再用 O10、O15、O34、O19 单因子血清做凝集试验，判定 E1、E2、E3、E4 各亚群，每一个 O 抗原成分的最后确定均应根据 O 单因子血清的检查结果，没有 O 单因子血清的要用两个 O 复合因子血清进行核对。

不被 A～F 多价 O 血清凝集者，先用 57 种或 163 种沙门氏菌因子血清中的 9 种多价 O 血清检查，如有其中一种血清凝集，则用这种血清所包括的 O 群血清逐一检查，以确定 O 群。每种多价 O 血清所包括的 O 因子如下：

O 多价 1　A，B，C，D，E，F 群（并包括 6，14 群）
O 多价 2　13，16，17，18，21 群
O 多价 3　28，30，35，38，39 群
O 多价 4　40，41，42，43 群
O 多价 5　44，45，47，48 群
O 多价 6　50，51，52，53 群
O 多价 7　55，56，57，58 群

O 多价 8　59，60，61，62 群

O 多价 9　63，65，66，67 群

3）H 抗原的鉴定

不常见的菌型，先用 163 种沙门氏菌因子血清中的 8 种多价 H 血清检查，如有其中一种或两种血清凝集，则再用这一种或两种血清所包括的各种 H 因子血清逐一检查，以确定第 1 相和第 2 相的 H 抗原。8 种多价 H 血清所包括的 H 因子如下：

H 多价 1　a，b，c，d，i

H 多价 2　he，enx，enz_{15}，fg，gms，gpu，gp，pq，mt，gz_{51}

H 多价 3　k，r，y，z，z_{10}，lv，lw，lz_{13}，lz_{28}，lz_{40}

H 多价 4　1，2；1，5；1，6；1，7；z_6

H 多价 5　z_4z_{23}，z_4z_{24}，z_4z_{32}，z_{29}，z_{35}，z_{36}，z_{38}

H 多价 6　z_{39}，z_{41}，z_{42}，z_{44}

H 多价 7　z_{52}，z_{53}，z_{54}，z_{55}

H 多价 8　z_{56}，z_{57}，z_{60}，z_{61}，z_{62}

每一个 H 抗原成分的最后确定均应根据 H 单因子血清的检查结果，没有单因子血清的要用两个 H 复合因子血清进行核对。

检出第 1 相 H 抗原而未检出第 2 相 H 抗原的或检出第 2 相 H 抗原而未检出第 1 相 H 抗原的，可在琼脂斜面上移种 1～2 代后再检查。如仍只检出一个相的 H 抗原，要用位相变异的方法检查其另一个相。单相菌不必做位相变异检查。

位相变异试验方法如下：

小玻管法：将半固体管（每管约 1～2mL）在酒精灯上融化并冷至 50℃，取已知相的 H 因子血清 0.05～0.1mL，加入于融化的半固体内，混匀后，用毛细吸管吸取分装于位相变异试验的小玻管内，凝固后，用接种针挑取待检菌，接种于一端。将小玻管平放在平皿内，并在其旁放一团湿棉花，以防琼脂中水分蒸发而干缩，每天检查结果，待另一相细菌解离后，可以从另一端挑取细菌进行检查。培养基内血清的浓度应有适当的比例，过高时细菌不能生长，过低时同一相细菌的动力不能抑制。一般按原血清（1：200）～（1：800）的量加入。

小倒管法：将两端开口的小玻管（下端开口要留一个缺口，不要平齐）放在半固体管内，小玻管的上端应高出培养基的表面，灭菌后备用。临用时在酒精灯上加热融化，冷至 50℃，挑取因子血清 1 环，加入小套管中的半固体内，略加搅动，使其混匀，凝固后，将待检菌株接种于小套管中的半固体表层内，每天检查结果，待另一相细菌解离后，可从套管外的半固体表面取菌检查，或转种 1% 软琼脂斜面，于 37℃ 培养后再做凝集试验。

简易平板法：将 0.7%～0.8% 半固体琼脂平板烘干表面水分，挑取因子血清 1 环，滴在半固体平板表面，放置片刻，待血清吸收到琼脂内，在血清部位的中央点种待检菌株，培养后，在形成蔓延生长的菌苔边缘取菌检查。

4）V_i 抗原的鉴定

用 V_i 因子血清检查。已知具有 V_i 抗原的菌型有：伤寒沙门氏菌、丙型副伤寒沙门

氏菌、都柏林沙门氏菌。

5. 菌型的判定和结果报告

综合以上生化试验和血清学分型鉴定的结果，按表 4-10 或有关沙门氏菌属抗原表判定菌型，并报告结果。

表 4-10　常见沙门氏菌抗原表

菌名	原名	O 抗原	H 抗原	
			第 1 相	第 2 相
A 群				
甲型副伤寒沙门氏菌	S. paratyphiA	1,21,2	a	[1,5]
B 群				
基桑加尼沙门氏菌	S. kisangani	1,4,[5],12	a	1,2
阿雷查瓦莱塔沙门氏菌	S. arechavaleta	4,[5],12	a	[1,7]
马流产沙门氏菌	S. abortus-equi	4,12	—	e,n,x
乙型副伤寒沙门氏菌	S. paratyphiB	1,4,[5],12	b	1,2
利密特沙门氏菌	S. limete	1,4,12,27	b	1,5
阿邦尼沙门氏菌	S. abony	1,4,[5],12,27	b	e,n,x
维也纳沙门氏菌	S. wien	1,4,12,27	b	L,w
伯里沙门氏菌	S. vury	4,12,27	c	z6
斯坦利沙门氏菌	S. stanley	1,4,[5],12,27	d	1,2
圣保罗沙门氏菌	S. taint-paul	1,4,[5],12	e,h	1,2
里定沙门氏菌	S. reading	1,4,[5],12	e,h	1,5
彻斯特沙门氏菌	S. chester	1,4,[5],12	e,h	e,n,x
德尔卑沙门氏菌	S. derby	1,4,[5],12	f,g	[1,2]
阿贡纳沙门氏菌	S. agona	1,4,12	f,g,s	—
埃森沙门氏菌	S. essen	4,12	g,m	—
加利福尼亚沙门氏菌	S. california	4,12	g,m,t	—
金斯敦沙门氏菌	S. kingston	1,4,[5],12,27	g,s,t	[1,2]
布达佩斯沙门氏菌	S. budapest	1,4,12,27	g,t	—
鼠伤寒沙门氏菌	S. typhimurium	1,4,[5],12	i	1,2
拉古什沙门氏菌	S. lagos	1,4,[5],12	i	1,5
布雷登尼沙门氏菌	S. bredeney	1,4,12,27	1,I	1,7
基尔瓦沙门氏菌 II	S. kilwa II	4,12	l,w	e,n,x
海德尔堡沙门氏菌	S. heidelberg	1,4,[5],12	r	1,2
印第安纳沙门氏菌	S. indiana	1,4,12	z	1,7
斯坦利维尔沙门氏菌	S. stanleyville	1,4,[5],12,27	z4,z28	[1,2]
伊图里沙门氏菌	S. ituri	1,4,12	z10	1,5
C1 群				
奥斯陆沙门氏菌	S. oslo	6,7	a	e,n,x
爱丁堡沙门氏菌	S. edinburg	6,7	b	1,5
布隆方舟沙门氏菌 II	S. bloemfontein II	6,7	b	[e,n,x]:z42
丙型副伤寒沙门氏菌	S. paratyphiC	6,7[Vi]	c	1,5
猪霍乱沙门氏菌	S. cholerae-suis	6,7	[c]	1,5
猪伤寒沙门氏菌	S. typhi-suis	6,7	c	1,5

续表

菌名	原名	O抗原	H抗原	
			第1相	第2相
布伦登卢普沙门氏菌	*S. braenderup*	6,7	e,h	e,n,z_{15}
里森沙门氏菌	*S. rissen*	6,7	f,g	—
蒙得维的亚沙门氏菌	*S. oranienburg*	6,7	g,m,[p],s	[1,2,7]
里吉尔沙门氏菌	*S. riggil*	6,7	g,t	—
奥雷宁堡沙门氏菌	*S. oranienburg*	6,7	m,t	—
奥里塔蔓林沙门氏菌	*S. oritamerin*	6,7	i	1,5
汤卜逊沙门氏菌	*S. thompson*	6,7	k	1,5
康科德沙门氏菌	*S. concord*	6,7	l,v	1,2
伊鲁木沙门氏菌	*S. irumu*	6,7	l,v	1,5
姆卡巴沙门氏菌	*S. mkamba*	6,7	l,v	1,6
波恩沙门氏菌	*S. bonn*	6,7	l,v	e,n,x
波茨坦沙门氏菌	*S. potsdam*	6,7	l,v	e,n,z_{15}
格但斯克沙门氏菌	*S. gdansk*	6,7	l,v	z_6
维尔肖沙门氏菌	*S. virchow*	6,7	r	1,2
婴儿沙门氏菌	*S. infantis*	6,7	r	1,5
巴布亚沙门氏菌	*S. papuana*	6,7	r	e,n,z_{15}
巴雷利沙门氏菌	*S. bareilly*	6,7	y	1,5
哈特福德沙门氏菌	*S. hartford*	6,7	y	e,n,x
三河岛沙门氏菌	*S. mikawasima*	6,7	y	e,n,z_{15}
姆班达卡沙门氏菌	*S. mbandaka*	6,7	z_{10}	e,n,z_{15}
田纳西沙门氏菌	*S. tennessee*	6,7	z_{29}	—
C2 群				
习志野沙门氏菌	*S. narashino*	6,8	a	e,n,x
名古屋沙门氏菌	*S. nagoya*	6,8	b	1,5
加瓦尼沙门氏菌	*S. gatuni*	6,8	b	e,n,x
慕尼黑沙门氏菌	*S. muenchen*	6,8	d	1,2
曼哈顿沙门氏菌	*S. manhattan*	6,8	d	1,5
纽波特沙门氏菌	*S. newport*	6,8	e,h	1,2
科特布寺沙门氏菌	*S. kottbus*	6,8	e,h	1,5
茨昂威沙门氏菌	*S. tshiongwe*	6,8	e,h	e,n,z_{15}
林登堡沙门氏菌	*S. lindenburg*	6,8	i	1,2
塔科拉迪沙门氏菌	*S. takoradi*	6,8	i	1,5
波纳雷恩沙门氏菌	*S. bonariensis*	6,8	i	e,n,x
利奇菲尔沙门氏菌	*S. litchfield*	6,8	l,v	1,2
病牛沙门氏菌	*S. bovismorbificans*	6,8	r	1,5
查理沙门氏菌	*S. chailey*	6,8	z_4,z_{23}	e,n,z_{15}
C3 群				
巴尔多沙门氏菌	*S. bardo*	8	e,h	1,2
依麦克沙门氏菌	*S. emek*	8,20	g,m,s	
肯塔基沙门氏菌	*S. kentucky*	8,20	i	z_6
C4 群				
布伦登卢普沙门氏菌	*S. braenderup*	6,7,14	e,h	e,n,z_{15}

续表

菌名	原名	O 抗原	H 抗原	
			第1相	第2相
14+变种	$Var.14+$			
耶路撒冷沙门氏菌	$S.\ jerusalem$	6,7,[14]	z_{10}	l,w
D 群				
仙台沙门氏菌	$S.\ sendai$	1,9,12	a	1,5
伤寒沙门氏菌	$S.\ typhi$	9,12,Vi	d	—
塔西沙门氏菌	$S.\ tarshyne$	9,12	d	1,6
伊斯特本沙门氏菌	$S.\ eastbourne$	1,9,12	e,h	1,5
以色列沙门氏菌	$S.\ israel$	9,12	e,h	e,n,z_{15}
肠炎沙门氏菌	$S.\ enteritidis$	1,9,12	g,m	[1,7]
布利丹沙门氏菌	$S.\ blegdam$	9,12	g,m,q	—
沙门氏菌Ⅱ	$Salmonella\ Ⅱ$	1,9,12	g,m,[s],t	[1,5]:[z_{42}]
都柏林沙门氏菌	$S.\ dublin$	1,9,12,[Vi]	g,p	—
芙蓉沙门氏菌	$S.\ seremban$	9,12	i	1,5
巴拿马沙门氏菌	$S.\ panama$	1,9,12	l,v	1,5
戈丁根沙门氏菌	$S.\ goettingen$	9,12	l,v	e,n,z_{15}
爪哇安纳沙门氏菌	$S.\ javiana$	1,9,12	1,z_{28}	1,5
鸡-雏沙门氏菌	$S.\ gallinarum\text{-}pullorum$	1,9,12	—	—
E1 群				
凯福特沙门氏菌	$S.\ okefoko$	3,10	c	z_6
瓦伊勒沙门氏菌	$S.\ vejle$	3,10	e,h	1,2
明斯特沙门氏菌	$S.\ muenster$	3,10	e,h	1,5
鸭沙门氏菌	$S.\ anatum$	3,10[15]	e,h	1,6
纽兰沙门氏菌	$S.\ newlands$	3,10	e,h	e,n,x
火鸡沙门氏菌	$S.\ meleagridis$	3,10[15]	e,h	l,w
雷根特沙门氏菌	$S.\ regent$	3,10	f,g,[s]	[1,6]
西翰普顿沙门氏菌	$S.\ westhampton$	3,10[15]	g,s,t	—
阿姆德尔尼斯沙门氏菌	$S.\ amounderness$	3,10	i	1,5
新罗歇尔沙门氏菌	$S.\ new\text{-}rochelle$	3,10	k	l,w
恩昌加沙门氏菌	$S.\ nchanga$	3,10	l,v	1,2
新斯托夫沙门氏菌	$S.\ sinstorf$	3,10	l,v	1,5
伦敦沙门氏菌	$S.\ london$	3,10[15]	l,v	1,6
吉韦沙门氏菌	$S.\ give$	3,10	l,v	1,7
鲁齐齐沙门氏菌	$S.\ ruzizi$	3,10	l,v	e,n,z_{15}
乌干达沙门氏菌	$S.\ uganda$	3,10	1,z_{13}	1,5
韦泰夫雷登沙门氏菌	$S.\ weltevreden$	3,10	r	z_6
克勒肯威尔沙门氏菌	$S.\ clerkenwell$	3,10	z	l,w
列克星敦沙门氏菌	$S.\ lexington$	3,10	z_{10}	1,5
E4 群				
萨奥沙门氏菌	$S.\ sao$	1,3,19	e,h	e,n,z_{15}
卡拉巴尔沙门氏菌	$S.\ calabar$	1,3,19	e,h	l,w
山夫登堡沙门氏菌	$S.\ senftenberg$	1,3,19	g,[s],t	—
斯特拉特福沙门氏菌	$S.\ stratford$	1,3,19	i	1,2

菌名	原名	O抗原	H抗原	
			第1相	第2相
塔克松尼沙门氏菌	*S. taksony*	1,3,19	i	z_6
索恩堡沙门氏菌	*S. schoeneberg*	1,3,19	z	e,n,z_{15}
F群				
昌丹斯沙门氏菌	*S. chandans*	11	d	e,n,x
阿柏丁沙门氏菌	*S. aberdeen*	11	i	1,2
布利赫姆沙门氏菌	*S. brijbhumi*	11	i	1,5
威尼斯沙门氏菌	*S. veneziana*	11	i	e,n,x
阿巴特图巴沙门氏菌	*S. abaetetuba*	11	k	1,5
鲁比斯劳沙门氏菌	*S. rubislaw*	11	r	e,n,x
其他群				
浦那沙门氏菌	*S. poona*	1,13,22	z	1,6,[z_{59}]
里特沙门氏菌	*S. ried*	1,13,22	z_4,z_{23}	—
亚特兰大沙门氏菌	*S. atlanta*	13,23	b	—
密西西比沙门氏菌	*S. mississippi*	1,13,23	b	1,5
古巴沙门氏菌	*S. cubana*	1,13,23	z_{29}	[z_{37}]
苏拉特沙门氏菌	*S. surat*	[1],6,14,[25]	[r],i	e,n,z_{15}
松兹瓦尔沙门氏菌	*S. sundsvall*	1,6,14,25	z	e,n,x
非丁伏斯沙门氏菌	*S. hvittingfoss*	16	b	e,n,x
威斯敦沙门氏菌	*S. weston*	16	e,h	z_6
上海沙门氏菌	*S. shanghai*	16	l,v	1,6
自贡沙门氏菌	*S. zigong*	16	l,w	1,5
巴圭达沙门氏菌	*S. baguida*	21	z_4,z_{23}	—
迪由波尔沙门氏菌	*S. dieuoppeul*	28	i	1,7
卢肯瓦尔德沙门氏菌	*S. luckenwalde*	28	z_{10}	e,n,z_{15}
拉马特根沙门氏菌	*S. ramatgan*	30	k	1,5
阿德莱沙门氏菌	*S. adelaide*	35	f,g	—
旺兹沃思沙门氏菌	*S. wandsworth*	39	b	1,2
雷俄格伦德沙门氏菌	*S. riogrande*	40	b	1,5
莱瑟沙门氏菌	*S. lethe* II	41	g,t	—
达莱姆沙门氏菌	*S. dahlem*	48	k	e,n,z_{15}
沙门氏菌	*Salmonella* III	61	l,v	1,5,7,[z_{57}]

注:本表是根据国内外常见沙门氏菌整理而成。

第八节　志贺氏菌的检验

（GB/T 4789.5—2003）

一、设备和仪器

（1）冰箱。

（2）恒温培养箱。

（3）显微镜（10～100 倍）。

（4）均质器或灭菌乳钵。

（5）架盘药物天平（0～500g，精确至 0.5g）。

（6）灭菌锥形瓶（500mL）。

（7）灭菌广口瓶（500mL）。灭菌平皿（直径 90mm）。

（8）硝酸纤维素滤膜：150mm×50mm，直径 0.45μm。临用时切成两张，每张 70mm×50mm，用铅笔划格，每格 6mm×6mm。每行 10 格，分 6 行。灭菌备用。

二、培养基和试剂

（1）GN 增菌液。

（2）HE 琼脂。

（3）SS 琼脂。

（4）麦康凯琼脂。

（5）伊红美蓝琼脂（EMB）。

（6）三糖铁琼脂。

（7）葡萄糖半固体管。

（8）半固体管。

（9）葡萄糖铵琼脂。

（10）尿素琼脂（pH7.2）。

（11）西蒙氏柠檬酸盐琼脂。

（12）氰化钾（KCN）培养基。

（13）氨基酸脱羧酶试验培养基。

（14）糖发酵管。

（15）5% 乳糖发酵管。

（16）蛋白胨水、靛基质试剂。

（17）志贺氏菌属判断血清。

三、志贺氏菌检验程序

志贺氏菌检验程序如图 4-10 所示。

四、操作步骤

1. 增菌

以无菌操作取检样 25g（mL），加入装有 225mLGN 增菌液的广口瓶内。固体食品用均质器以 8000～10000r/min 打碎 1min，或用乳钵加热灭菌沙磨碎，粉状食品用金属匙或玻璃棒研磨使其乳化，于 36℃培养 6～8h。培养时间视细菌生长情况而定，当培养液出现轻微浑浊时即应中止培养。

2. 分离和初步生化试验

（1）取增菌液 1 环，划线接种于 HE 琼脂平板或 SS 琼脂平板一个；另取 1 环划线

```
                    ┌──────────┐
                    │   检样   │
                    └────┬─────┘
                 ┌───────┴────────┐
                 │  25g+GN225mL   │
                 └───────┬────────┘
         ┌───────────────┴───────────────┐
   ┌─────┴──────┐                  ┌──────┴──────┐
   │ HE琼脂或SS │                  │ 麦康凯或EMB │
   └─────┬──────┘                  └──────┬──────┘
         └───────────────┬───────────────┘
                  ┌───────┴────────┐
                  │  挑取可疑菌落  │
                  └───────┬────────┘
                ┌─────────┴──────────┐
                │ TSI，葡萄糖半固体  │
                └─────────┬──────────┘
```

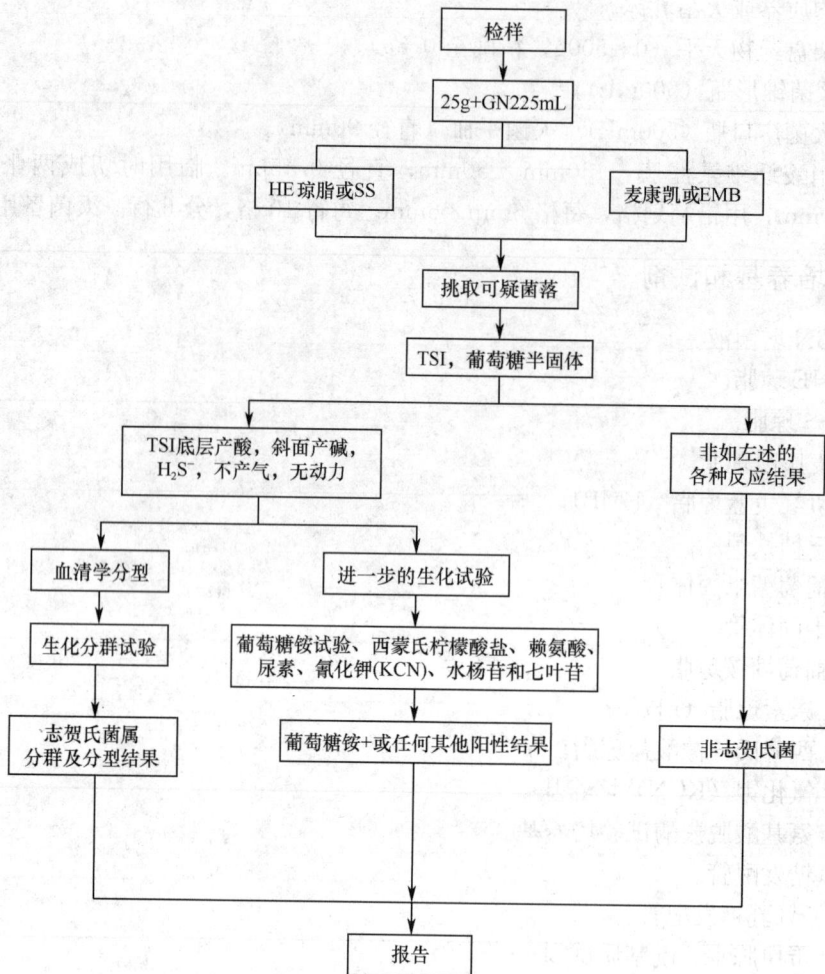

图 4-10　志贺氏菌检验程序

接种于麦康凯琼脂平板或伊红美蓝琼脂平板一个，于 36℃ 培养 18～24h，志贺氏菌在这些培养基上呈现无色透明不发酵乳糖的菌落。

（2）挑取平板上的可疑菌落，接种三糖铁琼脂和葡萄糖半固体各一管。一般应多挑几个菌落，以防遗漏，经 36℃ 培养 16～24h，分别观察结果。

（3）下述培养物可以弃去：

① 在三糖铁琼脂斜面上呈蔓延生长的培养物。

② 在 18～24h 内发酵乳糖、蔗糖的培养物。

③ 不分解葡萄糖和只生长在半固体表面的培养物。

④ 产气的培养物。

⑤ 有动力的培养物。

⑥ 产生硫化氢的培养物。

（4）凡是乳糖、蔗糖不发酵，葡萄糖产酸不产气（福氏志贺氏菌 6 型可产生少量气体），无动力的菌株，可做血清学分型和进一步的生化试验。

3. 血清学分型和进一步的生化试验

1）血清学分型

挑取三糖铁琼脂上的培养物，做玻片凝集试验。先用四种志贺氏菌多价血清检查，如果由于 K 抗原的存在而不出现凝集，应将菌液煮沸后再检查；如果呈现凝集，则用 A_1、A_2、B 群多价和 D 群血清分别试验。如果系 B 群福氏志贺氏菌，则用群和型因子血清分别检查。福氏志贺氏菌各型和亚型的型和群抗原见表（表 4-11）。可先用群因子血清检查，再根据群因子血清出现凝集的结果，依次选用型因子血清检查。

表 4-11　福氏志贺氏菌各型和亚型的型抗原和群抗原

型和亚型	型抗原	群抗原	在群因子血清中的凝集		
			3, 4	6	7, 8
1a	I	1, 2, 4, 5, 9	+	−	−
1b	I	1, 2, 4, 5, 9	+	+	−
2a	II	1, 3, 4	+	−	−
2b	II	1, 7, 8, 9	−	−	+
3a	III	1, 6, 7, 8, 9	−	+	+
3b	III	1, 3, 4, 6	+	+	−
4a	IV	1, (3, 4)	(+)	−	−
4b	IV	1, 3, 4, 6	+	+	−
5a	V	1, 3, 4	(+)	−	−
5b	V	1, 5, 7, 9	−	−	+
6	VI	1, 2, (4)	(+)	−	−
X 变体	—	1, 7, 8, 9	−	−	+
Y 变体	—	1, 3, 4	+	−	−

注：+凝集；−不凝集；（）有或无。

4 种志贺氏菌多价血清不凝集的菌株，可用鲍氏多价 1、2、3 分别检查，并进一步用 1～15 各型因子血清检查。如果鲍氏多价血清不凝集，可用痢疾志贺氏菌 3～12 型多价血清及各型因子血清检查（表 4-11）。

2）进一步生化试验

在做血清学分型的同时，应做进一步的生化试验，即葡萄糖铵、西蒙氏柠檬酸盐、赖氨酸和鸟氨酸脱羧酶、pH7.2 尿素、氰化钾（KCN）生长以及水杨苷和七叶苷的分解。除宋内氏菌和鲍氏 13 型为鸟氨酸阳性外，志贺氏菌属的培养物均为阴性结果。必要时还应做革兰氏染色检查和氧化酶试验，应为氧化酶阴性的革兰氏阴性杆菌。生化反应不符合的菌株，即使能与某种志贺氏菌分型血清发生凝集，仍不得判断为志贺氏菌属的培养物。

已判断为志贺氏菌属的培养物，应进一步做 5% 乳糖发酵，甘露醇、棉子糖和甘油的发酵和靛基质试验。志贺氏菌属四个生化群的培养物，应符合该群的生化特征。但福氏 6 型的生化特征与 A 群或 C 群相似，见表 4-12。

表 4-12　志贺氏菌属四个群的生化特性

生化群	5％乳糖	甘露醇	棉子糖	甘油	靛基质
A 群:痢疾志贺氏菌	－	－	－	（＋）	－/＋
B 群:福氏志贺氏菌	－	＋	＋	－	（＋）
C 群:鲍氏志贺氏菌	－	＋	－	（＋）	－/＋
D 群:宋内氏志贺氏菌	＋/（＋）	＋	＋	d	－

注:＋阳性;－阴性;－/＋多数阴性,少数阳性;（＋）迟缓阳性;d有不同生化型。

4. 结果报告

综合生化和血清学的试验结果判定菌型并做出报告。

第九节　金黄色葡萄球菌的检验
（GB/T 4789.10—2008）

一、设备和材料

（1）冰箱:2~5℃。

（2）恒温培养箱:36℃±1℃。

（3）恒温水浴锅:37℃±1℃。

（4）均质器。

（5）振荡器。

（6）灭菌吸管:1mL（具 0.01mL 刻度）、10mL（具 0.1mL 刻度）或微量移液器及吸头。

（7）灭菌锥形瓶:容量 500mL,100mL。

（8）灭菌培养皿:直径 90mm。

（9）注射器:0.5mL。

（10）天平:感量 0.1g。

（11）pH 计或 pH 比色管或精密 pH 试纸。

二、培养基和试剂

（1）胰酪胨大豆肉汤。

① 成分。胰酪胨 17g,植物蛋白胨 3g,氯化钠 100g,磷酸氢二钾 2.5g,葡萄糖 2.5g,蒸馏水 1000mL。

② 制法。将上述成分混合,加热并轻轻搅拌溶解,分装后,121℃、15min 灭菌,最终 pH 为 7.3±0.2。

（2）5％氯化钠肉汤。

① 成分。蛋白胨 10g,牛肉膏 3g,氯化钠 75g,蒸馏水 1000mL,pH7.4。

② 制法。将上述成分混合,加热并轻轻搅拌溶解,校正 pH,分装后,121℃、15min 灭菌。

（3）血琼脂平板。

① 成分。豆粉琼脂 100mL，脱纤维羊血 5～10mL。

② 制法。加热融化琼脂，冷却到 50℃，以灭菌手继续加入脱纤维羊血，摇匀，倾注平板。也可分装灭菌试管，制成斜面。也可用其他营养丰富的基础培养基配制血琼脂。

（4）Baird-Parker 琼脂平板。

① 成分。胰蛋白胨 10g，牛肉膏 5g，酵母膏 1g，丙酮酸钠 10g，甘氨酸 12g，氯化锂 5g，琼脂 20g，蒸馏水 950mL。

② 增菌剂的配法。30％卵黄盐水 50mL 与除菌过滤的 1‰亚碲酸钾溶液 10mL 混合，保存于冰箱内。

③ 制法。将各成分加到蒸馏水中，加热煮沸至完全溶解。冷至 25℃，校正 pH。分装每瓶 95mL，121℃高压灭菌 15min。临用时加热融化琼脂，冷至 50℃，每 95mL 加入预热至 50℃的卵黄亚碲酸钾增菌剂 5mL 摇匀后倾注平板。培养基应是致密不透明的。使用前在冰箱贮存不得超过 48h。

（5）脑心浸出液（BHI）肉汤。

① 成分。胰蛋白质胨 10.0g，氯化钠 5.0g，磷酸氢二钠（$Na_2HPO_4 \cdot 12 H_2O$）2.5g，葡萄糖 2.0g，牛心浸出液 500mL，pH 7.4±0.2。

② 制法。加热溶解，调节 pH，分装 16mm×160mm 试管，每管 5mL，置 121℃，15min 灭菌。

（6）兔血浆。

（7）营养琼脂斜面。

（8）磷酸盐缓冲液。

① 成分。磷酸二氢钾（KH_2PO_4）34.0g，蒸馏水 500mL，pH7.2。

② 制法。

贮存液：称取 34.0g 的磷酸二氢钾溶于 500mL 蒸馏水中，用大约 175mL 的 1mol/L 氢氧化钠溶液调节 pH 至 7.2，用蒸馏水稀释至 1000mL 后贮存于冰箱。

稀释液：取贮存液 1.25mL，用蒸馏水稀释至 1000mL，分装于适宜容器中，121℃高压灭菌 15min。

（9）革兰氏染色液。

（10）1mol/L 氢氧化钠（NaOH）：称取 40g 氢氧化钠（NaOH）溶于 1000mL 蒸馏水中。

（11）1mol/L 盐酸（HCl）：37％浓盐酸 90mL，加蒸馏水到 1000mL。

三、检验程序

金黄色葡萄球菌检验程序如图 4-11 所示。

检样
25g(或25mL)样品+225mL稀释液，均质

增菌
7.5%氯化钠肉汤或
10%氯化钠胰酪胨大豆肉汤

36℃±1℃　18~24h

Baird-Parker平板，血平板

36℃±1℃
血平板18~24h
Baird-Parker平板18~24h或45~48h

涂片染色　　　观察溶血　　　BHI肉汤和营养琼脂斜面
36℃±1℃　18~24h
血浆凝固酶试验

报告

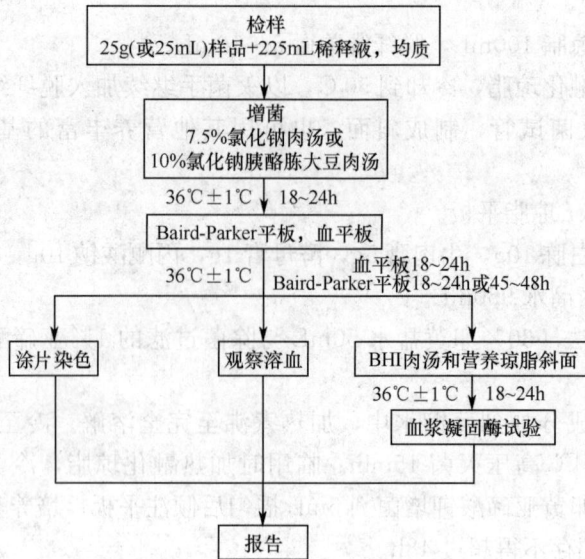

图 4-11　金黄色葡萄球菌检验程序

四、操作步骤

1. 样品的稀释

（1）固体和半固体样品：称取 25g 样品至盛有 225mL 磷酸盐缓冲液或生理盐水的无菌均质杯内，8000～10000r/min 均质 1～2min，或放入盛有 225mL 稀释液的无菌均质袋中，用拍击式均质器拍打 1～2min，制成 1∶10 的样品匀液。

（2）液体样品：以无菌吸管吸取 25mL 样品至盛有 225mL 磷酸盐缓冲液或生理盐水的无菌锥形瓶（瓶内预置适当数量的无菌玻璃珠）中，充分混匀，制成 1∶10 的样品匀液。

2. 增菌和分离培养

（1）增菌培养：吸取 5mL 上述样品匀液，接种于 50mL 7.5%氯化钠肉汤或 10%氯化钠胰酪胨大豆肉汤培养基内，36℃±1℃培养 18～24h。金黄色葡萄球菌在 7.5%氯化钠肉汤中呈浑浊生长，污染严重时在 10%氯化钠胰酪胨大豆肉汤内呈浑浊生长。

（2）将上述培养物，分别划线接种到 Baird-Parker 平板和血平板，血平板 36℃±1℃培养 18～24h。Baird-Parker 平板 36℃±1℃培养 18～24h 或 45～48h。

（3）金黄色葡萄球菌在 Baird-Parker 平板上，菌落直径为 2～3mm，颜色呈灰色到黑色，边缘为淡色，周围为一浑浊带，在其外层有一透明圈。用接种针接触菌落有似奶油至树胶样的硬度，偶然会遇到非脂肪溶解的类似菌落，但无浑浊带及透明圈。长期保存的冷冻或干燥食品中所分离的菌落比典型菌落所产生的黑色较淡些，外观可能粗糙并干燥。在血平板上，形成菌落较大，圆形、光滑凸起、湿润、金黄色（有时为白色），

菌落周围可见完全透明溶血圈。挑取上述菌落进行革兰氏染色镜检及血浆凝固酶试验。

（4）形态：金黄色葡萄球菌为革兰氏阳性球菌，排列呈葡萄球状，无芽孢，无荚膜，直径约为 $0.5\sim1\mu m$。

3. 血浆凝固酶试验

（1）挑取 Baird-Parker 平板或血平板上可疑菌落 1 个或以上，分别接种到 5mL BHI 和营养琼脂斜面，36℃±1℃培养 18 ～24h。

（2）取新鲜配制兔血浆 0.5mL，放入小试管中，再加入（1）中 BHI 培养物 0.2 ～0.3mL，振荡摇匀，置 36℃±1℃温箱或水浴箱内，每 0.5h 观察一次，观察 6h，如呈现凝固（即将试管倾斜或倒置时，呈现凝块）或凝固体积大于原体积的一半，被判定为阳性结果。同时以血浆凝固酶试验阳性和阴性葡萄球菌菌株的肉汤培养物作为对照。也可用商品化的试剂，按说明书操作，进行血浆凝固酶试验。结果如可疑，挑取营养琼脂斜面的菌落到 5mL BHI，36℃±1℃培养 18～48h，重复（2）步骤。

4. 葡萄球菌肠毒素的检测

可疑食物中毒样品或产生葡萄球菌肠毒素的金黄色葡萄球菌菌株的鉴定，应做葡萄球菌肠毒素检测。

5. 结果与报告

（1）结果判定：符合"增菌和分离培养"中（3）和（4）、血浆凝固酶试验阳性，可判定为金黄色葡萄球菌。

（2）结果报告：在 25g（或 25mL）样品中检出或未检出金黄色葡萄球菌。

第十节　蜡样芽孢杆菌的检验
（GB/T 4789.14—2003）

一、培养基

（1）肉浸液肉汤。

（2）酪蛋白琼脂培养基。

（3）动力-硝酸盐培养基。

（4）缓冲葡萄糖蛋白胨水。

（5）血琼脂培养基。

（6）3％过氧化氢溶液。

（7）甲萘胺-乙酸溶液。

（8）对氨基苯磺酸-乙酸溶液。

（9）甘露醇卵黄多黏菌素（MYP）琼脂培养基。

（10）0.5％碱性复红染色液。

（11）木糖-明胶培养基。

二、检验和控制

1. 菌落测定

无菌操作称取样品 25g（mL）放入灭菌搅拌缸内。用灭菌生理盐水或磷酸盐缓冲液做成 $10^{-5} \sim 10^{-1}$ 的稀释液按 GB/T 4789.2—2003 测定。取各个稀释液 0.1mL，接种在两个选择性培养基——甘露醇卵黄多黏菌素（MYP）琼脂培养基上，用 L 棒涂布于整个表面，置 36℃±1℃培养 12～20h，选取适当菌落数的平板进行计数，蜡样芽孢杆菌在此培养基上的菌落为红色（表示不发酵甘露醇），周围有粉红色的晕（表示产生卵磷脂酶）。记数后，从中挑取 5 个此种菌落做证实试验，根据证实的蜡样芽孢杆菌的菌落数计算出该平板上的菌落数，然后乘以其稀释倍数，即得每克（毫升）样品中所含蜡样芽孢杆菌数。例如，将 0.1mL10^{-4} 样品稀释液涂布于 MYP 平板上，其可疑菌落为 25 个，取 5 个鉴定，证实 4 个菌落为蜡样芽孢杆菌，则 1g（mL）检样中所含蜡样芽孢杆菌数为：$25 \times 4/5 \times 10^4 \times 10 = 2 \times 10^6$。

2. 分离培养

取检样或稀释液划线分离于选择性培养基（MYP）上，置 37℃培养 12～20h，挑取可疑的蜡样芽孢杆菌菌落接种于肉汤和营养琼脂做成纯培养，然后做证实实验。

3. 证实试验

（1）形态观察。本菌为革兰氏阳性大杆菌，宽度在 1μm 或 1μm 以上，芽孢呈卵圆形，不突出菌体，多位于菌体中央或稍偏于一端。

（2）培养特性。本菌在肉汤中生长浑浊，常微有菌膜或壁环，振摇易乳化；在普通琼脂平板上其菌落不透明、表面粗糙、似毛玻璃状或融蜡状，边缘不整齐。

（3）生化性状及生化分型。

① 生化性状。本菌有动力；能产生卵磷脂酶和酪蛋白酶；过氧化氢酶试验阳性；溶血；不发酵甘露醇和木糖；常能液化明胶和使硝酸盐还原；在厌氧条件能发酵葡萄糖。

② 生化分型。根据蜡样芽孢杆菌对柠檬酸盐利用、硝酸盐还原、淀粉水解、V-P 反应、明胶液化性状的试验，分成不同型别，见表 4-13。

表 4-13　蜡样芽孢杆菌生化分型

型别	生化试验				
	柠檬酸盐利用	硝酸盐还原	淀粉水解	V-P 反应	明胶液化
1	+	+	+	+	+
2	−	+	+	+	+
3	+	+	−	+	+
4	−	−	−	+	+
5	−	−	−	+	+
6	+	−	−	+	+

型别	生化试验				
	柠檬酸盐利用	硝酸盐还原	淀粉水解	V-P 反应	明胶液化
7	+	−	+	+	+
8	−	+	−	+	+
9	−	+	−	−	+
10	−	−	+	−	+
11	+	+	+	−	+
12	+	+	−	−	+
13	−	−	+	−	−
14	+	−	−	−	+
15	+	−	+	−	+

注：+为阳性；−为阴性。

4. 与类似菌鉴别

与类似菌鉴别见表 4-14。

表 4-14　蜡样芽孢杆菌与类似菌鉴别

项目	巨大芽孢杆菌	蜡样芽孢杆菌	苏云金芽孢杆菌	蕈状芽孢杆菌	炭疽芽孢杆菌
过氧化氢酶	+	+	+	+	+
动力	+/−	+/−	+/−	−	−
硝酸盐还原	−	+	+	+	+
酪蛋白分解	+/−	+	+/−	+/−	+/−
卵黄反应	−	+	+	+	+
葡萄糖利用（厌氧）	−	+	+	+	+
甘露醇	+	−	−	−	−
木糖	+/−	−	−	−	−
溶血	−	+	+	−/+	−/+

注：+为90％～100％的菌株阳性；−为90％～100％的菌株阴性；+/−为大多数阳性；−/+为大多数阴性。

本菌在生化性状上与苏云金芽孢杆菌极为相似，但后者可借细胞内产生蛋白质毒素结晶加以鉴别。其检验方法如下：取营养琼脂上纯培养物少许，加少量蒸馏水涂于玻片上，待自然干燥后用弱火焰固定，加甲醇于玻片上，0.5min 后倾去甲醇，置火焰上干燥，然后滴加 0.5％碱性复红液，并用酒精灯加热至微见蒸气维持 1.5min，移去酒精灯，将玻片放置 0.5min，倾去染液，置洁净自来水充分漂洗、晾干、镜检。在油浸镜下检查有无游离芽孢和深染的菱形的红色结晶小体（如未形成游离芽孢，培养物应放室温再保存 1～2d 后检查），如有即为苏云金芽孢杆菌，蜡样芽孢杆菌检查为阴性。

第十一节　坂崎肠杆菌的检验 (*E. sakazakii*)

一、材料和方法

1. 设备和材料

(1) 循环水浴箱 45.5℃±0.2℃，管子浸没在水中，水面必须高于管子中培养基的高度（可用水浴锅使样品充分溶解样品）。

(2) 浸没型温度计 0～50℃，0.1℃分刻度，约 55cm 长。

(3) 孵育箱 35～37℃ 和 24～26℃（可用培养箱）。

(4) 无菌吸管 1mL、5mL、10mL，0.1mL 分刻度。

(5) 2kg 天平，灵敏度 0.1g。

(6) 接种针、3mm 接种环、涂布玻璃棒。

(7) 带放大镜的菌落计数器。

(8) API20E 生化试剂条。

(9) 营养琼脂：蛋白胨 10.0g，牛肉膏 3.0g，氯化钠 5.0g，琼脂 15.0g，溶于蒸馏水中，加热溶解，121℃、15min 灭菌，倒平板备用。

(10) 肠杆菌增菌肉汤（EE 肉汤）：必须用净化的牛胆粉和亮绿，以避免数量极少的受损伤的肠杆菌不生长。溶解所有的成分至 1L 蒸馏水，加热煮沸，分装成 90mL 体积。这种培养基有商品化的干粉供应（Oxoid，CM0317），最终配制完的培养基必须是绿色的。配制好的肉汤可在 2℃±1℃ 的环境中保存 4 周。配方为：蛋白胨 10.0g，葡萄糖 5.0g，磷酸氢二钠 8.0g，磷酸二氢钾 2.0g，牛胆粉 20.0g，亮绿 0.015g。

(11) 氧化酶试剂。1%盐酸二甲基对苯二胺水溶液，1%α-萘酚乙醇溶液，将配好后的 1%盐酸二甲基对苯二胺水溶液置于密闭棕色玻璃瓶中，于 5～10℃存放。此试剂极易氧化，宜现用现配。试验时，取 37℃培养 18～24h 的营养琼脂培养物 1 支。将两种试剂各 2～3 滴从斜面上端流下，2min 内呈现蓝色者为细胞色素氧化酶试验阳性，未发生变化者为阴性。

2. 方法

整个试验是基于"三管"增菌法，因此产品中数量极少的微生物可以被检测和定量，整个试验至少需要 333g 样品。

(1) 按"三管法"分别无菌称取 100g、10g、1g 婴儿配方奶粉，依次加至 2L、250mL、125mL 大小的三角烧瓶中（100mL 带螺帽的瓶子可代替 10g 和 1g 装样品的烧瓶），分别加入 9 份无菌蒸馏水（1∶10 稀释比），预热至 45℃，用手缓缓地摇动至充分溶解。36℃孵育过夜，稀释度可根据情况调整。

(2) 分别移取以上混合液 10mL 转种至装有 90mL 无菌 EE 肉汤的稀释瓶中，36℃孵育过夜。

(3) 充分混合每个瓶子中的溶液，可采用以下 A 或 B 的方法进行分离培养。

直接涂布法：每一增菌培养物取 0.2mL 加到 2 个营养琼脂平板的表面，每个营养琼脂平板各加 0.1mL，用无菌玻璃棒涂布（如果估计婴儿配方粉有很高的坂崎肠杆菌数量，则增菌培养物须用无菌的 EE 肉汤稀释至 $10^{-6} \sim 10^{-4}$ 后涂布）。

直接划线法：每一增菌培养物用 3mm 的接种环（$10\mu L$）分别划 2 个营养琼脂平板。

（4）将上述平板放置 36℃ 过夜后，观察平板上的坂崎肠杆菌的典型菌落形态：圆形较小呈黄色，表面光滑的菌落。

（5）在营养琼脂平板上挑取黄色无光泽的菌落按 API20E 生化鉴定操作说明进行确证。阳性结果还须做氧化酶试验。

（6）根据每一稀释度出现的阳性确证结果数来估计坂崎肠杆菌 MPN 值（同常规 MPN 查表法）。

二、坂崎肠杆菌生化鉴定

革兰氏染色（24h）－　　　　　　　氧化酶（24h）－
V-P 实验＋　　　　　　　　　　　柠檬酸盐实验（柠檬酸盐）＋
鼠李糖实验＋　　　　　　　　　　硝酸盐还原实验＋
溶血实验：不溶血

三、注意事项

（1）准确吸取培养物，培养时间不易过长。
（2）以上七项生化实验必须完全符合。
（3）注意肠杆菌增菌肉汤（EE 肉汤）的灭菌时间：115℃、15min。

第十二节　体细胞的测定

体细胞是生鲜牛乳中混杂的上皮细胞和白细胞，它主要由奶牛的乳房炎或其他非正常泌乳造成，不适当的挤奶方式及细菌感染造成乳房炎的发病。体细胞影响牛乳的质量。高质量牛乳中所含体细胞不超过 50 万个/mL，而质量差的牛乳可含 200 万个/mL 或更多。体细胞的测定方法分为显微镜法及体细胞测定仪法，后者按测定原理不同又可分为电子粒子计数法和荧光光电计数法。

一、显微镜法

1. 原理

将测试的生鲜牛乳涂抹在载玻片上成样膜，干燥、染色，显微镜下对染色细胞计数。

2. 试剂

除非另有说明，在分析中仅使用化学纯和蒸馏水。

（1）乙醇，95%。

（2）四氯乙烷（$C_2H_2Cl_4$）或三氯乙烷（$C_2H_3Cl_3$）。

（3）亚甲基蓝。

（4）冰醋酸。

（5）硼酸。

3. 仪器

（1）显微镜：放大倍数×500 或×1000，带刻度目镜、测微尺和机械台。

（2）微量注射器：容量 0.01mL。

（3）载玻片：具有外槽圈定的范围，可采用细胞计数板。

（4）水浴锅：恒温 65℃±5℃。

（5）水浴锅：恒温 35℃±5℃。

（6）电炉：加热温度 40℃±10℃。

（7）纱芯漏斗：孔径≤10μm。

（8）干发型吹风机。

（9）恒温箱：恒温 40~45℃。

4. 染色溶液制备

在 250mL 三角瓶中加入 54.0mL 乙醇和 40.0mL 四氯乙烷，摇匀，在 65℃水浴锅中加热 3min，取出后加入 0.6g 亚甲基蓝，仔细混匀，降温后置于冰箱冷却至 4℃，取出后加入 6.0mL 冰醋酸，混匀后用纱芯漏斗过滤，装入试剂瓶，常温贮存。

5. 试样的制备

（1）采集的生鲜牛乳应保存在 2~6℃条件下。若 6h 内未测定，应加硼酸防腐，硼酸在样品中的浓度≤0.6g/100mL，贮存温度 2~6℃，贮存时间不超过 24h。

（2）将生鲜牛乳样在 35℃水浴锅中加热 5min，摇匀后冷却至室温。

（3）用乙醇将载玻片清洗后，用无尘镜头纸擦干，火焰烤干，冷却。

（4）用无尘镜头纸擦净微量注射器针头后抽取 0.01mL 试样，用无尘镜头纸擦干微量注射器针头外残样，将试样平整地注射在有外围的载玻片上，立刻置于恒温箱中，水平放置 5min，形成均匀厚度样膜，在电炉上烤干。将载玻片上干燥样膜浸入染色溶液中，计时 10min，取出后晾干。若室内湿度大，则可用吹风机吹干。然后将染色的样膜浸入水中洗去剩余的染色溶液，干燥后防尘保存。

6. 测定

（1）将载玻片固定在显微镜的载物台上，用自然光或为增大透射光强度用电光源、聚光镜头、油浸高倍镜。

（2）单向移动机械台对逐个视野中载玻片上染色体细胞计数，明显落在视野内或在视野内显示一半以上形体的体细胞被用于计数，计数的体细胞不得少于 400 个。

7. 分析结果的表述

样品中体细胞按下式计算：

$$X = 100NS/ad \tag{4-1}$$

式中 　X——样品中体细胞数，个/mL；

　　　N——显微镜体细胞计数，个；

　　　S——样膜覆盖面积，mm^2；

　　　a——单向移动机械台进行镜下计数的长度，mm；

　　　d——显微镜视野直径，mm。

8. 允许差

重复性条件下两次测定结果的相对相差不超过5%。

二、荧光光电计数体细胞仪法

1. 原理

样品在荧光光电计数体细胞仪中与染色-缓冲溶液混合后，由显微镜感应染色细胞产生电脉冲，经放大记录，直接显示读数。

2. 试剂

所有试剂均为分析纯试剂，实验用水应符合 GB6682—2008 中一级水的规格或是相当纯度的水。

(1) 溴化乙锭（$C_{21}H_{20}BrN_3$）。

(2) 柠檬酸三钾。

(3) 柠檬酸。

(4) 曲拉通 X-100（TritonX-100）（$C_{34}H_{62}O_{11}$）。

(5) 氢氧化铵溶液：25%。

(6) 硼酸。

(7) 重铬酸钾。

(8) 叠氮化钠（NaN_3）。

3. 仪器

(1) 荧光光电计数体细胞仪。

(2) 水浴锅：恒温 40℃±1℃。

4. 染色-缓冲溶液制备。

(1) 染色-缓冲贮备液。在 5L 试剂瓶中加入 1L 水，在其中溶入 2.5g 溴化乙锭，搅拌，可加热到 40~60℃，加速溶解，使其完全溶解后加入 400g 柠檬酸三钾和 14.5g

柠檬酸，再加入 4L 水，搅拌，使其完全溶解，然后边搅拌边加入 50g 曲拉通 X-100，混匀，贮存在避光、密封和阴凉的环境中，90d 内有效。

（2）染色-缓冲工作液。将 1 份体积染色-缓冲贮备液与 9 份体积水混合，7d 内有效。

（3）可使用荧光光电计数体细胞仪专用的染色-缓冲工作液。

5. 清洗液制备

（1）将 10g 曲拉通 X-100 和 25mL 氢氧化铵溶液溶入 10L 水，仔细搅拌，完全溶解后贮存在密封、阴凉的环境中，25d 内有效。

（2）可使用荧光光电计数体细胞仪专用清洗液。

6. 试样的防腐

（1）采样管内生鲜牛乳中加入荧光光电计数体细胞仪专用防腐剂，溶解后充分摇匀。

（2）如无以上防腐剂，则在生鲜牛乳采样后加入以下 1 种防腐剂（24h）：

① 硼酸。在样品中浓度不超过 0.6g/100mL，在 6～12℃条件下可保存 24h；

② 重铬酸钾。在样品中浓度不超过 0.2g/100mL，在 6～12℃条件下可保存 72h。

7. 测定

将试样置于水浴锅中加热 5min，取出后颠倒 9 次，再水平振摇 5～8 次，然后在不低于 30℃条件下置入仪器测定。

8. 分析结果的表述

直接读数，单位为 10^3 个/mL。

9. 允许差

重复性条件下两次测定结果的相对相差不超过 15%。

10. 校正

（1）有以下之一情况应进行校正。

① 连续运行 2 个月。

② 经长期停用，开始使用时。

③ 体细胞仪维修后开始使用时。

（2）校正使用专用标样，连续测定 5 次，得出平均值。

（3）标样中体细胞含量为 40 万～50 万个/mL 之间，测定平均值与标样指标值的相对误差应≤10%。

11. 稳定性试验

(1) 在一个工作日内对体细胞含量为 50 万个/mL 左右的样品，以每 50 个样做规律性的间隔计数。

(2) 在一个工作日结束时，按下式计算变异系数：

$$CV = 100S/n \tag{4-2}$$

式中　CV——变异系数，%；

　　　S——数次测定的标准差，个/mL；

　　　n——数次测定的平均值，个/mL。

(3) 变异系数应≤5%。

小结

本章主要介绍了乳与乳制品中主要微生物的检测，包括菌落总数的测定、大肠菌群的检验、酵母菌和霉菌的检测等基础测定，以及乳制品中其他常见微生物的检测，包括芽孢和嗜热芽孢检验、沙门氏菌检测、志贺氏菌检验、金黄色葡萄球菌的检测、蜡样芽孢杆菌的检验、坂崎肠杆菌的检测、体细胞的测定。

复习题

1. 影响干酪品质的微生物有哪些？它们分别会引起哪些质量问题？
2. 简述大肠菌群测定的步骤。
3. 简述菌落总数测定后出具菌落数报告的方法。
4. 简述体细胞的概念。
5. 简述显微镜法测定体细胞的步骤。

第五章 现代乳品分析检验技术

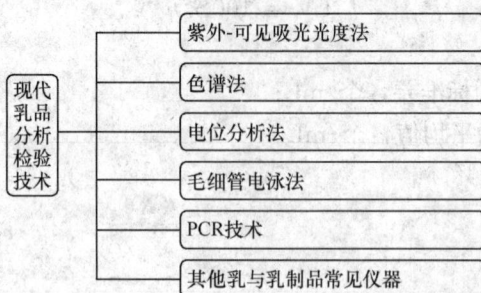

```
                              ┌─── 紫外-可见吸光光度法 ───┐
                              ├─── 色谱法 ──────────────┤
        现代                  ├─── 电位分析法 ───────────┤
        乳品
        分析 ─────────────────┼─── 毛细管电泳法 ─────────┤
        检验
        技术                  ├─── PCR技术 ─────────────┤
                              └─── 其他乳与乳制品常见仪器 ─┘
```

第一节 紫外-可见吸光光度法

一、紫外-可见分光光度计的发展

紫外-可见分光光度计是很重要的一类分析仪器，在物理学、化学、生物、医学、材料、环境学等科学领域现代生产与管理部门都有广泛的应用。紫外-可见分光光度计有较长的发展历史，其设计的理论框架已经形成，制作技术相对成熟。但构成紫外-可见分光光度计的光、机、电、算等任何一方面新技术的发展都有可能推动紫外-可见分光光度计整体性能的进步。在追求准确、快速、可靠的同时，小型化、智能化、在线化、网络化成为紫外-可见分光光度计新的发展方向。

分光光度计的使用已有数十年的历史，至今仍然是最广泛的分析之一，随着分光元器件及分光技术、检测技术、检测器件、大规模集成制造技术的发展，以及单片机、微处理器、计算机和DSP技术的广泛应用，分光光度计的性能指标不断提高并向自动化、智能化、高速化和小型化方向发展。在分光元器件方面经历了棱镜、机刻光栅和全息光栅的过程，商品化的全息闪耀光栅已迅速取代一般刻划光栅。在仪器控制方面，随着单片机、微处理器的出现以及软硬件技术的结合，从早期的人工控制进步到了自动控制。在显示、记录与绘图方面，早已使用表头（电位计）指示、绘图仪绘图后来采用数字电压表数字显示，如今更多采用液晶屏幕或计算机屏幕显示。在检测器方面，早期使用光电池、光电管，后来更普遍地使用光电倍增管甚至光电二极管列阵。阵列型检测器和凹面光栅联合使用，使仪器的测量速度发生了质的飞跃，且性能更加稳定可靠。从仪器构型方面，从单色光束发展为双色光束，现有所有高精度分光光度计都采用双光束，也有些采用双单色器，使得仪器在分辨率和杂散光等方面性能大大提高。随着集成电路技术和光纤技术的发展，联合采用小型凹面全息光栅和阵列探测器以及USB接口等新技术的发展，已经出现一些携带方便、用途广泛的小型化甚至是掌上型的紫外-可见分光光度计。而光电子技术和 MEMS 技术发展，使的有可能将分光元件和探测器集成在一块基片上，而制作微型分光光度计。

目前，市场上紫外-可见分光光度计主要有两类，扫描光栅和固定光栅，后者也被称为 CCD（PDA）光谱仪或多通道光度计。它们的主要构成为光源、分光系统、探测器、软件系统。

二、紫外-可见吸光光度法概论

利用被测物质的分子对紫外-可见光具有选择性吸收的特性而建立的分析方法称为紫外-可见吸光光度法。它是研究在 $200 \sim 800$nm 光区内的分子吸收光谱的一种方法，它广泛地用于无机和有机物质的定性和定量测定，是常用的分析方法之一。

1. 紫外-可见吸光光度法的特点

（1）具有较高的灵敏度。一般物质可测到 $10^{-6} \sim 10^{-3}$ mol/L。适用于微量组分的测定。

（2）有一定的准确度。该方法相对误差为 $2\% \sim 5\%$，可满足对微量组分测定的要求。如一试样含铁量为 0.020mg，相对误差 5%，其含量在 $0.019 \sim 0.021$mg 之间，该结果是令人满意的。

（3）操作简便、快速、选择性好、仪器设备简单。近年来由于新显色剂和掩蔽剂的不断出现，提高了选择性，一般不分离干扰物质就能测定。

（4）应用广泛。可测定大多数无机物质及具有共轭双键的有机化合物。在化工、医学、生物学等领域中常用来剖析天然产物的组成和结构、化合物的含量的测定及生化过程的研究等。

2. 紫外光谱的应用

（1）杂质的检验。紫外光谱灵敏度很高，容易检验出化合物中所含的微量杂质。例如，检查无醛乙醇中醛的限量，可在 $270 \sim 290$nm 范围内测其吸光度，如无醛存在，则没有吸收。

（2）结构分析。根据化合物在近紫外区吸收带的位置，大致估计可能存在的官能团结构。

① 如 <200nm 无吸收，则可能为饱和化合物。

② 在 $200 \sim 400$nm 无吸收峰，大致可判定分子中无共轭双键。

③ 在 $200 \sim 400$nm 有吸收，则可能有苯环、共轭双键等。

④ 在 $250 \sim 300$nm 有中强吸收是苯环的特征。

⑤ 在 $260 \sim 300$nm 有强吸收，表示有 $3 \sim 5$ 个共轭双键，如果化合物有颜色，则含 5 个以上的双键。

（3）分析确定或鉴定可能的结构。

① 鉴别单烯烃与共轭烯烃。

② 测定化合物的结构（辅助）。有一化合物的分子式为 C_4H_6O，其构造式可能有 30 多种，如测得紫外光谱数据 $\lambda_{max}=230nm$（$\varepsilon_{max}>5000$），则可推测其结构必含有共轭体系，可把异构体范围缩小到共轭醛或共轭酮。至于究竟是哪一种，需要进一步用红外和核磁共振谱来测定。

3. 物质对光的选择性吸收

溶液之所以呈现不同的颜色，是与它对光的选择性吸收有关。当一束白光（由各种波长的色光按一定比例组成）通过一有色溶液时，某些波长的光被溶液吸收，另一些波长的光不被吸收而透过溶液。人眼能感觉的波长在 $400\sim760nm$，为可见光区。溶液的颜色由透过光波长所决定。例如，$CuSO_4$ 溶液强烈地吸收黄色的光，所以溶液呈现蓝色。又如 $KMnO_4$ 溶液强烈地吸收黄绿色的光，对其他的光吸收很少或不吸收，所以溶液呈现紫红色。如溶液对白光中各种颜色的光都不吸收，则溶液为透明无色，反之，则呈黑色。如果两种颜色的光按适当的强度比例混合后组成白光，则这两种有色光称为互补色，如图 5-1 所示。呈直线关系的两种光可混合成白光。各种物质的颜色的互补关系列于表 5-1 中。

图 5-1　有色光的互补色

表 5-1　物质颜色（透过光）与吸收光颜色的互补关系

物质颜色	黄绿	黄	橙	红	紫红	紫	蓝	绿蓝	蓝绿
吸收光颜色	紫	蓝	绿蓝	蓝绿	绿	黄绿	黄	橙	红
波长 /nm	$400\sim450$	$450\sim480$	$480\sim490$	$490\sim500$	$500\sim560$	$560\sim580$	$580\sim610$	$610\sim650$	$650\sim760$

以上仅简单地用有色溶液对各种波长光的选择吸收来说明溶液的颜色。究竟某种溶液最易选择吸收什么波长的光？可用实验方法来确定，即用不同波长的单色光透过有色溶液，测量溶液对每一波长的吸光程度（称为吸光度），然后以波长为横坐标，吸光度为纵坐标做图可得一曲线，如图 5-2 所示，称为光吸收曲线。

图中 I、II、III 代表被测物质含量由低到高的吸收曲线。每种有色物质溶液的吸收曲线都有一个最大吸收值，所对应的波长为最大吸收波长（λ_{max}）。一般定量分析就选用该波长进行测定，这时灵敏度最高。如有干扰物质存在时，光吸收曲线重叠，应根据干扰较小，而吸光度尽可能大的原则选择测量波长。对不同物质的溶液，其最大吸收波长不同，此特性可作为物质定性分析的依据。对同一物质，溶液浓度不同，最大吸收波长相同，而吸光度值不同。因此，吸收曲线是吸光光度法中选择测定波长的重要依据。

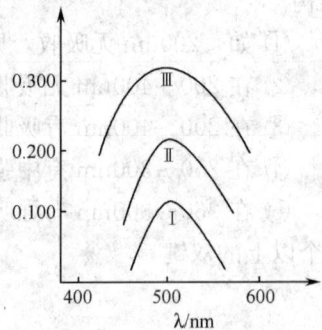

图 5-2　光吸收曲线

4. 物质对光吸收的本质

物质对光的选择性吸收的本质，可通过吸收光谱产生的原因来说明。物质都处于运动状态，分子内部的运动有三种，除价电子绕着分子轨道高速旋转外，还有原子在平衡位置附近的振动和分子绕着其重心的转动。因此，一个分子的能量也包括三部分，即分子的电子能级的能量、分子振动能级的能量及整个分子转动能级的能量。

分子中价电子能级间的能量差一般在 $1 \sim 20 eV$，这恰好是可见光和紫外光的能量。可见光常用于有色物质含量的测定。紫外光用于具有紫外吸收基团的无色物质含量的测定。振动能级间的能量差一般在 $0.05 \sim 1 eV$，相当于红外光的能量。而转动能级间的能量差一般在 $10^{-4} \sim 0.05 eV$，相当于远红外光及微波的能量。红外光谱常用于研究有机物的结构。

分子内部各种能级能量的改变都是量子化的，因此当分子吸收能量之后受到激发，分子就从基态能级跃迁到激发态，即 M（基态）$+ h\nu \rightarrow M^*$（激发态），而产生吸收谱线，因此紫外-可见吸收光谱是由于分子中价电子的跃迁而产生的。物质对光的吸收是物质的分子、原子或离子与辐射能相互作用的一种形式，只有当入射光子的能量与吸光体的基态和激发态的能量差相等时才会被吸收。由于吸光物质的性质不同，所以物质对光的吸收是有选择性的，不同物质的分子从基态跃迁到激发态所需的能量各有差异。故它只能选择性地吸收与之相当，即 $\Delta E = E_2 - E_1 = h\nu$。

不同物质由于结构上的差异，所需的跃迁能量也不相同，于是呈现出不同的吸收光谱。通过分子的吸收光谱可以研究分子结构并进行定性和定量分析。

三、光的吸收定律——朗伯-比尔定律

当一束平行的单色光通过一均匀的吸收物质溶液时，吸光物质吸收了光能，光的强度将减弱，其减弱的程度同入射光的强度、溶液层的厚度、溶液的浓度成正比。如图 5-3 所示。表示它们之间的定量关系的定律称为朗伯-比尔（Lambert-Beer）定律，这是各类吸光光度法定量测定的依据。

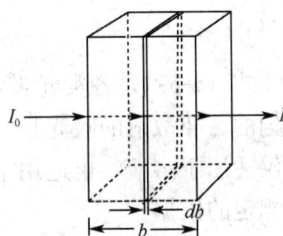

图 5-3 光通过吸光物质的示意图

1729 年波格（Bouguer）发现了物质对光的吸收与吸光物质的厚度有关。1760 年朗伯提出了一束单色光通过吸光物质后，光的吸收程度与溶液液层厚度成正比的关系，该关系称为朗伯定律。即

$$A = \lg \frac{I_0}{I} = k'b \qquad (5-1)$$

式中 A——吸光度；

I_0——入射光强度；

I——透射光强度；

k'——比例常数；

b——液层厚度（光程长度）。

1852 年比尔又提出了一束单色光通过吸光物质后，光的吸收程度与吸光物质微粒的数目（溶液的浓度）成正比的关系，该关系称比尔定律。即

$$A = \lg \frac{I_0}{I} = k''b \qquad (5-2)$$

式中　k''——比例常数；

　　　c——溶液的浓度。

将两个定律合并起来就成为朗伯-比尔定律，其数学表达式为

$$A = \lg \frac{I_0}{I} = abc \qquad (5-3)$$

式（5-3）中，a 为比例常数，它与吸光物质性质、入射光波长及温度等因素有关。该常数称为吸光系数。通常液层厚度 b 以 cm 为单位；若将 c 换成以 g/L 为单位的质量浓度；则 a 用 κ 表示，它的单位为 L/（mol·cm）。则式（5-3）可改写为

$$A = \kappa bc \qquad (5-4)$$

式（5-4）中，κ 是各种吸光物质在特定波长和溶剂下的一个特征常数，数值上等于在 1cm 的溶液厚度中吸光物质为 1mol/L 时的吸光度，它是吸光物质的吸光能力的量度。κ 值是定性鉴定的重要参数之一，也可用以估量定量分析方法的灵敏度，即 κ 值越大，表示该吸光物质对某一波长的吸光能力越强，则方法的灵敏度越高。为了提高定量分析的灵敏度就必须选择合适的试剂与被测物生成 κ 值大的配合物及具有最大 κ 值的波长的单色光作为入射光。通常由于实验结果计算 κ 值时，是以被测物质的总浓度代替吸光物质的浓度，这样计算的 κ 值实际上是表观摩尔吸光系数。κ 和 a 的关系为 $\kappa = Ma$。M 为物质的摩尔质量。

由式（5-2）可见如果光通过溶液时完全不被吸收，则 $I = I_0$，而 $I/I_0 = 1$。透过光 I 值越小，则 I/I_0 的比值越小，因此，将 I/I_0 称为透光度 T。

$$A = \lg \frac{1}{T} = abc \qquad A = \lg \frac{1}{T} = \kappa bc \qquad (5-5)$$

式（5-5）是各类光吸收的基本定律。其物理意义为：当一束平行的单色光通过一均匀的、非散射的吸光物质溶液时，其吸光度与溶液液层厚度和浓度的乘积成正比。它不仅适用于溶液，也适用于均匀的气体和固体状态的吸光物质。这是各类吸光光度法定量测定的依据。

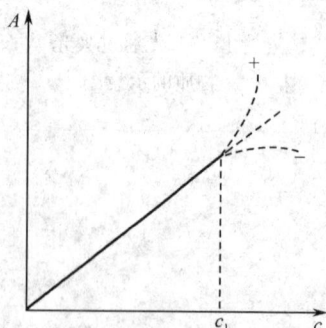

图 5-4　吸光光度法工作曲线

四、偏离比尔定律的原因

吸光光度法中，光的吸收定律是定量测定物质含量的基础。根据 $A = \kappa bc$ 这一关系式，以 A 对 c 做图，应为一通过原点的直线，通常称为工作曲线（或称标准曲线）。有时会在工作曲线的高浓度端发生偏离的情况，如图 5-4 中虚线所示，即在该实验条件下，当浓度 $> c_1$ 时，偏离了比尔定律。引起偏离的原因很多，主要可能有以下几方面的原因引起的。

比尔定律是一个有限制性的定律，它假设了吸收粒子之间是无相互作用的，因此仅在稀溶液的情况下才适用。在高浓度（通常 $c > 0.01\text{mol/L}$）时，由于吸光物质的分子或离子间的平均距离缩小，使相邻的吸光微粒（分子或离子）的电荷分布互相影响，从而改变了它对光的吸收能力。由于这种相互影响的过程同浓度有关系，因此使吸光度 A 与浓度 c 之间的线性关系发生了偏离。

1. 非单色入射光引起的偏离

严格地讲，比尔定律仅在入射光为单色光时才是正确的，实际上一般分光光度计中的单色器获得的光束不是严格的单色光，而是具有较窄波长范围的复合光带，这些非单色光会引起对比尔定律的偏离，而不是定律本身的不正确，这是由仪器条件的限制所造成的。

现假定入射光由 λ_1 和 λ_2 两种波长的光组成，溶液吸光物质对 λ_1 和 λ_2 光的吸收都服从比尔定律。

$$\text{对}\ \lambda_1: \qquad A_1 = \lg\frac{I_{01}}{I_1} = \kappa_1 bc \qquad I_1 = I_{01}10^{-\kappa_1 bc}$$

$$\text{对}\ \lambda_2: \qquad A_2 = \lg\frac{I_{02}}{I_2} = \kappa_2 bc \qquad I_2 = I_{02}10^{-\kappa_2 bc}$$

测定时，总的入射光强为 $I_{01}+I_{02}$，透过光强为 I_1+I_2，因此，该光通过溶液后的吸光度 A 为

$$A = \lg\frac{I_{01}+I_{02}}{I_1+I_2} = \lg\frac{I_{01}+I_{02}}{I_{01}10^{-\kappa_1 bc}+I_{02}10^{-\kappa_2 bc}} \tag{5-6}$$

当入射光为 λ_1 和 λ_2 时，如 $\kappa_1 = \kappa_2 = \kappa$，则 $A = \kappa bc$。A 与 c 呈线性关系，反之，如 $\kappa_1 \neq \kappa_2 \neq \kappa$，则 $A \neq \kappa bc$，则 A 与 c 不呈线性关系。κ_1 与 κ_2 相差越大，对比尔定律的偏离则越严重。另外，在实际工作中尽量选择对吸光物质具有最大吸收波长的光作为入射光，它不仅在定量时灵敏度最高，而且从吸收曲线来看，吸光物质在峰值处有一个较小的平坦区，此时 κ 值随波长的变动最小，可得到较好的线性关系。因此，入射光波长的选择对比尔定律的偏离也有影响。

2. 由于溶液本身发生化学变化的原因而引起的偏离

由于被测物质在溶液中发生缔合、解离或溶剂化、互变异构、配合物的逐级形成等化学原因，造成对比尔定律的偏离。这类原因所造成的误差称为化学误差。例如，在一个非缓冲体系的铬酸盐溶液中存在着如下的平衡：

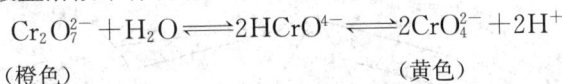

$$Cr_2O_7^{2-} + H_2O \rightleftharpoons 2HCrO^{4-} \rightleftharpoons 2CrO_4^{2-} + 2H^+$$

$$\qquad\text{（橙色）} \qquad\qquad\qquad\qquad\qquad\qquad \text{（黄色）}$$

测定时，在大部分波长处，$Cr_2O_7^{2-}$ 的 κ 值与 CrO_4^{2-} 的 κ 值是很不相同的。因此，当铬的总浓度相同时，各溶液的吸光度决定于 $c_{Cr_2O_7^{2-}}/c_{CrO_4^{2-}}$ 之比值，它将随溶液的稀释而发生显著的变化。所以将造成 A 与 c 之间线性关系的明显偏离。为了控制这一偏离可采用：在溶液中加碱使其中 $Cr_2O_7^{2-}$ 全部转化为 CrO_4^{2-}；或加酸，使 CrO_4^{2-} 全部转化为 $Cr_2O_7^{2-}$。这样溶液中的总浓度 c 与 A 之间就能符合比尔定律。

另外，有些配合物的稳定性较差，由于溶液稀释导致配合物离解度增大，使溶液颜色变浅，因此有色配合物的浓度不等于金属离子的总浓度，导致 A 与 c 不呈线性关系。

五、紫外-可见分光光度计

分光光度计的基本组成部件如图 5-5 所示。

光源 → 单色器 → 吸收池 → 检测系统 → 读数指示器

图 5-5　分光光度计的基本组成

各部件的作用及性能简介如下。

（1）光源。在吸光光度法中，要求光源在比较宽的光谱区域内发出的连续光谱强度足够、分布均匀、在一定时间内保持稳定。在可见、近红外光区测量时，常用的光源有白炽灯（钨灯、卤钨灯等）、气体放电灯（氢灯、氘灯及氙灯等）、金属弧灯（各种汞灯）等多种。钨灯和卤钨灯发射 $320 \sim 2000nm$ 连续光谱，最适宜工作范围为 $360 \sim 1000nm$，稳定性好，可用做可见光分光光度计的光源。氢灯和氘灯能发射 $150 \sim 400nm$ 的紫外线，可用做紫外光区分光光度计的光源。红外线光源则由纳恩斯特（Nernst）棒产生，此棒由 ZrO_2：$Y_2O_3 = 17 : 3$（Zr 为锆，Y 为钇）或 Y_2O_3, GeO_2（Ge 为锗）及 ThO_2（Th 为钍）之混合物制成。汞灯发射的不是连续光谱，能量绝大部分集中在 $253.6nm$ 波长外，一般作波长校正用。钨灯在出现灯管发黑时应及时更换，如换用的灯型号不同，还需要调节灯座的位置的焦距。氢及氘灯的灯管或窗口是石英的，且有固定的发射方向，安装时必须仔细校正，接触灯管时应戴手套以防留下污迹。光强受电源电压的影响大，因此，必须使用稳压器以提供稳定的电源电压，保证光源光强稳定不变。

（2）单色器。单色器是能从光源辐射的复合光中分出单色光的光学装置，其主要功能：产生光谱纯度高的光波且波长在紫外可见区域内任意可调。单色器一般由入射狭缝、准光器（透镜或凹面反射镜使入射光成平行光）、色散元件、聚焦元件和出射狭缝等几部分组成。其核心部分是色散元件，起分光的作用。能起分光作用的色散元件主要是棱镜和光栅。

棱镜光束通过入射狭缝，经准直透镜色散元件使其成为平行光后通过棱镜，产生折射而色散，从而将复合光按波长顺序分解为单色光，然后通过聚焦透镜及出射狭缝。移动棱镜或出射狭缝的位置，就可使所需波长的光经出射狭缝而照射到试样溶液上。图 5-6 是以棱镜为单色元件的单色器的原理示意图。

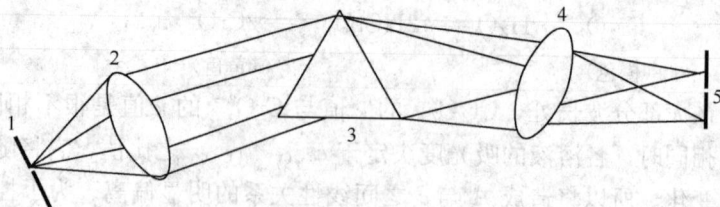

图 5-6　棱镜单色器的原理示意图

1. 入射狭缝；2. 准直透镜；3. 棱镜；4. 聚焦棱镜；5. 出射狭镜

　　单色光的纯度决定于棱镜的色散率和出射狭缝的宽度。棱镜有玻璃和石英两种材料。它们的色散原理是依据不同的波长光通过棱镜时有不同的折射率而将不同波长的光分开。由于玻璃可吸收紫外光，所以玻璃棱镜只能用于 350～3200nm 的波长范围，即只能用于可见光域内。石英棱镜可使用的波长范围较宽，可从 185～4000nm，即可用于紫外可见和近红外三个光域。棱镜的特点是波长越短，色散程度越好，越向长波一侧越差。所以用棱镜的分光光度计，其波长刻度在紫外区可达到 0.2nm，而在长波段只能达到 5nm。

　　（3）光栅。有的分光系统是衍射光栅，即在石英或玻璃的表面上刻划许多平行线，刻线处不透光，于是通过光的干涉和衍射现象，较长的光波偏折的角度大，较短的光波偏折的角度小，因而形成光谱。它是利用光的衍射与干涉作用制成的一种色散元件。可用于紫外-可见光及红外光域，而且在整个波长区具有良好的、几乎均匀一致的分辨能力。

　　它的优点是适用波长范围宽、色散均匀、分辨率高。缺点是各级光谱会有重叠而相互干扰，经选用适当的滤光片可消除不需要的次级的光谱干扰。

　　（4）吸收池。吸收池也叫样品池或比色皿，用来盛溶液，它是由无色透明、能耐腐蚀的光学玻璃或石英制成的，能透过所需光谱范围内的光线（可见光区用玻璃吸收池，紫外光区用石英吸收池）。每台仪器都配有液层厚度为 0.5、1.0、2.0、3.0cm 等一套规格的吸收池。同一厚度的吸收池之间的透光率误差应＜0.5％。使用时应注意吸收池放置的位置，使其透光面垂直于光束方向。各个杯子的壁厚度等规格应尽可能完全相等，否则将产生测定误差。玻璃比色杯只适用于可见光区，在紫外区测定时要用石英比色杯。要保持吸收池的光洁，而指纹、油腻或四壁的积垢都会影响透光率，特别要注意透光面不受磨损。所以，不能用手指拿比色杯的光学面，用后要及时洗涤，可用温水或稀盐酸、乙醇以至铬酸洗液（浓酸中浸泡不要超过 15min），表面只能用柔软的绒布或拭镜头纸擦净（图 5-7）。

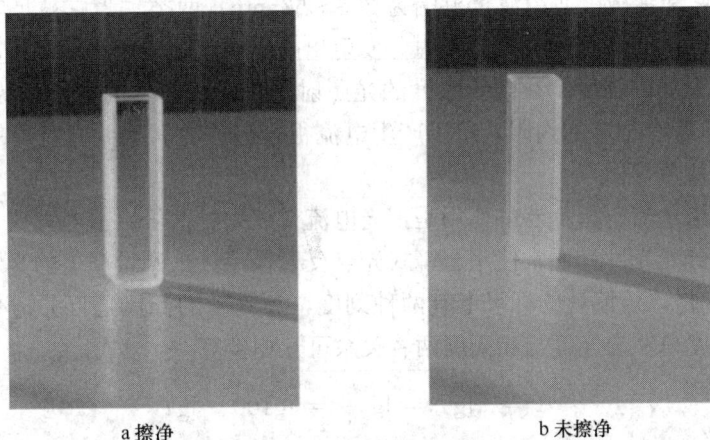

a 擦净　　　　　　　　　　　　　b 未擦净

图 5-7　比色皿

　　（5）检测系统。它是一种光电转换元件，利用光电效应使透过光强度能转换成电流进行测量。这种光电转换器对测定波长范围内的光要有快速、灵敏的响应，所产生的光电流必须与照射在检测器上的光强度成正比。常用的光电转换器有：

① 光电池。硒光电池的结构如图 5-8 所示。当光照射在光电池上时，硒表面就有电子逸出。由于硒的半导体性质，电子只能单向移动而被聚集于金属薄膜（透明的金或银的薄膜）上，带负电，成为光电池的负极。铁片即为正极。通过与外电路很小的电阻连接，能产生 $10 \sim 100 \mu A$ 的光电流，可直接用检流计测量，光电流的大小与入射光强度成正比。硒光电池对光的敏感波长范围为 $300 \sim 800nm$，对 $500 \sim 600nm$ 的光最灵敏。在 $750nm$ 处，相对灵敏度降至 10% 左右。其光谱灵敏度曲线及人眼的光谱，相应见 5-9 所示。

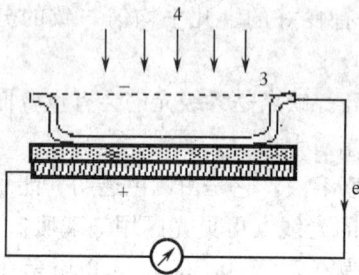

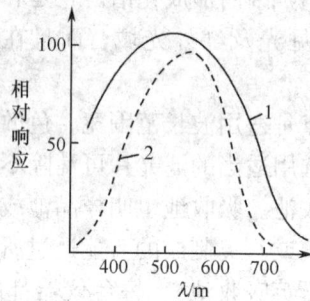

图 5-8　硒光电池示意图　　　　图 5-9　硒光电池的光谱灵敏度曲线与人的光谱响应

硒光电池结构简单，价格便宜，更换方便。但受强光照射或长久连续使用时，会出现"疲劳现象"，即照射光强度不变而产生的光电流会逐渐下降。这时应暂停使用，置于暗处使其恢复原有的灵敏度，严重时须更换新的光电池。

② 光电管。光电管是由一个阳极和一个光敏阴极组成的真空（或充有少量惰性气体）二极管。由于所采用的阴极材料光敏性能不同，可分为红敏（适用波长范围为 $625 \sim 1000nm$）和紫敏（适用波长范围为 $200 \sim 625nm$）两类。当它被足够的能量照射时，能发射电子。当两极间有电位差时，发射出的电子就流向阳极而产生电流，电流的大小取决于入射光的强度。在同等强度的光照射下，它所产生的电流约为光电池的 $1/4$，但由于光电管有很高的内阻，所以产生电流很容易放大，因此具有灵敏度高、光敏范围广、不易疲劳等优点。

（6）读数指示器。指示器的作用是把光电流或放大的信号以适当方式显示或记录下来。比较老的分光光度计通常使用悬镜式光点反射检流计来测量产生的光电流，其灵敏度约为 $10^{-9} A$/格。检流计的标尺上有两种刻度，等刻度的标尺是百分透光度 T，对数刻度则为吸光度 A。透光度与吸光度两者关系可互相换算。

$$A = -\lg T = \lg \frac{I_0}{I} = \lg 100 - \lg I \tag{5-7}$$

实验时，应读取吸光度 A，它与溶液浓度 c 成正比，而 T 不与 c 成正比关系。检流计使用时应防止振动和大电流通过。停用时，必须将检流计开关拽向零位并使其短路。

比较新型的分光光度计采用记录仪，数字显示器或电传打字机作为指示器。

六、几种常用的分光光度计

(一) 722 型分光光度计

1. 工作原理

溶液中的物质在光的照射激发下，产生对光吸收的效应，这种吸收是具有选择性的。各种不同的物质都有各自的吸收光谱如图 5-10 所示，因此当某单色光通过溶液时，其能量就会被吸收而减弱，光能量减弱的程度和物质的浓度有一定的比例关系，即符合朗伯-比尔定律。

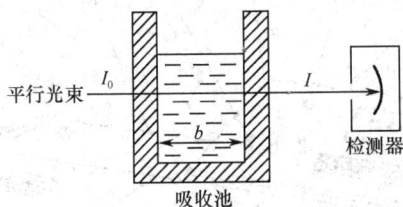

图 5-10　光吸收示意图

$$T = \frac{I}{I_0} \tag{5-8}$$

$$\lg \frac{I_0}{I} = KcL \tag{5-9}$$

$$A = KcL \tag{5-10}$$

式中　T——透射比；
　　　A——吸光度；
　　　I_0——入射光强度；
　　　I——透射光强度；
　　　c——溶液的浓度；
　　　K——吸收系数；
　　　L——溶液的光程长。

从以上公式可以看出，当入射光、吸收系数和溶液的光程长不变时，透过光是根据溶液的浓度而变化的，722 型光栅分光光度计的基本原理是根据上述物理光学现象而设计的。

2. 仪器的结构

722 型光栅分光光度计由光源室、单色器、试样室、光电管暗盒、电子系数及数字显示器等部件组成，其方框图如图 5-11 所示。

3. 仪器的使用

(1) 使用仪器前，使用者应该首先了解本仪器的结构和工作原理。以及各个操作旋

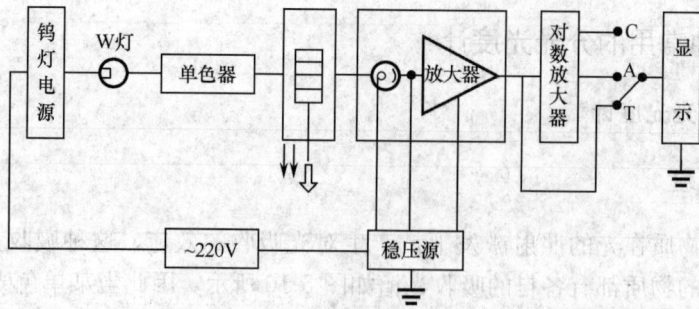

图 5-11　仪器结构方框图

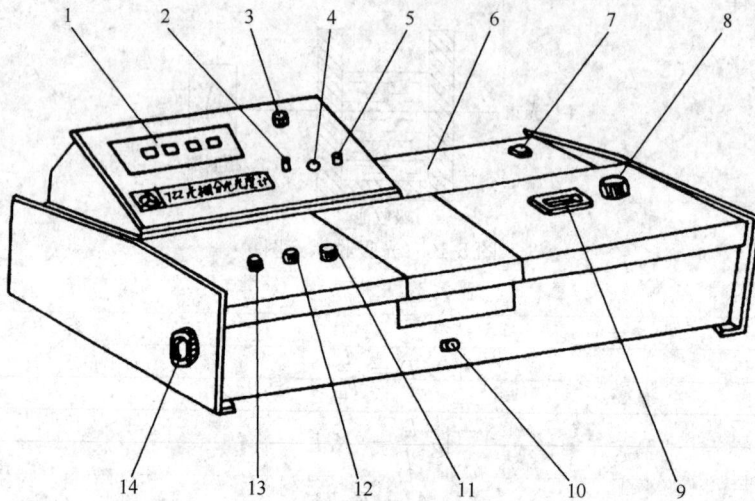

图 5-12　仪器外形图

1. 数字显示器；2. 吸光度调零旋钮；3. 选择开关；4. 吸光度调斜率电位器；5. 浓度旋钮；6. 光源室；7. 电源开关；8. 波长手轮；9. 波长刻度窗；10. 试样架拉手；11. 100%T 旋钮；12. 0%T 旋钮；13. 灵敏度调节旋钮；14. 干燥器

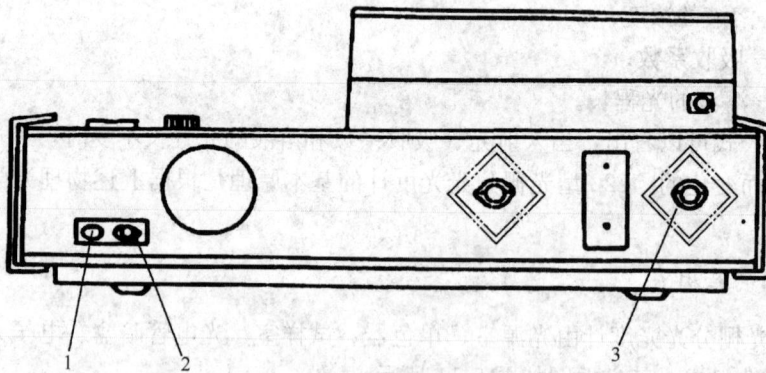

图 5-13　仪器后视图

1. 1.5A 保险丝；2. 电源插头；3. 外接插头

钮之功能。如图 5-12、图 5-13 所示。在未接通电源前，应该对仪器的安全性进行检查，电源线接线应牢固。通地要良好，各个调节旋钮的起始位置应该正确，然后再接通电源开关。仪器在使用前先检查一下放大器暗盒的硅胶干燥筒（在仪器的左侧），如受潮变色，应更换干燥的蓝色硅胶或者倒出原硅胶，烘干后再用。

（2）将灵敏度旋钮调置"1"挡（放大倍率最小）。

（3）开启电源，指示灯亮，选择开关置于"T"，波长调至测试用波长。仪器预热 20min。

（4）打开试样室盖（光门自动关闭），调节"0"旋钮，使数字显示为"00.0"，盖上试样室盖，将比色皿架置与蒸馏水校正位置，使光电管受光，调节透过率"100％"旋钮，使数字显示为"100.0"。

（5）如果显示不到"100.0"，则可适当增加微电流放大器的倍率挡数，但尽可能置低倍率挡使用，这样仪器将有更高的稳定性。但改变倍率后必须按（4）重新校正"0"和"100％"。

（6）预热后，按（4）连续几次调整"0"和"100％"，仪器即可进行测定工作。

（7）吸光度 A 的测量按（4）调整仪器的"00.0"和"100％"，将选择开关置于"A"，调节吸光度调零旋钮，使得数字显示为"0.000"，然后将被测样品移入光路，显示值即为被测样品的吸光度值。

（8）浓度 c 的测量：选择开关由"A"旋置"C"，将已标定浓度的样品放入光路，调节浓度旋钮，使得数字显示为标定值，将被测样品放入光路，即可读出被测样品的浓度值。

（9）如果大幅度改变测试波长时，在调整"0"和"100％"后稍等片刻，（因光能量变化急剧，光电管受光后响应缓慢，需一段光响应平衡时间），当稳定后，重新调整"0"和"100％"即可工作。

（10）每台仪器所配套的比色皿，不能与其他仪器上的比色皿单个调换。

（11）本仪器数字表后盖，有信号输出 $0\sim1000mV$，插座 1 脚为正，2 脚为负接地线。

（二）UV-9200 紫外-可见分光光度计

1. 原理

UV-9200 紫外-可见分光光度计设计的基本原理是，物质在光的照射下会产生对光吸收的效应，而且物质对光的吸收是具有选择性的。各种不同物质都具有其各自的吸收光谱。因此，不同波长的单色光通过溶液时其光的能量就会被不同程度的吸收，光能量被吸收的程度和物质的浓度有一定的比例关系，即符合朗伯-比尔定律。

从式（5-10）可以看出，当入射光、吸收系数和溶液的光程长不变时，透过光是根据溶液的浓度而变化的，UV-9200 紫外-可见分光光度计设计原理是根据上述光学现象而设计的。

2. 仪器的结构

仪器视图与构件名称，如图 5-14、图 5-15 所示。

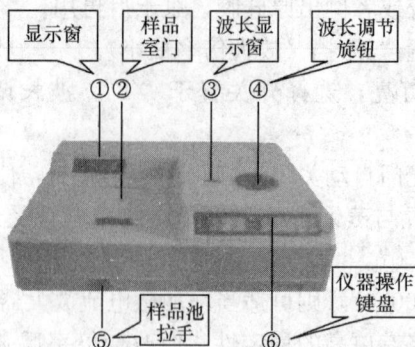

图 5-14　UV-9200 紫外-可见光光度计仪器的前视图

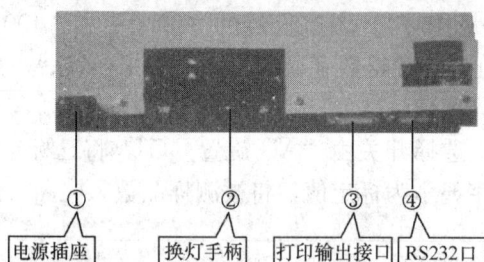

图 5-15　UV-9200 紫外-可见光光度计仪器的后视图

（1）显示窗：显示测量值。可根据不同需要显示透射比值（％T）、吸光度值（ABS）以及浓度值（CONC），并能显示错误值。

（2）样品室门：打开样品室门将样品放入样品池里面，关上后可进行测量。

（3）波长显示窗：显示正在测量的波长值。

（4）波长调节旋钮：调节波长用，转动此钮时，会改变显示窗的显示值，可根据需要，调节所需要的数值。

（5）样品池拉手：拉动样品池拉手可使被测样品依次进入光路。

（6）仪器操作键盘。根据需要进行仪器测量及功能转换。

（7）电源插座。

（8）换灯手柄。当测量的波长范围在 190～350nm（包括 350nm）时，将手柄拨到"UV"端，当测量的波长范围在 350～1000nm 时，将手柄拨到"VIS"端。

（9）打印输出接口。

（10）RS232 口（选配）。

注意：在仪器的两侧分别有仪器的电源开关和氘灯开关。面向仪器操作键盘，仪器右侧开关为电源开关，左侧开关为氘灯开关。当您需要使用氘灯时请将氘灯开关打开，如果您的测量波长在 350～1000nm 之间时，可将氘灯关闭，这样可以延长氘灯的使用寿命，但是再次开启氘灯必须预热 15min 以上方可进行测量。

3. 仪器使用操作

1）键盘的结构与操作

键盘的结构如图 5-16 所示。

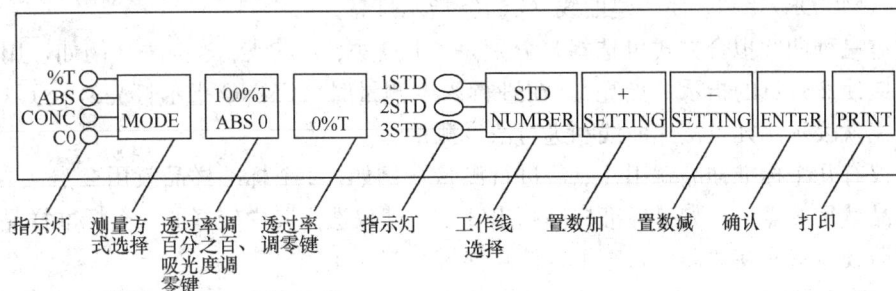

图 5-16　UV-9200 紫外可见分光光度计操作键

本仪器共有八个操作键，七个工作方式指示灯。用户每选一种工作方式时，其相应的指示灯就会点亮。如图 5-16 所示。

（1）指示灯含义。

%T——透射比；

ABS——吸光度；

CONC——浓度；

C0——建曲线；

1STD、2STD、3STD——建曲线的方法。

（2）键盘含义。

MODE——测量方式选择；

100%T ABS0 键——透过率调百分之百、吸光度调零键；

0%T 键——透过率调零键；

STD NUMBER——工作线选择；

SETTING＋——置数加；

SETTING－——置数减；

PRINT——打印；

ENTER——确认。

（3）操作键的具体功能。

① MODE（工作方式选择键）。工作方式选择键共有四种工作方式供选择。这四种方式是透射比（%T）、吸光度（ABS）、浓度（CONC）及建曲线（C0），每按下此选择键一次可循环进入相应的工作方式，同时相应的指示灯亮，指示当前工作状态。

② 100%T。ABS0 调 100％键：按此键后仪器自动对当前样品采样，并在%T 指示灯亮时，显示窗显示 100.0，或在 ABS 指示灯亮时，显示窗显示 0.000。

注意：在按下此键后，仪器所有功能键被封锁，当仪器自动调整到 100.0 或 0.000

时，所有功能键自动释放。此按键只在透射比及吸光度档起作用。

③ 0％T。调零键：调整仪器零点，显示器显示 0.0。

注意：应在全挡光的情况下调零（放挡光杆或将样品池拉杆推到最顶端）。此键只在透射比挡起作用。

④ STD NUMBER（工作曲线选择）。在选择用标样点建曲线时，需先按"工作方式选择（MODE）键"，使"建曲线（C0）"指示灯亮。

共有三种曲线拟合方式可选择，分别是：1 点法、2 点法、3 点法（例如，用 2 点法时，应使 2STD 的指示灯点亮）。在进行浓度测量时（CONC 指示灯亮），STD 哪个指示灯亮就表示用几点法建曲线和进行浓度测量。

建议有几个标准样品就用几点法进行测量，例如，2 个标准样品就用 2 点法，3 个标准样品就用 3 点法。如果标准样品超出 3 个，建议选出其中较好的 3 个标准样品做样点，建曲线。只有在建曲线状态下，该功能键才起作用。

⑤ SETTING＋（置数加）。标准样品浓度置入数字增加键，改变显示器显示数值。

注意：该功能键只在建曲线功能下起作用。

⑥ SETTING－（置数减）。标样浓度置入数字减少键，改变显示器显示数值。

注意：该功能键只在建曲线功能下起作用。

⑦ ENTER（确认）：当按置数加、减键设置好所需标样浓度值后按下此键，确认所输的标样值。

注意：按键的同时仪器会测量该标样的吸光度值，因此显示器上的标样浓度值应与光路中的标样相对应，当置入另一点标样时应注意改变光路中的标样。该功能键只在建曲线功能下起作用。

⑧ PRINT（打印）：在不同的方式选择功能下，可打印出透射比值、吸光度值及浓度值。

2）仪器的测量功能

（1）透射比测量。在样品室中，放置空白及样品。

① 长旋钮，使波长显示窗显示所需波长值。

② 方式选择键（A）使透射比（％T）指示灯亮（B），拉动样品池拉手，使空白溶液处在光路中，如图 5-17 所示。

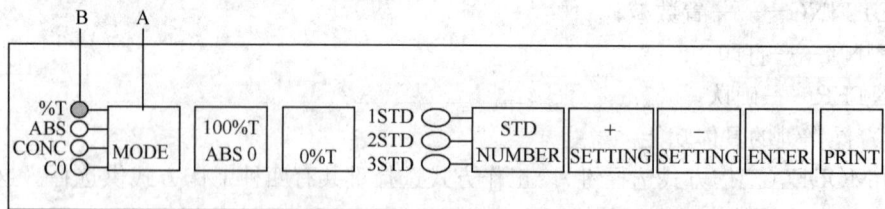

图 5-17　UV-9200 紫外可见分光光度计工作方式选择键的使用

③ 按（100％T）键调 100％，待显示器显示 100.0 时即表示已调好 100％T。如图 5-18所示。

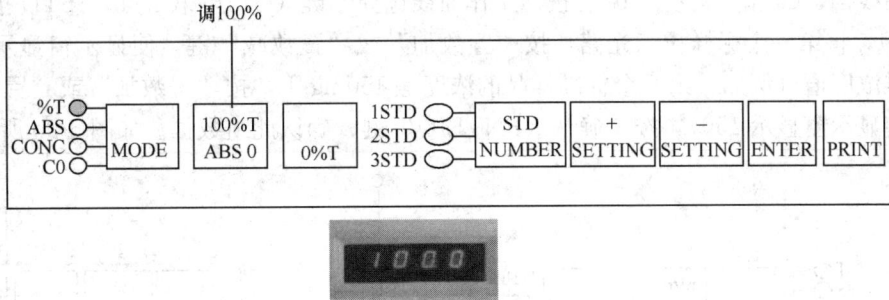

图 5-18　显示器显示 100.0

④ 打开样品室门在样池架中放挡光块（或将样品池拉手推到最里端），关闭样品室门，拉动样品池拉手，使挡光块进入光路。观察显示器是否为零，如不为 0.0 则按（0％T）调零。如图 5-19 所示。

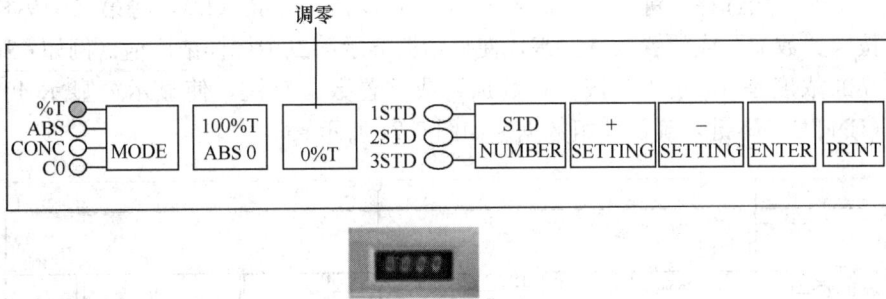

图 5-19　显示器显示 0.0

⑤ 取出挡光块，放入空白溶液，关好样品室门，显示器应为 100.0，若不为 100.0则应重调 100％T（重复 3）。

⑥ 拉动样品拉手使被测样品依次进入光路，则显示器上依次显示样品的透射比值。

（2）吸光度测量有两种方法。

① 与透射比基本相同，只是有一点要注意：按选择方式键（MODE）时，应使吸光度（ABS）指示灯亮。

② 测完透射比值，直接按工作方式选择键（A），使吸光度（ABS）指示灯亮（B），此时显示窗显示的数值即为吸光度值。用此种方法进行转换既方便又快捷。如图5-17 所示。

（3）浓度直读。

① 建曲线。建曲线有三种方法：1 点法、2 点法、3 点法，现以 2 点法为例：

先将配好的两个浓度标准液及空白液放入样池架。

按需要调整波长。

按方式选择（MODE）键选择透射比档（％T 指示灯亮），将空白液拉入光路，按"100％T"键调 100.0。如图 5-18 所示。打开样品室门，放入挡光块，按"0％T"键调零后需检查 100.0，若不为 100.0 应按"100％T"重调 100.0。按方式选择键（A），选择建曲线挡，C₀ 指示灯亮（B）。按"工作曲线选择"键（C）至第 1 点，1STD 指示灯亮（D），将第一个标样拉入光路，按"置数加"或"置数减"键，使显示窗显示第一个标样浓度值（例如：第一个标准样品的浓度是 150mg/L，按"置数加"或"置数减"键，使显示窗显示 150），按"确认（ENTER）"键，确认此组数据。如图 5-20 所示。

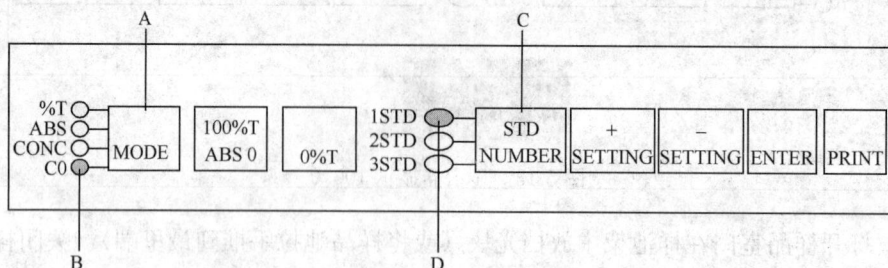

图 5-20　第一个标样拉入光路时的显示

按"工作曲线选择"键（C）至第 2 点，2STD 指示灯亮（D），将第二个标样拉入光路，按"置数加"或"置数减"键，使显示器显示第二个标样浓度值（例如：第二个标准样品的浓度是 40mg/L，按"置数加"或"置数减"键，使显示窗显示 40），按"确认（ENTER）"键，确认此组数据。如图 5-21 所示。

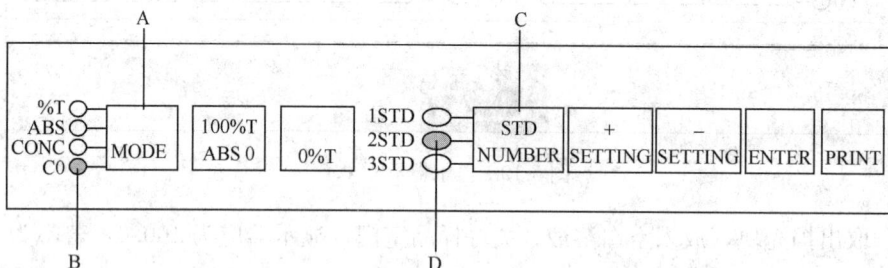

图 5-21　第二个标样拉入光路时的显示

② 浓度测量将空白液及被测样品放在样品室内。

按"方式选择"键（A）至透射比挡，%T 指示灯亮（B）。如图 5-22 所示。

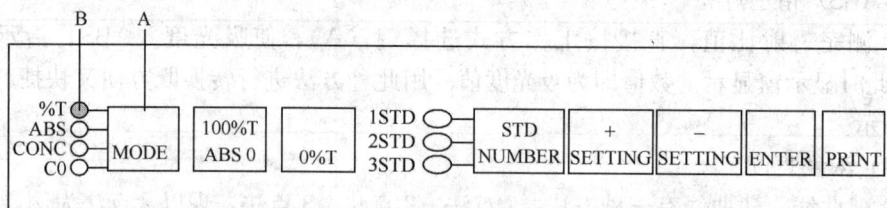

图 5-22　%T 指示灯亮（B）时的显示

在空白液时调"100%T"键及"0%T"键（方法同透射比测量）。

按"方式选择"键（A）选择浓度挡，CONC 指示灯亮（B）。如图 5-23 所示。

拉样品至光路中，显示器显示的数值应为样品在 2 点法曲线下的浓度值。

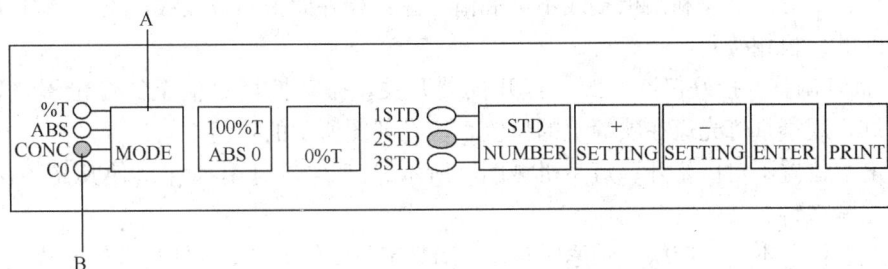

图 5-23 浓度档（CONC）指示灯亮（B）时的显示

注意：若要改为一点法建曲线，则在曲线挡（按"MODE"键使 C₀ 指示灯亮）把工作曲线选择设在第一点（按"STD NUMBER"键，使 1STD 指示灯亮），其余操作与二点法相似。选择一点法时，仪器将自动加入一个 0 点（即吸光度 0 时对应浓度 0）。

若要用三点法建曲线，应在 1STD 指示灯亮时输入第一个标准样品的浓度，在 2STD 指示灯亮时输入第二个标准样品的浓度，在 3STD 指示灯亮时输入第三个标准样品的浓度。

4. 仪器的安装与调整

1）安装

（1）连接仪器：将主机、打印机等附件间的扁平线缆接好（如果该仪器使用喷墨打印机打印数据，则必须先将仪器开启，再连接喷墨打印机数据电缆，再开启喷墨打印机，这样就可以正常打印了，否则会出现仪器无法显示的现象）。

（2）再分别将打印机、主机的电源线接到电源插座上。

（3）安装好仪器后，先检查样品池位置，使其处在光路中（拉动拉手应感觉到每挡的定位）。关好样品室门，打开仪器电源开关（若联用打印机，则应先开主机，后开打印机），方式选择指示灯应在透射比位置（％ T），工作曲线选择点应在第一点（1STD），显示器应显示为××.×，预热 15min，即可以进行测量。

2）调整

（1）光源调整在仪器断电情况下，打开仪器后面的光源室盖板，可见如图 5-24 所示的灯室机械图结构。在使用过程中，发现需要更换或调整光源时，请按以下方法操作：

① 氘灯更换。在仪器断电的情况下，拧下仪器外罩上的螺钉，取下仪器外罩。（注意：不要破坏仪器上的连线）。

用螺丝刀可松开光源室接线排上的三根氘灯连线的螺钉 1（3 个），记录下三根不同颜色连线所对应的接线排的插孔位置。

松开氘灯夹上的两个螺钉 2，把氘灯连线从接线排中拔出，向上取下氘灯。

拿出新氘灯，按原来的位置放好在灯夹中，并把氘灯连线按记录下的不同颜色连线所对应的接线插孔位置插入接线排上连好，拧紧螺钉 1 取酒精棉球擦拭氘灯的光窗表面，待酒精干后，即可调整灯的位置。

注意：氖灯的灯丝和阳极接线不可混淆（注：最外面为阳极接线，它与氖灯连线中颜色特殊的一根相接）。

② 氖灯调整。接好仪器电源，打开仪器开关，搬动换灯手柄至氖灯位置（UV），点燃氖灯，观察氖灯光斑在狭缝上的位置，应在如图所示的狭缝中间位置。

若上下位置不对应松开"灯室机械图"所示螺钉 2，上下移动氖灯使其光斑在狭缝中间后拧紧螺钉 2。

若左右位置不对，应松开锁紧螺母 9，调整定位螺钉 8，使氖灯光斑位于狭缝中间，然后拧紧螺母 9。

③ 钨灯更换：在仪器断电的情况下松开"灯室机械图"所示的螺钉 3（2 个）向上取下灯泡。取出备用钨灯，将灯泡向下插入灯座中，并拧紧螺钉 3。用酒精棉球擦干净灯表面。

安好仪器电源线，打开仪器开关，搬动换灯手柄至钨灯位置（VIS）观察钨灯光斑在狭缝中的位置。

若上下位置不对，应松开螺钉 4，调整调整板 5，使光斑照在狭缝中间后拧紧螺钉 4。

若左右位置不对，应松开锁紧螺母 7，调整定位螺钉 6，使光斑照在狭缝中间，然后拧紧螺母 7。

（2）波长平移的校正本仪器采用氖灯检查波长，以氖灯特征峰波长值 486.0nm 和 656.1nm 以及两者之差 170.1nm 为标准。

打开氖灯，并将换灯手柄打到氖灯位置（UV）。

将波长调到 486.0nm 附近，朝 486.0nm 方向单向缓慢调节波长旋钮，使数字显示窗显示为最大值，记下此时的波长数值 A。

将波长调到 656.1nm 附近，并朝 656.1nm 方向单向缓慢调节波长旋钮，使数字显示窗显示值为最大值，记下此时的波长数值 B。

若波长数值 A、B 为 486.0nm 和 656.1nm 则没有发生波长平移，若不是此值，则看两波长 A、B 值之差，若为 170.1nm±2nm，就属波长平移，此时可自行校正波长。若两者之差不为此值，属精度误差，则需与厂家联系。

5. 主要技术指标及规格

波长范围：190～1000nm（氖灯 190～350nm，钨灯 350～1000nm）

波长准确度：±2nm。

波长重复性：≤1nm。

透射比准确度：±0.5%τ。

透射相对密度复性：≤0.3%τ。

光谱带宽：2nm。

光度范围：0～110%τ，0～2A。

仪器稳定性： 光电流 0.5%τ/3min。

　　　　　　　暗电流 0.3%τ/3min。

光学系统：光栅分光。

仪器外形尺寸：（472×372×175）mm。

仪器净重：10kg。

电压使用范围：220V±22V，50Hz。

6. 仪器的使用环境

（1）避开阳光直射的场所和有较大气流流动的场所。

（2）请不要安放在有腐蚀性气体及灰尘多的场所。

（3）应避开有强烈振动和持续振动的场所。

（4）应远离发出磁场、电场和高频电磁波的电气装置。

（5）仪器应放在可载重的稳定水平台面上，仪器背部距墙壁至少15cm以上，以保持有效的通风散热。

（6）避开高温高湿环境。

（7）使用温度：室温5～40℃。

（8）使用湿度：室湿85%。

（9）电源为交流电压220V±22V，频率50Hz，主机输入功率为120W。

（10）仪器要求供电系统为三相四线制接零保护系统。

（11）为保证仪器正常，可靠地工作，有条件的用户可以使用净化稳压电源。

七、紫外-可见分光光度计的常见故障及处理方法

1. 无法调整 T0.0 值，显示数从 80～95 之间波动

故障分析：无法调整 T0.0 值，显示数从 80～95 之间波动，主要考虑 751GW 微电流放大器电路，该放大器一般采用的是第四代 CMOS 高阻运算放大器。5G7650 该放大器的第五脚通过 R1 电阻接 W1 电位器，其中 W1 电位器的作用就是用来校正 T0.0 值的，这样看来故障可能有三个方面：

（1）W1 电位器接触不良。

（2）5G7650 损坏或性能不稳。

（3）BG1、BG2 提供给 5G7650 的工作电压不对，致使 5G7650 不能工作。

故障排除：分别测定 BG1、BG2 的电压，如果为 5.95V 和 6.01V，说明工作电压正常，如果不是 5.95V 和 6.01V，应该将 W1 电位器用电子器件清洁剂进行清洁处理并测定其电阻，直到正常为止。对于第三种情况更换 5G7650 即可。

2. 开机后无任何显示

故障分析：该故障先从以下几个方面一步步分析，首先看输入电流是否正常，如果正常，应检查保险丝是否正常，如果上述情况均正常，应该检查主机电源板。751GW电源板主要采用 78、79 的集成稳压块构成。主电源板由两块 QL0.5-100A 桥式整流块、一块 7812、一块 7912、一块 7805、一块 7905 及 3G23F、3AD30 和若干电阻电容组成。其中 C1、C2、C3、C4、C5、C6、C8 均为滤波电容，以滤去脉动成分，其仪器主要工

作电源是正负 12V 电源和正负 5V 电源，根据故障现象应首先排查这 4 组电源的情况。

根据以上情况应先检查 7805、7905 的输入和输出有无电压，7805 输出端应为 11V 左右，输出为 5.1V 左右，7905 输入端为 0.7V 左右，输出为零，7905 的输出电压是由前级 7912 提供的，因此再测 7912 的输入端电压为 29V 左右。因此认定 7912 三端集成稳压块已损坏，换上同型号的该三端集成块后，仪器正常工作。

3. 数码显示始终不稳定，零点无法调整

故障分析：根据电路和现象可能引起该故障有以下三个方面：

（1）高阻放大器受潮。

（2）光电管受潮。

（3）光电管老化。

故障排除：高阻放大器受潮的情况下，可用乙醚和无水乙醇擦洗并用电吹风远距离吹干，如果光电管受潮，可用同样方法解决。在进行完上述方法后还应将机内的吸潮剂换掉。做完上述工作后，如果机器仍不能正常运转，只能更换同型号的光电管，这样故障才能彻底排除。

第二节　色　谱　法

一、色谱法概述

色谱法是一种分离分析方法，它是利用各物质在两相中具有不同的分配系数，当两相做相对运动时，这些物质在两相中进行多次反复的分配来达到分离的目的。如：将混合样品依次注入色谱柱后，各组分就随流动相进入色谱柱。由于样品分子与两相分子间的相互作用，它们既可进入固定相，也可返回流动相，与固定相分子作用力越大的组分，越易进入固定相，向前移动的速度越慢；与固定相分子作用力越小的组分，越易进入流动相，向前移动的速度越快。经过一定的柱长后，由于反复多次的分配，与固定相作用力小的组分，在柱内滞留的时间短，首先从色谱柱中流出；与固定相作用力大的组分，在柱内滞留的时间长后流出，从而使样品内各组分得以分离。固定在柱内的填充物称为固定相。沿固定相流动的流体称为流动相。装有固定相的管子称为色谱柱。

（一）色谱法的优点和缺点

1. 优点

（1）高选择性。通过选择合适的分离模式和检测方法，可以只分离或检测感兴趣的部分物质。

（2）高效能。可以反复多次利用组分性质的差异产生很好的分离效果。

（3）高灵敏度。随着信号处理和检测器制作技术的进步，不经过预浓缩可以直接检测 10^{-9} g 级的微量物质。如采用预浓缩技术，检测下限可以达到 10^{-12} g 数量级。

（4）分析速度快。几到几十分钟就可以完成一次复杂样品的分离和分析。

（5）多组分同时分析。在很短的时间内（20min 左右），可以实现几十种成分的同时分离与定量。

（6）易于自动化。现在的色谱仪器已经可以实现从进样到数据处理的全自动。

2. 缺点

定性能力较差。为克服这一缺点，已经发展起来了色谱法与其他多种具有定性能力的分析技术的联用。

（二）色谱法分类

色谱法有许多种类，通常按以下几种方式分类。

1. 按两相物理状态分类

（1）气相色谱法（gas chromatography，GC）用气体作流动相的色谱法，其又分为气-固色谱法 GSC（固定相为固体吸附剂）、气-液色谱法 GLC（固定相为涂在固体或毛细管壁上的液体）。

（2）液相色谱法（liquid chromatography，LC）用液体作流动相的色谱法，其又分为液-固色谱法 LSC（固定相为固体吸附剂），液-液色谱法 LLC（固定相为涂在固体载体上的液体）。

（3）超临界流体色谱法（SFC）。用超临界状态的流体作流动相的色谱法。

超临界状态的流体不是一般的气体或流体，而是临界压力和临界温度以上高度压缩的气体，其密度比一般气体大得多而与液体相似，故又称为"高密度气相色谱法"。

2. 按分离原理分类

（1）吸附色谱法（adsorption chromatography）。根据吸附剂表面对不同组分物理吸附能力的强弱差异进行分离的方法。如气-固色谱法、液-固色谱法——吸附色谱。

（2）分配色谱法（partition chromatography）。根据不同组分在固定相中的溶解能力和在两相间分配系数的差异进行分离的方法。如气-液色谱法、液-液色谱法——分配色谱。

（3）离子交换色谱法（ion exchange chromatography）。根据不同组分离子对固定相亲和力的差异进行分离的方法。

（4）排阻色谱法（size exclusion chromatography）。又称凝胶色谱法（gel chromatography），根据不同组分的分子体积大小的差异进行分离的方法。其中以水溶液作流动相的称为凝胶过滤色谱法；以有机溶剂作流动相的称为凝胶渗透色谱法。

（5）亲合色谱法（affinity chromatography）。利用不同组分与固定相共价键合的高专属反应进行分离的方法。

3. 按固定相的形式分类

（1）柱色谱法（column chromatography）。固定相装在柱中，试样沿着一个方向移动而进行分离。填充柱色谱法：固定相填充满玻璃管和金属管中。开管柱色谱法：固定相固定在细管内壁（毛细管柱色谱法）。

（2）平板色谱法（planer chromatography）。固定相呈平面状的色谱法。包括纸色谱法：以吸附水分的滤纸作固定相；薄层色谱法：以涂敷在玻璃板上的吸附剂作固定相。

（三）色谱分析常用的基本术语

1. 色谱流出曲线

在色谱法中，当样品加入后，样品中各组分随着流动相不断向前移动而在两相间反复进行溶解、挥发、吸附、解析过程。如果各组分在固定相中的分配系数（表示溶解或吸附的能力）不同，它们就有可能达到分离。分配系数大的组分，滞留在固定相中的时间长，在柱内移动的速度慢，后流出柱子，分配系数小的组分则相反。分离后的各组分的浓度经检测器转换成电信号而记录下来，得到一条信号随时间变化的曲线，称为色谱流出曲线，也称为色谱峰，如图 5-24 所示，理想的色谱流出曲线应该是正态分布曲线。

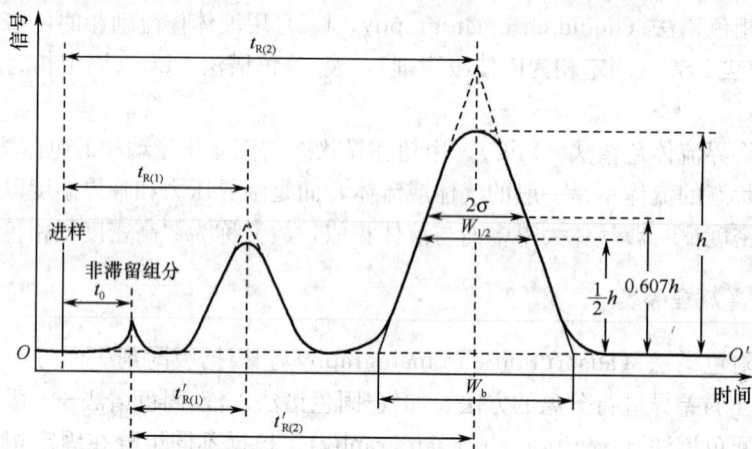

图 5-24　典型色谱流出曲线

2. 色谱图

色谱图以组分的浓度变化为纵坐标，流出时间为横坐标所得的曲线，这种曲线称为色谱流出曲线。现以组分的流出曲线图来说明有关的色谱术语。

3. 基线

当色谱柱中没有组分进入检测器时，在实验操作条件下，反映检测器系统噪声随时间变化的线称为基线。稳定的基线是一条平行于横轴的直线，如图 5-24 中 OO' 连线。

4. 色谱峰

色谱柱流出物通过检测器时所产生的响应信号的变化曲线，其突起的部分是色谱峰。

5. 峰底

峰底又称峰基线，是指色谱峰下面对应的基线部分。

6. 峰高（h）

峰高是指从峰顶顶点到峰底的垂直距离。

7. 峰底宽度（W_b）

峰底宽度是指经色谱峰两侧的拐点分别做峰的切线与峰底相交后交点间的距离。

8. 半峰宽度（$W_{1/2}$）

半峰宽度是指峰高一半处峰的宽度。

9. 噪声

噪声是指仪器本身所固有的，以噪声带表示（仪器越好，噪声越小）。

10. 漂移

漂移是指基线向某个方向稳定移动（仪器未稳定造成）。

11. 保留值

表示试样中各组分在色谱柱中停留时间的数值。通常用时间或将组分带出色谱柱所需载气的体积来表示。在一定的固定相和操作条件下，任何一种物质都有一确定的保留值，这样就可做定性参数。

（1）保留时间。组分从进样开始到色谱峰顶所对应的时间。

① 死时间（t_0）。指不被固定相吸附或溶解的气体从进样开始到柱后出现浓度最大值时所需的时间。

② 保留时间（t_{R1}、t_{R2}）。指被测组分从进样开始到柱后出现浓度最大值时所需的时间。

③ 调整保留时间（t'_{R1}、t'_{R2}）。指扣除死时间后的保留时间。即

$$t'_R = t_R - t_0 \tag{5-11}$$

此参数可理解为某组分由于溶解或吸附于固定相，比不溶解或不被吸附的组分在色谱柱中多停留的时间。

保留值是色谱法定性的基本依据。但同一组分的保留时间常受到流动相流速的影响，因此，可采用保留体积进行定性鉴定。

（2）保留体积。将上述各保留时间分别乘以载气的流速 F_0，便得到用体积表示的保留值。

① 死体积 $\qquad\qquad V_0 = t_0 \cdot F_0 \tag{5-12}$

② 保留体积　　　　　　　　$V_R = t_R \cdot F_0$　　　　　　　　　　（5-13）

③ 调整保留体积　　　　　$V'_R = t'_R \cdot F_0$　或　$V'_R = V_R - V_0$　　　（5-14）

（3）相对保留值（γ_{21}）。是指某组分 2 的调整保留值与另一某组分 1 的调整保留值之比。

$$\gamma_{21} = \frac{t'_{R(2)}}{t'_{R(1)}} = \frac{V'_{R(2)}}{V'_{R(1)}} \tag{5-15}$$

相对保留值的优点是只要柱温、固定相性质不变，即使柱径、柱长、填充情况及流动相流速有所变化，γ_{21} 值仍保持不变，因此它是色谱定性分析的重要参数。

12. 区域宽度

色谱峰区域宽度是色谱流出曲线中一个重要参数，用于衡量柱效率及反映色谱操作条件的动力学因素。从色谱分离角度着眼，希望区域宽度越窄越好。度量色谱峰区域宽度有三种形式，除前述半峰宽度（$W_{1/2}$）、峰底宽度（W）外，还有标准偏差 σ，即 0.607 倍峰高处色谱峰宽度的一半。

13. 半峰宽度、峰底宽度与标准偏差的关系为

$$W_{1/2} = 2.35\sigma \tag{5-16}$$

$$W = 4\sigma \tag{5-17}$$

三种方法中半峰宽度由于易于测量，使用方便，所以常用它表示区域宽度。

（四）色谱流出曲线的意义

气相色谱的流出曲线图可提供很多重要的定性和定量信息，如下所述：

（1）根据色谱峰的个数，可以判断样品中所含组分的最少个数。

（2）根据色谱峰的保留值，可以进行定性分析。

（3）根据色谱峰的面积或峰高，可以进行定量分析。

（4）色谱峰的保留值及其区域宽度，是评价色谱柱分离效能的依据。

（5）色谱峰两峰间的距离，是评价固定相（或流动相）选择是否合适的依据。

二、气相色谱法

气相色谱法是一种以气体为流动相的柱色谱分离方法，它的原理简单，操作方便，具有色谱法的特点，在仪器允许的条件下，对能够气化且热稳定、不具腐蚀性的液体或气体，都可用气相色谱法分析，对因沸点高难以气化或热不稳定的化合物，则可以通过化学衍生物的方法，使其转变成易气化或热稳定的物质后再进行分析。

（一）气相色谱法的分类

根据所用的固定相不同可分为：气-固色谱、气-液色谱。

按色谱分离的原理可分为：吸附色谱和分配色谱。

根据所用的色谱柱内径不同又可分为：填充柱色谱和毛细管柱色谱。

（二）气相色谱法的特点

它具有分离效能高、灵敏度高、选择性好、分析速度快、用样量少等特点，还可制备高纯物质。

在仪器允许的气化条件下，凡是能够气化且稳定、不具腐蚀性的液体或气体，都可用气相色谱法分析。有的化合物沸点过高难以气化或热不稳定而分解，则可通过化学衍生化的方法，使其转变成易气化或热稳定的物质后再进行分析。

（1）高效能、高选择性。可以分离性质相似的多组分混合物、同系物、同分异构体等；分离制备高纯物质，纯度可达 99.99%。

（2）灵敏度高。可检出 $10^{-13} \sim 10^{-11}$ g 的物质。

（3）分析速度快。几分钟到几十分钟。

（4）应用范围广。低沸点、易挥发的有机物和无机物（主要是气体）。

局限性：不适于高沸点、难挥发、热稳定性差的高分子化合物和生物大分子化合物分析。

（三）分离原理

气相色谱法是利用被分离分析的物质在色谱柱中的气相（载气）和固定相之间的分配系数的微小差别，在两相做相对运动时，物质在两相间做反复多次（$10^3 \sim 10^6$）的分配，使得原来的微小差别变大，从而使各组分达到分离的目的。

（四）气相色谱仪结构

气相色谱仪的种类和型号较多，但它们都是由气路系统、进样系统、色谱柱温度控制系统、检测器和信号记录系统等部分组成，如图 5-25 所示。

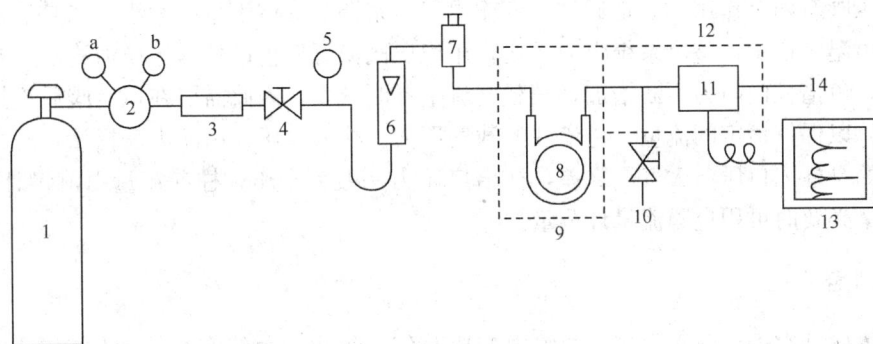

图 5-25　气相色谱仪示意图

1. 载气瓶；2. 压力调节器（a. 瓶压 b. 输出压力）；3. 净化器；4. 稳压阀；5. 柱前压力表；6. 转子流量计；7. 进样器；8. 色谱柱；9. 色谱柱恒温箱；10. 馏分收集口；11. 检测器；12. 检测器恒温箱；13. 记录器；14. 尾气出口

1. 气路系统

气路系统是载气连续运行的密闭系统。常用的有单柱单气路和双柱双气路。单柱单气路应用于恒温分析，双柱双气路应用于程序升温分析，补偿由于固定液流失和载气流量不稳定等因素引起的检测器噪声和基线漂移。气路的气密性、载气流量的稳定性和测量流量的准确性对气相色谱的测定结果起着重要作用。

1）载气

在气相色谱中，把流动相气体称为载气。载气以一定流速携带气体样品或经气化后的样品一起进入色谱柱。载气在进入色谱柱以前必需经过净化处理。含有微量的水分会影响仪器的稳定性和检测灵敏度。

气相色谱常用的载气为氢气，氦气和氮气。载气应该具有以下特点：

（1）不活泼性，以免与样品或溶剂（固定液）相互作用。

（2）扩散速度小。

（3）纯度高。

（4）价廉、易购得

（5）与所使用的检测器是相适应的。

载气的选择主要由检测器性质及分离要求所决定，TCD 多用氦气或氢气，FID 多用氢气、氦气或氮气。辅助气为空气，空气可以用空压机或高压空气钢瓶，作载气的氢气可以用氢气发生器，也可以用氢气钢瓶，在使用高压瓶时要通过减压阀把 10MPa 以上的压力减到 0.5MPa 以下。

2）净化器

常用的净化剂有分子筛、硅胶、活性炭。

3）载气流量由稳压阀调节控制

稳压阀有两个作用，一是通过改变输出气压来调节气体流量的大小，二是稳定输出气压，恒温色谱中，整个系统阻力不变，用稳压阀便可使色谱柱入口压力稳定。在程序升温中，色谱柱内阻力不断增加，其载气流量不断减少，因此需要在稳压阀后连接一个稳流阀，以保持恒定的流量。色谱柱的载气压力（柱入口压）由压力表指示，压力表读数反映的是柱入口压与大气压之差，柱出口压力一般为常压，柱前流量由流量计指示，柱后流量必要时可用皂膜流量计测量。

2. 进样系统

液体样品在进柱前必须在气化室内变成蒸气，气化室由绕有加热丝的金属块制成，温控范围在 $50\sim500℃$。对气化室要求热容量大，使样品能够瞬间气化，并要求死体积小。对易受金属表面影响而发生催化、分解或异构化现象的样品，可在气化室通道内置一玻璃插管，避免样品直接与金属接触。液体样品一般进样 $0.5\sim5\mu L$，气体样品为 $0.1\sim10mL$。

3. 色谱柱

色谱柱是整个色谱系统的心脏，它的质量优劣直接影响分离效果，安装在温控的柱恒温箱内，色谱柱有填充柱（亦称毛细管柱）和开管柱两大类。填充柱用不锈钢或玻璃等材料制成。开管柱用石英制成。

4. 温度控制系统

温度控制系统用于设置、控制和测量气化室、柱温和检测室等处的温度。

气化室温度应使试样瞬间气化但又不分解，通常选在试样的沸点或稍高于沸点。对热不稳定性样品，可采用高灵敏度检测器，则大大减少进样量，使气化温度降低。

检测室温度的波动影响检测器的灵敏度或稳定性，为保证柱后流出组分不致于冷凝在检测器上，检测室温度必须比柱温高数十度，检测室的温度控制精度要求在 ± 0.1℃以内。

柱室温度的变动会引起柱温的变化，从而影响柱的选择性和柱效，因此柱室的温度控制要求精确。温控方法根据需要可以恒温，也可以程序升温。

5. 记录系统

记录系统主要的部件是记录仪，能自动记录由检测器输出的电信号的装置。是一种电子电位差计。

气相色谱仪流程如图 5-26 所示。

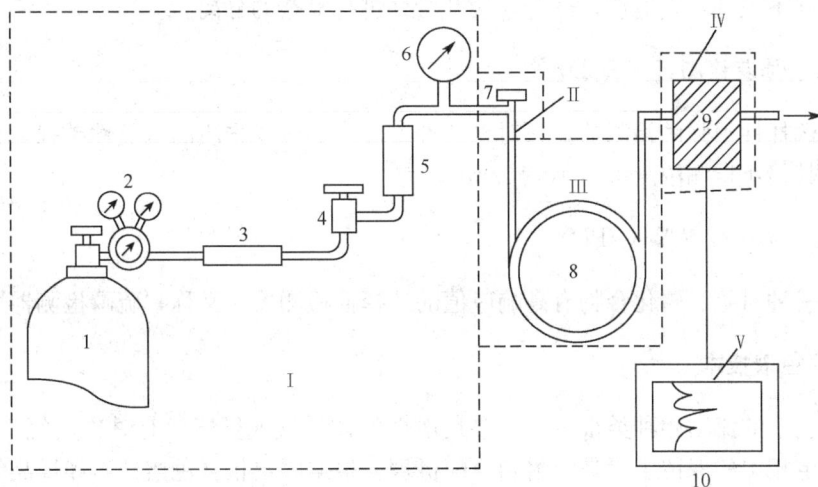

图 5-26　气相色谱仪流程图

载气由高压气瓶 1 供给，经减压阀 2 降压后，进入净化干燥器 3 净化，除去载气中的水分，针形阀 4 控制载气的压力和流量，由流量计 5 和压力表 6 指示，再经过进样器（包括气化室）7，试样在进样器注入（如为液体试样，经气化室瞬间气化为气体）。由不断流动的载气携带试样进入色谱柱 8 进行分离，分离后的各组分依次进入检测器 9 后排空。检测器按各个组分的浓度或质量变化所产生相应的电信号经放大后由记录仪 10 记录为按时间顺序排列的峰形色谱图，如图 5-24 所示，图中编号的 2 个峰代表混合物中 2 种组分。根据色谱图，可得到各组分的定性和定量分析结果。

（五）气相色谱检测器

气相色谱检测器常用的是热导检测器、火焰离子检测器、电子捕获检测器、火焰光度检测器。气相色谱检测器一般可分为通用性检测器和选择性检测器。通用性检测器如热导和火焰离子检测器，对绝大多数物质都有响应；选择性检测器如电子捕获和火焰光度检测器，只对某些物质有响应，对其他物质无响应或响应很少。根据检测原理，又可将检测器分成浓度型和质量型。热导和电子捕获检测器属浓度型，其响应与进入检测器的浓度变化成比例；火焰离子化及火焰光度检测器属质量型，其响应与单位时间内进入检测器的物质量成比例。

1. 热导检测器（TCD）

它是最普遍使用的检测器，结构简单，稳定性好，对有机物或无机物都有响应，适用范围广，但灵敏度较低，一般用于常量或 10^{-6} 数量级分析。

2. 氢火焰检测器（FID）

它是一种灵敏度很高的检测器，几乎对所有的有机物都有响应，而对无机物、惰性气体或火焰中不解离的物质等无响应或响应很小。它的灵敏度比热导检测器高 $10^2 \sim 10^4$ 倍，对温度不敏感，响应快，适合连接开管柱进行复杂的分离。

3. 电子捕获检测器（ECD）

它是选择性很强的检测器，只对电负性物质有响应，物质的电负性越强，检测灵敏度越高，其最小检测浓度可达 10^{-4} g/mL。

4. 火焰光度检测器（FPD）

它是一种对硫、磷化合物有高响应值的选择性检测器，又称"硫磷检测器"。

（六）气相色谱技术

气相色谱的流动相种类很少，主要是惰性气体氮气或氦气，有时也用氩气或氢气。样品在固定相中的保留主要是吸附和分配机理。根据固定相（色谱柱）和样品气化方式的不同，气相色谱主要有以下几种分析技术。

1. 填充柱气相色谱

填充柱气相色谱的柱管通常为长 1~3m、内径 2~3mm 的不锈钢管，为节省柱温箱空间而将柱管弯成环状。在管内壁涂渍液体物质（气-液色谱）或在管内填充固体吸附剂（气-固色谱）。

1) 气-液色谱

原理：各溶质在气相（流动相）和液相（固定相）间分配系数不同达到分离。

固定相：涂渍在惰性多孔固体基质（载体或担体）上的液体物质，常称固定液。使用过的气-液色谱固定液上千种，常用的固定液有聚二甲基硅氧烷、聚乙二醇、含 5% 或 20% 苯基的聚甲基硅氧烷、含氰基和苯基的聚甲基硅氧烷、50% 三氟丙基聚硅氧烷，另外，用于分离手性异构体的手性固定相则主要有手性氨基酸的衍生物、手性金属配合物和环糊精衍生物。

常用的基质：无机载体（如硅藻土、玻璃粉末或微球、金属粉末或微球、金属化合物）和有机载体（如聚四氟乙烯、聚乙烯、聚乙烯丙烯酸酯）。

2) 气-固色谱

气-固色谱的固定相是固体吸附剂，分离是基于样品分子在固定相表面的吸附能力的差异而实现的。常用的固体吸附剂有碳质吸附剂（活性炭、石墨化炭黑、碳分子筛）、氧化铝、硅胶、无机分子筛和高分子小球。

气-固色谱不如气-液色谱应用广泛，主要用于永久气体和低沸点烃类的分析，在石油化工领域应用很普遍。

2. 毛细管气相色谱

（1）毛细管柱。毛细管柱是用熔融二氧化硅拉制的空心管，也叫弹性石英毛细管。柱内径通常为 0.1～0.5mm，柱长 30～50m，绕成直径 20cm 左右的环状。用这样的毛细管作分离柱的气相色谱称为毛细管气相色谱或开管柱气相色谱，其分离效率比填充柱要高得多。

（2）填充毛细管柱。填充毛细管柱是在毛细管中填充固定相而成，也可先在较粗的厚壁玻璃管中装入松散的载体或吸附剂，然后拉制成毛细管。如果装入的是载体，使用前在载体上涂渍固定液成为填充毛细管柱气-液色谱。如果装入的是吸附剂，就是填充毛细管柱气-固色谱。这种毛细管柱近年已不多用。

（3）开管型毛细管柱。

壁涂毛细管柱：在内径为 0.1～0.3mm 的中空石英毛细管的内壁涂渍固定液。这是目前使用最多的毛细管柱。

载体涂层毛细管柱：先在毛细管内壁附着一层硅藻土载体，然后再在载体上涂渍固定液。

小内径毛细管柱：内径<0.1mm 的毛细管柱，主要用于快速分析。

大内径毛细管柱：内径在 0.3～0.5mm 的毛细管，往往在其内壁涂渍 5～8μm 的厚液膜。

（4）毛细管柱气相色谱分析体系。现在的气相色谱仪大都既可做填充柱气相色谱，又可做毛细管柱气相色谱。但在仪器设计上考虑了毛细管气相色谱的特殊要求。

① 进样系统。毛细管气相色谱的发展主要取决于毛细管柱的制作和进样系统。现在多采用分流进样技术。一般气相色谱的气化室体积为 0.5～2mL，而毛细管色谱分离的载气流量只有 0.5～2mL/min，载气将样品全部冲洗到色谱柱中需要 0.25～4min，

这样会导致严重的峰展宽，影响分离效果。而且毛细管柱的柱容量低，通常只能进样几个 μL 的样品，用微量注射器无法准确进样，分流进样器就是为毛细细管气相色谱进样而专门设计的。

② 色谱柱连接。为了减小色谱系统的死体积，毛细管柱和进样器的连接应将色谱柱伸直，插入分流器的分流点。色谱柱出口直接插入检测器内。

③ 尾吹。由于毛细管柱载气流速低，进入检测器后发生突然减速，会引起色谱峰展宽，为此，在色谱柱出口加一个辅助尾吹气，以加速样品通过检测器。当检测池体积较大时，尾吹更是必要的。

④ 检测器。各种气相色谱检测器都可使用，不过最常用的为灵敏度高、响应速度和死体积小的氢火焰离子化检测器。也可和各种微型化的气相色谱检测器匹配。

3. 程序升温气相色谱（programmed temperature gas chromatography）

现代气相色谱仪都装有程序升温控制系统，是解决复杂样品分离的重要技术。恒温气相色谱的柱温通常恒定在各组分的平均沸点附近。如果一个混合样品中各组分的沸点相差很大，采用恒温气相色谱就会出现低沸点组分出峰太快，相互重叠，而高沸点组分则出峰太晚，使峰形展宽和分析时间过长。程序升温气相色谱就是在分离过程中逐渐增加柱温，使所有组分都能在各自的最佳温度下洗脱。几种不同的程序升温方式：

程序升温方式可根据样品组分的沸点采用线性升温或非线性升温，图 5-27 是几种不同的程序升温方式。

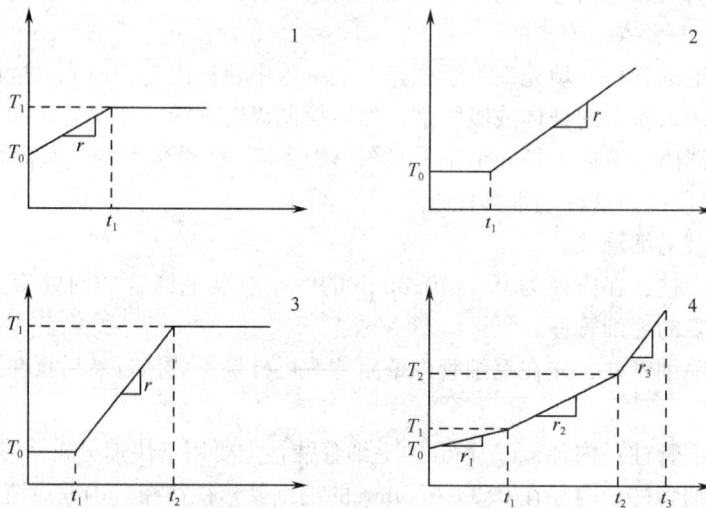

图 5-27　不同程序升温方式（温度-时间变化曲线）

T. 柱温；T_0. 起始柱温；t. 时间；r. 升温速率（℃/min）

(七) 气相色谱定性定量分析

1. 定性分析

气相色谱的优点是能对多种组分的混合物进行分离分析，（这是光谱法、质谱法所不能进行的）。但由于能用于色谱分析的物质很多，不同组分在同一固定相上色谱峰出现时间可能相同，仅凭色谱峰对未知物定性有一定困难。对于一个未知样品，首先要了解它的来源、性质、分析目的；在此基础上，对样品可有初步估计；再结合已知纯物质或有关的色谱定性参考数据，用一定的方法进行定性鉴定。

1) 利用保留值定性

(1) 已知物对照法。各种组分在给定的色谱柱上都有确定的保留值，可以作为定性指标。即通过比较已知纯物质和未知组分的保留值定性。如待测组分的保留值与在相同色谱条件下测得的已知纯物质的保留值相同，则可以初步认为它们是属同一种物质。由于两种组分在同一色谱柱上可能有相同的保留值，只用一根色谱柱定性，结果不可靠。可采用另一根极性不同的色谱柱进行定性，比较未知组分和已知纯物质在两根色谱柱上的保留值，如果都具有相同的保留值，即可认为未知组分与已知纯物质为同一种物质。

利用纯物质对照定性，首先要对试样的组分有初步了解，预先准备用于对照的已知纯物质（标准对照品）。该方法简便，是气相色谱定性中最常用的定性方法。

(2) 相对保留值法。对于一些组成比较简单的已知范围的混合物或无已知物时，可选定一基准物按文献报道的色谱条件进行实验，计算两组分的相对保留值：

$$r_{is} = \frac{t'_{R_i}}{t'_{R_s}} = \frac{K_i}{K_s} \tag{5-18}$$

式中　t'_{R_i}——未知组分的调整保留时间；

　　　t'_{R_s}——基准物的调整保留时间；

　　　i——未知组分；

　　　s——基准物。

并与文献值比较，若二者相同，则可认为是同一物质。（r_{is} 仅随固定液及柱温变化而变化）

可选用易于得到的纯品，而且与被分析组分的保留值相近的物质作基准物。

2) 保留指数法

保留指数法又称为 Kovats 指数，与其他保留数据相比，是一种重现性较好的定性参数。

保留指数是将正构烷烃作为标准物，把一个组分的保留行为换算成相当于含有几个碳的正构烷烃的保留行为来描述，这个相对指数称为保留指数，定义式为

$$I_X = 100\left(z + n\frac{\lg t'_{R(X)} - \lg t'_{R(z)}}{\lg t'_{R(z+n)} - \lg t'_{R(z)}}\right) \tag{5-19}$$

式中　t'_R——调整保留时间；

　　　I_X——待测组分的保留指数；

z 与 $z+n$——正构烷烃对的碳数。规定正己烷、正庚烷及正辛烷等的保留指数为 600、700、800，其他类推。

在有关文献给定的操作条件下，将选定的标准和待测组分混合后进行色谱实验（要求被测组分的保留值在两个相邻的正构烷烃的保留值之间）。由上式计算则待测组分 X 的保留指数 I_X，再与文献值对照，即可定性。

3）联用技术

气相色谱对多组分复杂混合物的分离效率很高，但定性却很困难。而质谱、红外光谱和核磁共振等是鉴别未知物的有力工具，但要求所分析的试样组分很纯。因此，将气相色谱与质谱、红外光谱、核磁共振谱联用，复杂的混合物先经气相色谱分离成单一组分后，再利用质谱仪、红外光谱仪或核磁共振谱仪进行定性。未知物经色谱分离后，质谱可以很快地给出未知组分的相对分子质量和电离碎片，提供是否含有某些元素或基团的信息。红外光谱也可很快得到未知组分所含各类基团的信息。对结构鉴定提供可靠的论据。近年来，随着电子计算机技术的应用，大大促进了气相色谱法与其他方法联用技术的发展。

2. 定量分析

在一定的色谱操作条件下，流入检测器的待测组分 i 的含量 m_i（质量或浓度）与检测器的响应信号（峰面积 A 或峰高 h）成正比：

$$m_i = f_i A_i \quad 或 \quad m_i = f_i h_i$$

式中　f_i——定量校正因子。要准确进行定量分析，必须准确地测量响应信号，确求出定量校正因子 f_i。

此两式是色谱定量分析的理论依据。

1）峰面积的测量

（1）峰高乘半峰宽法：对于对称色谱峰，可用下式计算峰面积：

$$A = 1.065 \times h \times W_{h/2} \tag{5-20}$$

在相对计算时，系数 1.06 可约去。

（2）峰高乘平均峰宽法：

$$A = h \times \frac{1}{2} \times (W_{0.15} + W_{0.85}) \tag{5-21}$$

对于不对称峰的测量，在峰高 0.15 和 0.85 处分别测出峰宽，由下式计算峰面积：此法测量时比较麻烦，但计算结果较准确。

（3）自动积分法。具有微处理机（工作站、数据站等），能自动测量色谱峰面积，对不同形状的色谱峰可以采用相应的计算程序自动计算，得出准确的结果，并由打印机打出保留时间和 A 或 h 等数据。

2）定量校正因子

由于同一检测器对不同物质的响应值不同，所以当相同质量的不同物质通过检测器时，产生的峰面积（或峰高）不一定相等。为使峰面积能够准确地反映待测组分的含量，就必须先用已知量的待测组分测定在所用色谱条件下的峰面积，以计算定量校正因子。

$$f_i' = \frac{m_i}{A_i} \tag{5-22}$$

式中　f_i——绝对校正因子，即是单位峰面积所相当的物质量。它与检测器性能、组分和流动相性质及操作条件有关，不易准确测量。在定量分析中常用相对校正因子，即某一组分与标准物质的绝对校正因子之比，即

$$f' = \frac{f_i'}{f_s'} = \frac{m_i}{m_s} \cdot \frac{A_s}{A_i} \tag{5-23}$$

式中　A_i、A_s——组分和标准物质的峰面积；

　　　m_i、m_s——组分和标准物质的量。m_i、m_s 可以用质量或摩尔质量为单位，其所得的相对校正因子分别称为相对质量校正因子和相对摩尔校正因子；用 f_m 和 f_M 表示。使用时常将"相对"二字省去。

　　校正因子一般都由实验者自己测定。准确称取组分和标准物，配制成溶液，取一定体积注入色谱柱，经分离后，测得各组分的峰面积，再由上式计算 f_m 或 f_M。

　　3）定量方法

　　（1）归一化法：如果试样中所有组分均能流出色谱柱，并在检测器上都有响应信号，都能出现色谱峰，可用此法计算各待测组分的含量。其计算公式为

$$\omega_i = \frac{m_i}{m_1 + m_2 + \cdots + m_n} \times 100\% = \frac{A_i f_i}{A_1 f_1 + A_2 f_2 + \cdots + A_n f_n} \times 100\% \tag{5-24}$$

归一化法简便，准确，进样量多少不影响定量的准确性，操作条件的变动对结果的影响也较小，尤其适用多组分的同时测定。但若试样中有的组分不能出峰，则不能采用此法。

　　（2）内标法：内标法是在试样中加入一定量的纯物质作为内标物来测定组分的含量。内标物应选用试样中不存在的纯物质，其色谱峰应位于待测组分色谱峰附近或几个待测组分色谱峰的中间，并与待测组分完全分离，内标物的加入量也应接近试样中待测组分的含量。具体做法是准确称取 m（g）试样，加入 m_s（g）内标物，根据试样和内标物的质量比及相应的峰面积之比，由下式计算待测组分的含量：

$$\frac{m_i}{m_s} = \frac{f_i A_i}{f_s A_s} \tag{5-25}$$

$$\omega_i = \frac{m_i}{m} = \frac{f_i A_i}{f_s A_s} \cdot \frac{m_s}{m} = \frac{f_i A_i}{A_s} \cdot \frac{m_s}{m} \tag{5-26}$$

　　由于内标法中以内标物为基准，则 $f_s = 1$。

　　内标法的优点是定量准确。因为该法是用待测组分和内标物的峰面积的相对值进行计算，所以不要求严格控制进样量和操作条件，试样中含有不出峰的组分时也能使用，但每次分析都要准确称取或量取试样和内标物的量，比较费时。

　　为了减少称量和测定校正因子可采用内标标准曲线法——简化内标法。

　　在一定实验条件下，待测组分的含量 m_i 与 A_i/A_s 成正比例。先用待测组分的纯品配置一系列已知浓度的标准溶液，加入相同量的内标物；再将同样量的内标物加入到同体积的待测样品溶液中，分别进样，测出 A_i/A_s，作 A_i/A_s-m 或 A_i/A_s-c 图，由 A_i

（样）/A_s 即可从标准曲线上查得待测组分的含量。

（3）外标法：取待测试样的纯物质配成一系列不同浓度的标准溶液，分别取一定体积，进样分析。从色谱图上测出峰面积（或峰高），以峰面积（或峰高）对含量做图即为标准曲线。然后在相同的色谱操作条件，分析待测试样，从色谱图上测出试样的峰面积（或峰高），由上述标准曲线查出待测组分的含量。

外标法是最常用的定量方法。其优点是操作简便，不需要测定校正因子，计算简单。结果的准确性主要取决于进样的重视性和色谱操作条件的稳定性。

3. 应用实例：奶粉中碘的测定

1）原理

把样品中的碘衍生成容易气化的衍生物后，经气相色谱分离。

2）仪器和试剂

（1）分液漏斗：100mL。

（2）容量瓶：50mL。

（3）气相色谱仪：电子捕获检测器。

（4）色谱柱：2m，3％OV-101 100～200 目，长 2m 的不锈钢柱，或同等性能的柱子。

（5）高峰氏淀粉酶。

（6）碘化钾：光谱纯。

（7）亚铁氢化钾：（109g/L）。称取 109g 亚铁氢化钾，用蒸馏水定容于 1000mL 容量瓶。

（8）乙酸锌：（219g/L）称取 219g 乙酸锌，用蒸馏水定容于 1000mL 容量瓶。

（9）浓硫酸。

（10）甲乙酮：色谱纯。

（11）双氧水：体积分数为 3.5％。

（12）正乙烷：色谱纯。

（13）无水硫酸钠。

（14）标准溶液。

① 碘化钾标准贮备液：浓度为 1mg/mL。

② 准确称取 131mg 碘化钾，用蒸馏水溶解并定容至 100mL，冷藏保存。

③ 标准中间液：

取 10mL 标准贮备液，定容至 100mL，其浓度为 100μg/mL；再取 10mL 前述标准中间液，定容至 100mL，其浓度为 10μg/mL。

碘化钾标准工作液：浓度为 2μg/mL。

取浓度为 10μg/mL 的标准中间液 10mL，定容至 50mL。

3）操作方法

（1）样品处理。

① 含淀粉的样品。准确称取样品 5g 于三角瓶中，放入 50mL 容量瓶中，加入 0.5g

高峰氏淀粉酶，再加入 30mL45～50℃的蒸馏水，混合均匀后，用氮气排除瓶中空气，盖上瓶盖，置 45℃烘箱内 30min。

② 不含淀粉的样品。准确称取 5g 于烧杯中，用 30mL65℃的热水溶解，转入 50mL 容量瓶。

③ 测定液的制备。于上述处理过的样品溶液中加入 5mL 亚铁氢化钾和 5mL 乙酸锌，并定容至刻度线，充分振摇后静止 10min 过滤，吸取 10mL 滤液于 100mL 分液漏斗中，加 10mL 水。加入 0.7mL 浓硫酸、0.5mL 甲乙酮、2mL 体积分数为 3.5％的双氧水，充分混匀后，静止 20min。加入 20mL 正己烷萃取，静止分层后，将水相移入另一分液漏斗，再次萃取。合并有机相，加水 20mL，水洗后静止分层，放去水相。用无水硫酸钠干燥有机相后移入 50mL 容量瓶中并定容，此即为待测液。

标准工作液也按上述步骤制备。

（2）样品测定。

① 测定条件。柱温：100℃；进样口温度：150℃；检测器 ECD 温度：200℃；进样体积：2.0μL；灵敏度：10^{-10}；衰减：s；氮气流速：20mL/min。

② 定性测定。根据保留时间定性，改变色谱条件，如柱温度、载气流速、使标准组分的保留时间发生改变。如果样品中的某个峰随标准样品中的保留时间有同样的改变，即证明样品中含有与标样相同的某个组分。

③ 定量测定。外标定量法：注射一定量的经 3 制备过的标准工作液进入气相色谱仪，得到碘的峰 A_i，注射等体积的样品待测液进入气相色谱仪，得到样品碘的峰 B_i。

（3）计算：

$$X = \frac{B_i \times c \times V \times 100}{A_i \times m} \tag{5-27}$$

式中　X——样品中碘的含量，μg/100g；

$\qquad$ B_i——样品 i（碘）对应峰面积；

$\qquad$ c——标准样品中 i 的浓度；μg/mL

$\qquad$ V——待测样品中总体积；mL

$\qquad$ A_i——标准工作液中组分 i 的峰面积；

$\qquad$ m——样品的质量；g；

$\qquad$ 100——将每 1g 样品中碘的含量转换为每 100g 样品中碘的含量。

三、高效液相色谱

高效液相色谱法是一种以液体为流动相的现代柱色谱分离分析方法。它是在经典液相色谱的基础上，引入气相色谱的理论和技术而发展起来的，因此气相色谱的许多理论同样适用于高效液相色谱法。

高效液相色谱与气相色谱法的主要差别在于流动相和操作条件。在气相色谱中，流动相是惰性的气体，分离主要取决于组分分子与固定相之间的作用力，而在高效液相色谱中，流动相与组分之间有一定的亲和力，分离过程的实现是组分、流动相和固定相三者间相互作用的结果，分离不但取决于组分和固定相的性质，还与流动相的性质密切相关。高效液相色谱一般可在室温下进行。由于采用颗粒极细的固定相，柱内压降很大，加上流动相黏度高，必须采用高入口压，以维持一定的流动相线速（图 5-28）。

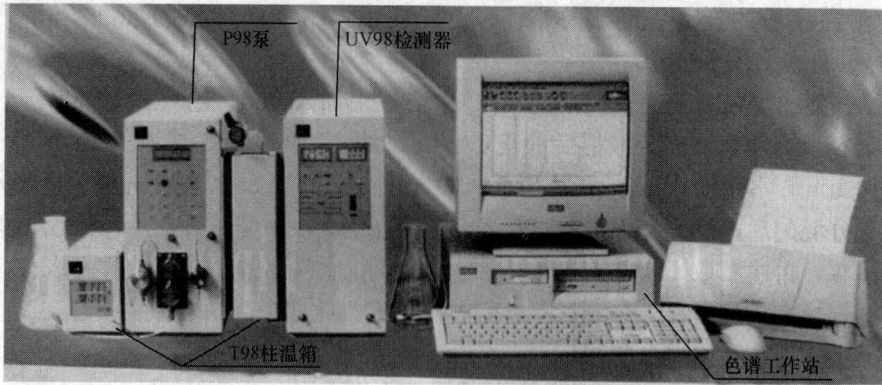

图 5-28　高效液相色谱仪

（一）高效液相色谱仪结构

高效液相色谱仪流程图如图 5-29 所示。

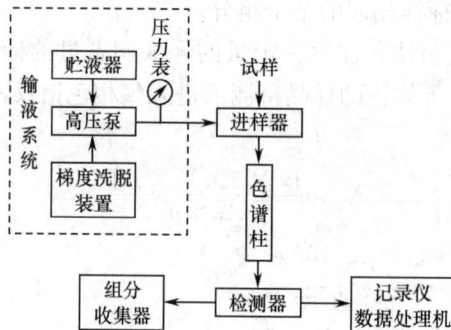

图 5-29　高效液相色谱仪结构方块图

高效液相色谱仪主要由贮液器、脱气器、高压泵、进样器、色谱柱和检测器等组成。

1. 贮液器

贮液器用于存放溶剂。溶剂必须很纯，贮液器材料要耐腐蚀，对溶剂呈惰性。通常采用 1～2L 的大容量玻璃瓶，也可用不锈钢制成。贮液器应配有溶剂过滤器，以防止流动相中的颗粒进入泵内。溶剂过滤器一般用耐腐蚀的镍合金制成，孔隙大小一般为 $2\mu m$。

2. 脱气装置

脱气的目的是为了防止流动相从高压柱内流出时，释放出气泡进入检测器而使噪声剧增，甚至不能正常检测。通常用氦气鼓泡来驱除流动相中溶解的气体。因为氦气在各种液体中的溶解度极低。先用氦气快速清扫溶剂数分钟，然后以极小流量不断流过此溶剂。

3. 高压泵

高压泵用于输送流动相，因为液体的黏度比气体大 10^2 倍，同时固定相的颗粒极细，柱内压降大，为保证一定的流速，必须借助高压迫使流动相通过柱子。泵有恒压泵和恒流泵两类，恒压泵如气动放大泵，输出的压力恒定，可以得到压力恒定的流出液，但流量随外界阻力而改变，还适合于梯度洗脱，所以，恒流泵正逐渐取代恒压泵，恒压泵输出的流量恒定，如往复塞泵、螺旋传动注射泵等。

往复柱塞泵的流量与外界阻力无关，体积小，非常适于梯度洗脱，螺旋传动注射泵电力以很慢的恒定速率驱动活塞，和流动相连续输出，输出时间的长短决定于泵腔体积及输出流量。

4. 梯度洗脱装置

梯度洗脱是在分离过程中通过逐渐改变流动相的组成增加洗脱能力的一种方法。如果分离不良或分析时间过长，可以采用梯度洗脱的方法，它极类似于气相色谱中程序升温的作用。梯度洗脱一般采用低压梯度，低压梯度采用低压混合设计，只需一个高压泵。在常压下，将两种或两种以上溶剂按一定比例混合后，再由高压泵输出，梯度改变可呈线性、指数型或梯度型。

梯度洗脱的优点为：可以改善峰形；提高柱效；减少分析时间；使强烈滞留的组分不容易残留在柱上，因而可保持柱的性能良好。但是，在进行下次分析时，更换流动相达到平衡的时间长。

5. 进样装置

高效液相色谱进样普遍使用高压进样阀。如常用六通高压进样阀。用微量注射器将样品注入样品环管。

6. 色谱柱

色谱柱通常采用不锈钢管制成，柱内壁要求光洁平滑，否则内壁的纵向沟痕和表面多孔性也会引起谱带的展宽，柱接头的死体积应尽可能小。直径一般为 $4\sim6mm$，柱长 $10\sim30cm$。

7. 检测器

高效液相色谱对检测器的要求和性能指标与气相色谱检测器基本相同。

（1）紫外检测器（UVD）。是一种选择性浓度型检测器，基于朗伯-比尔定律，即被测组分对紫外光或可见光具有吸收，且吸收强度与组分浓度成正比。

（2）荧光检测器（FD）。属于选择性浓度型检测器，许多有机化合物，特别是芳香族化合物、生化物质，如有机胺、维生素、激素、酶等，被一定强度和波长的紫外光照射后，发射出较激发光波长要长的荧光。荧光强度与激发光强度、量子效率和样品浓度成正比。有的有机化合物虽然本身不产生荧光，但可以与发荧光物质反应衍生化后检测。

（3）示差折光检测器（RID）。是一种通用性检测器，基于样品组分的折射率与流动相溶剂折射率有差异，当组分洗脱出来时，会引起流动相折射率的变化，这种变化与样品组分的浓度成正比。

（4）电化学检测器（ECD）电导检测器、库仑检测器、伏-安检测器及安培检测器一般说都可以用于高效液相色谱的检测器，但安培检测器最常用。安培检测器的选择性好，灵敏度高，但在电极表面容易被活性物质如蛋白质以及表面活性物质等毒化。电导检测器主要用于离子色谱，伏-安检测器只用于特殊研究中，库仑检测器很少用。

（二）应用实例：原料乳与乳制品中三聚氰胺检测方法

1. 原理

用乙腈作为原料乳中的蛋白质沉淀剂和三聚氰胺提取剂，强阳离子交换色谱柱分离，高效液相色谱-紫外检测器/二极管阵列检测器检测，外标法定量。

2. 仪器和试剂

（1）高效液相色谱（HPLC）仪：配有紫外检测器或二极管阵列检测器。

（2）分析天平：感量为 0.0001 g 和 0.01 g。

（3）离心机：转速不低于 4000 r/min。

（4）超声波水浴。

（5）固相萃取装置。

（6）氮气吹干仪。

（7）涡旋混合器。

（8）具塞塑料离心管：50 mL。

（9）研钵。

（10）甲醇：色谱纯。

（11）乙腈：色谱纯。

（12）氨水：含量为 25%～28%。

（13）三氯乙酸。

（14）柠檬酸。

（15）辛烷磺酸钠：色谱纯。

（16）甲醇水溶液：准确量取 50 mL 甲醇和 50 mL 水，混匀后备用。

（17）三氯乙酸溶液（1%）：准确称取 10 g 三氯乙酸于 1 L 容量瓶中，用水溶解并定容至刻度，混匀后备用。

（18）氨化甲醇溶液（5%）：准确量取 5 mL 氨水和 95 mL 甲醇，混匀后备用。

（19）离子对试剂缓冲液：准确称取 2.10 g 柠檬酸和 2.16 g 辛烷磺酸钠，加入约 980 mL 水溶解，调节 pH 至 3.0 后，定容至 1L 备用。

（20）三聚氰胺标准品：CAS 108-78-01，纯度＞99.0%。

（21）三聚氰胺标准贮备液：准确称取 100mg（精确到 0.1mg）三聚氰胺标准品于 100 mL 容量瓶中，用甲醇水溶液（10）溶解并定容至刻度，配制成浓度为 1mg/mL 的标准贮备液，于 4℃避光保存。

（22）阳离子交换固相萃取柱：混合型阳离子交换固相萃取柱，基质为苯磺酸化的聚苯乙烯-二乙烯基苯高聚物 60mg，3 mL，或相当者。使用前依次用 3 mL 甲醇、5 mL 水活化。

（23）定性滤纸。

（24）海砂：化学纯，粒度 0.65～0.85 mm，二氧化硅（SiO_2）含量为 99%。

（25）微孔滤膜：0.2 μm，有机相。

（26）氮气：纯度≥99.999%。

除另有说明外，所用试剂均为分析纯或以上规格，水为 GB/T6682—2008 规定的一级水。

3. 操作方法

1）提取

（1）液态乳、奶粉、酸奶、冰淇淋和奶糖等。称取 2g（精确至 0.01g）试样于 50mL 具塞塑料离心管中，加入 15mL 三氯乙酸溶液和 5mL 乙腈，超声提取 10min，再振荡提取 10min 后，以不低于 4000r/min 离心 10min。上清液经三氯乙酸溶液润湿的滤纸过滤后，用三氯乙酸溶液定容至 25mL，移取 5mL 滤液，加入 5mL 水混匀后作待净化液。

（2）奶酪、奶油和巧克力等。称取 2g（精确至 0.01g）试样于研钵中，加入适量海砂（试样质量的 4～6 倍）研磨成干粉状，转移至 50mL 具塞塑料离心管中，用 15mL 三氯乙酸溶液分数次清洗研钵，清洗液转入离心管中，再往离心管中加入 5mL 乙腈，余下操作同（1）中"超声提取 10min，……加入 5mL 水混匀后做作净化液"。

注：若样品中脂肪含量较高，可以用三氯乙酸溶液饱和的正己烷液-液分配除脂后再用 SPE 柱净化。

2）净化

将 1）中的待净化液转移至固相萃取柱中。依次用 3mL 水和 3mL 甲醇洗涤，抽至近干后，用 6mL 氨化甲醇溶液洗脱。整个固相萃取过程流速不超过 1mL/min。洗脱液于 50℃下用氮气吹干，残留物（相当于 0.4g 样品）用 1mL 流动相定容，涡旋混合 1min，过微孔滤膜后，供 HPLC 测定。

4. 高效液相色谱测定

（1）HPLC 参考条件：

色谱柱：C8 柱，250mm×4.6mm（i.d.），5μm，或相当者；C18 柱，250mm×4.6mm（i.d.），5μm，或相当者。

流动相：C8 柱，离子对试剂缓冲液-乙腈（85＋15，体积比），混匀。

C18 柱，离子对试剂缓冲液-乙腈（90＋10，体积比），混匀。

流速：1.0mL/min。

柱温：40℃。

波长：240nm。

进样量：20μL。

（2）标准曲线的绘制。用流动相将三聚氰胺标准贮备液逐级稀释得到的浓度为 0.8、2、20、40、80 μg/mL 的标准工作液，浓度由低到高进样检测，以峰面积-浓度作图，得到标准曲线回归方程。基质匹配加标三聚氰胺的样品 HPL 色谱图参见对应图谱。

（3）定量测定。待测样液中三聚氰胺的响应值应在标准曲线线性范围内，超过线性范围则应稀释后再进样分析。

（4）结果计算。试样中三聚氰胺的含量由色谱数据处理软件或按式（5-28）计算获得

$$X = \frac{A \times c \times V \times 1000}{A_s \times m \times 1000} \times f \tag{5-28}$$

式中　X —— 试样中三聚氰胺的含量，mg/kg；

　　　A —— 样液中三聚氰胺的峰面积；

　　　c —— 标准溶液中三聚氰胺的浓度，μg/mL；

　　　V —— 样液最终定容体积，mL；

　　　A_s —— 标准溶液中三聚氰胺的峰面积；

　　　m —— 试样的质量，g；

　　　f —— 稀释倍数；

　　　分子上 1000——1g 样品换算 1kg 样品；

　　　分母上 1000——1μg 三聚氰胺换算为 1mg 三聚氰胺。

5. 空白实验

空白实验除不称取样品外，均按上述测定条件和步骤进行。

6. 方法定量限

本方法的定量限为 2mg/kg。

7. 回收率

在添加浓度 2～10mg/kg 浓度范围内，回收率在 80%～110% 之间，相对标准偏差<10%。

8. 允许差

在重复性条件下获得的两次独立测定结果的绝对差值不得超过算术平均值 10%。

第三节　电位分析法

电位分析法是在通过电池的电流为零的条件下测定电池的电动势或电极电位，从而利用电极电位与浓度的关系来测定物质浓度的一种电化学的分析方法。

电位分析法分为电位法和电位滴定法两类。

电位法用专用的指示电极，如离子选择电极，把被测离子 A 的活度转变为电极电位，电极电位与离子活度之间的关系可用能斯特方程表示为

$$\varphi = 常数 + \frac{0.0592}{z_A}\lg\alpha_A \tag{5-29}$$

式中　0.0592——25℃时 RT/F 的值；

　　　R——气体常数，8.314J/(k・mol)；

　　　T——绝对温度，K；

　　　F——法拉第常数，96485 C/mol。

这是电位分析法的基本公式。

电位滴定是利用电极电位的突变代替化学指示剂颜色的变化来确定终点的滴定分析法。必须指出，电位法是在溶液平衡体系不发生变化的条件下进行测定的，测得的是物质游离离子的量，电位滴定法测得的是物质的总量。

电位分析法利用一支指示电极与另一支合适的参比电极构成一个测量电池，如图 5-30 所示，通过测量该电池的电动势或电极电位来求得被测物质的含量、酸碱离解常数或配合物的稳定常数等。

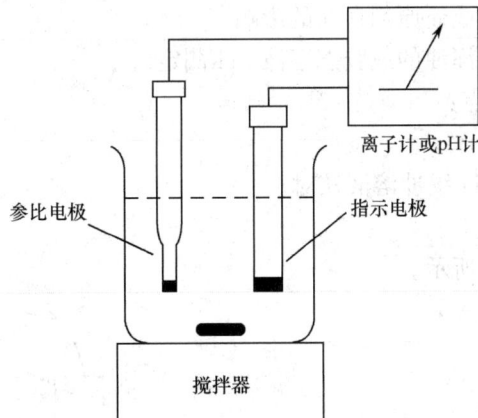

图 5-30　电位分析示意图

一、电位法（pH 计）

pH 计是一种用电位法来测定 pH 的测量仪，主要是利用一对电极在不同 pH 溶液中能产生不同的直流毫伏电动势，再将此电动势输入电计后，经电子路线的工作，可在电表指示出测量的结果。

（一）工作原理

1. 测量原理

水溶液酸度的测量一般用玻璃电极作为测量电极，甘汞电极作为参比电极，当氢离子活度发生变化时，玻璃电极和参比电极之间的电动势也随着发生变化，电势变化符合

下列公式：

$$E = E_0 - (2.3026 \times R \times T \times pH)/F$$

式中　R——气体常数（8314J/度）；

　　　T——绝对温度（273＋t℃）；

　　　F——法拉第常数（96495C/mol）；

　　　E_0——电极系统零电位；

　　　pH——表示被测溶液 pH 和内溶液 pH 之差。

2. 电极系统

1）玻璃电极（图 5-31）。

玻璃电极头部球泡是由特殊配方的玻璃薄膜制成，它仅对氢离子有敏感作用，当它浸入被测溶液内，被测溶液氢离子浓度同电极球泡内氢离子浓度不同时，则在球泡内外产生电位差，此电位差随外层氢离子浓度的变化而变化。由于电极内部的溶液氢离子浓度不变，所以只要测出此电位差就可知被测溶液的 pH。

（1）玻璃电极的优点：

① 测定结果准确，在 pH 1～9 范围内使用最佳。

② 不受溶液氧化剂或还原剂存在的影响。

③ 可用于有色的，浑浊的或胶态溶液 pH 测定。

（2）玻璃电极的缺点：

① 容易破碎。

② 须不时用已知 pH 缓冲溶液核对。

2）参比电极

参比电极如图 5-32 所示。

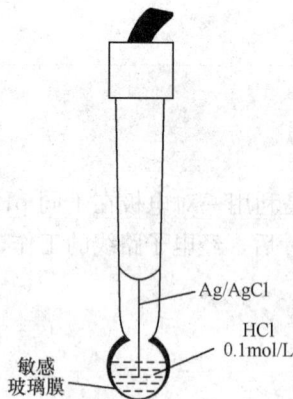

图 5-31　玻璃电极

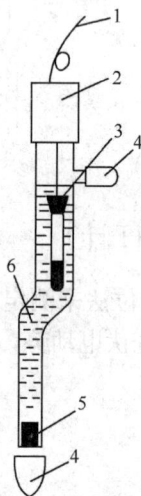

图 5-32　玻璃电极

1. 导线；2. 绝缘体；3. 内部电极；

4. 橡皮帽；5. 多孔物质；6. KCl 溶液

（1）银-氯化银电极。

由银丝镀上一层氯化银，浸于一定浓度的氯化钾溶液中，即构成银-氯化银电极。

$$\text{电极反应} \quad Ag + Cl^- \Longrightarrow AgCl + e$$

$$\varphi_{Ag-AgCl} = \varphi^\circ - 0.059 \lg \alpha_{Cl^-} \qquad (25℃)$$

KCl 溶液浓度　　　　0.1mol/L　　　1mol/L　　　　饱和

$\varphi_{Ag-AgCl}/V$　　　　　　+0.2880　　　+0.2223　　　+0.2000

（2）甘汞电极：甘汞电极是由金属汞和 Hg_2Cl_2 及 KCl 溶液组成的电极。

电极反应：

$$2Hg + 2Cl^- \Longrightarrow Hg_2Cl_2 + 2e$$

$$\varphi_{甘汞} = \varphi^\circ - 0.059 \lg \alpha_{Cl^-} \quad (25℃)$$

φ° 是定值，当 Cl^- 活度一定时，$\varphi_{甘汞}$ 也就一定，与 H^+ 浓度无关。以标准氢电极作参比，则不同浓度 KCl 溶液的甘汞电极电位如下：

KCl 溶液浓度　　　　0.1mol/L　　　1mol/L　　　　饱和

$\varphi_{甘汞}/V$　　　　　　　+0.3338　　　+0.2800　　　+0.2415

(二) 操作方法

1. 校正

（1）把选择开关旋钮调到 pH 挡，调节温度补偿旋钮，使旋钮白线对准溶液温度值。

（2）把斜率调节旋钮顺时针旋到底，即调到 100% 位置。

（3）把清洗过的电极插入 pH6.86 的缓冲液中，调节定位调节旋钮，使仪器显示读数与该缓冲溶液当时温度下的 pH 相一致。

（4）用蒸馏水清洗电极，再插入 pH4.00（或 pH9.18）的标准缓冲液中，调节斜率旋钮使仪器显示读数与该缓冲液中当时温度下 pH 一致。

（5）重复 3、4 步直至不用再调节定位或斜率两调节旋钮为止。

2. 测量

1）被测溶液与定位溶液温度相同时的测量

（1）用蒸馏水清洗电极头部，用被测溶液清洁一次。

（2）把电极浸入被测溶液中，用玻璃棒搅拌溶液，使溶液均匀，即可读出 pH。

2）被测溶液和定位溶液温度不同时的测量

（1）用蒸馏水清洗电极头部，再用被测溶液清洗一次。

（2）用温度计测出被测溶液的温度值。

（3）调节"温度"调节旋钮，使指示线对准被测溶液的温度值。

（4）把电极插入被测溶液内，用玻璃棒搅拌溶液，使溶液均匀后即可读出该溶液的 pH。

3. 酸度计的维护

（1）酸度计应放在干燥，无酸碱腐蚀气体的环境中。

（2）玻璃电极在初次使用时，一定要先在蒸馏水中浸泡 24h 以上；若被污染，可用丙酮或合成洗涤剂洗去玷污物。玻璃电极的玻璃球极易碰坏，使用时要小心，操作时让玻璃球泡位置高于参比电极；用完后泡在蒸馏水或 0.1mol/L 盐酸溶液中。玻璃电极一般不在低于 5℃ 或高于 60℃ 下使用。

（3）饱和甘汞电极在使用时，要注意电极内部是否充满氯化钾溶液，注意不使氯化钾溶液从毛细管中流出，使测定结果可靠。并且使用完后用橡皮套塞好。

（4）应经常检查读数开关和电极导线的绝缘性能，不符合要求的应及时修理或更换。

（5）闲置的酸度计，应放干燥剂妥善保存。

（三）应用

乳制品 pH 的测定。

二、电位滴定法

（一）基本原理

电位滴定是用标准溶液滴定待测离子过程中，用指示电极的电位变化代替指示剂的颜色变化指示滴定终点的到达，是把电位测定与滴定分析互相结合起来的一种测试方法。电位滴定的装置如图 5-33 所示。

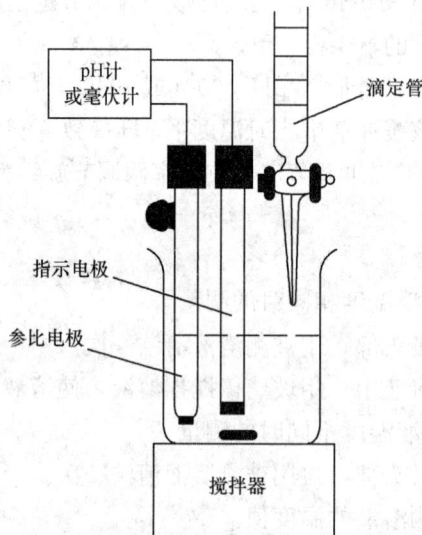

图 5-33　电位滴定装置

适用范围：浑浊，有色溶液，及找不到指示剂的滴定分析。

（二）电位滴定终点的确定

（1）在进行电位滴定时，在被测溶液中插入一个指示电极和一个参比电极，组成一个工作电池，随着滴定剂的加入由于发生化学反应，被测离子浓度不断发生变化，因而指示电极电位相应地发生变化，在理论终点附近离子浓度发生突跃，引起电极电位发生突跃。因此测量工作电池电动势的变化就可确定滴定终点。

（2）在电位滴定中，一般只需准确记录等当点前后 1～2mL 内电极电位的变化，绘制滴定曲线，求等当点。在等当点附近，应该每加 01mL 滴定剂就测量一次电位。

（3）电位滴定也常采用滴定至终点电位的方法来确定终点。自动滴定法就是根据这一原理设计而成。

自动电位滴定计可用于自动滴定，pH 和电位的测定。

自动电位滴定的装置如图 5-34 所示，滴定管下端连接一段通过电磁阀的细乳胶管，此管下端接毛细管。根据情况，对具体滴定体系求出终点时的电位值或 pH，并在自动电位滴定计上设置该终点数值。当揿下滴定开关，电磁阀断续开、关，滴定自动进行。滴定到达终点时，电磁阀自动关闭，"卡"住乳胶管，滴定终止。

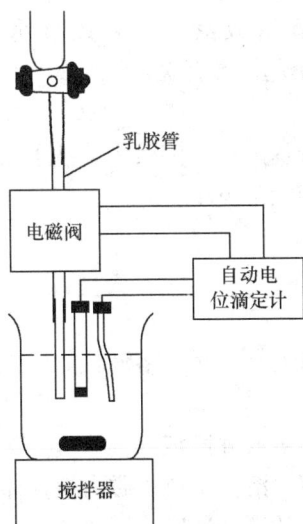

图 5-34 自动电位滴定装置

（三）电位滴定中指示电极的选择

酸碱滴定：玻璃电极。

氧化还原滴定：铂电极作电极。

沉淀滴定：银电极，离子选择性电极。

络合滴定：Hg/Hg-EDTA 电极。

参比电极：饱和甘汞电极。

（四）电位滴定的特点：

（1）能用于有色、浑浊溶液之滴定。这类滴定若用指示剂，由于溶液的特殊性，使终点指示不明显或根本无法指示。如乳制品中酸度的测定，往往需要用标准色来对比，否则会使终点颜色判断有误差。如用电位法完成则可消除此误差。

（2）用于那些上无优良指示剂的滴定，如某些有机物在非水溶液中的滴定。

（3）利用电信号显示终点，不但客观、准确，而且为连续、自动滴定创造了条件，便于提高工作效率。

（五）操作方法

1. pH 的测定

1）校正

（1）仪器先预热 30min。

（2）根据标准缓冲溶液的温度调整仪器的温度旋钮与对应位置。

（3）将玻璃电极和甘汞电极深入液面下。

（4）按下读数按钮，调节指数盘，使读数显示与标准缓冲溶液的值相等，（pH4.00，pH6.88，pH9.18）抬起读数开关。

2）测定

（1）清洗两个电极，并将其深入待测溶液中，按下读数开关。

（2）读数，此读数值即为溶液的 pH。

2. 电位自动滴定

1）校正

选择接近最终溶液滴定终点的标准缓冲溶液，如前校正仪器。

2）测定

（1）将滴定管注满滴定标准溶液并固定好。

（2）将两个电极深入溶液下，溶液中放入磁力搅拌棒。

（3）打开搅拌器，选择适当的搅拌速度。

（4）选择自动滴定挡，按下滴定按钮，溶液自动从滴定管里滴出。

（5）当溶液中的酸度达到预先设定的酸度时，仪器自动停止滴定，此时的被测液已达到要求，从滴定管读出消耗的体积数，通过公式换算即可。

（六）应用——酸奶酸度的测定

1. 原理

酸度（°T）是以酚酞作指示剂，中和 100mL 酸奶所需氢氧化钠标准滴定溶液（0.1000mol/L）的毫升数。因为以酚酞为指示剂时终点为 pH8.3，所以，在使用酸度计测定时，用 pH9.183 的标准缓冲溶液校正仪器后，用 0.1000mol/L 氢氧化钠标准滴定溶液中和 100mL 酸奶，当滴定后的 pH 达到 8.3 时，即达到了反应的终点。此时所消耗的标准氢氧化钠溶液的毫升数即为酸奶的酸度。

2. 仪器

电位自动滴定仪。

3. 试剂

（1）标准缓冲溶液：pH＝9.183。
（2）0.1000mol/L NaOH 标准溶液。

4. 测定方法

1）校正：用 pH9.183 标准缓冲溶液按电位滴定法进行仪器校正。
2）样品测定：取 5mL 酸奶放入小烧杯中，加入 20mL 中性蒸馏水，搅匀。把两个电极放入溶液中，用 0.1000mol/L 氢氧化钠标准滴定溶液进行滴定，当 pH 达到 8.3 时，即达到了反应的终点。记录消耗氢氧化钠标准溶液的体积数 V_{NaOH}。

5. 计算

$$酸奶的酸度（°T）＝V_{NaOH}×20$$

第四节 毛细管电泳法

毛细管电泳（capillary electrophoresis，CE）又叫高效毛细管电泳（HPCE），是近年来发展最快的分析方法之一。1981 年 Jorgenson 和 Lukacs 首先提出在 $75\mu m$ 内径毛细管柱内用高电压进行分离，创立了现代毛细管电泳。1984 年 Terabe 等建立了胶束毛细管电动力学色谱。1987 年 Hjerten 建立了毛细管等电聚焦，Cohen 和 Karger 提出了毛细管凝胶电泳。1988～1989 年出现了第一批毛细管电泳商品仪器。短短几年内，由于 CE 符合了以生物工程为代表的生命科学各领域中对多肽、蛋白质（包括酶，抗体）、核苷酸乃至脱氧核糖核酸（DNA）的分离分析要求，得到了迅速的发展。

一、CE 六种分离模式

1. 毛细管区带电泳（capillary zone electrophoresis，CZE）

毛细管区带电泳又称毛细管自由电泳，是 CE 中最基本、应用最普遍的一种模式。

2. 胶束电动毛细管色谱（micellar electrokinetic capillary chromatography，MECC）

胶束电动毛细管色谱是把一些离子型表面活性剂（如十二烷基硫酸钠，SDS）加到缓冲液中，当其浓度超过临界浓度后就形成有一疏水内核、外部带负电的胶束。虽然胶束带负电，但一般情况下电渗流的速度仍大于胶束的迁移速度，故胶束将以较低速度向阴极移动。溶质在水相和胶束相（准固定相）之间产生分配，中性粒子因其本身疏水性不同，在二相中分配就有差异，疏水性强的胶束结合牢，流出时间长，最终按中性粒子疏水性不同得以分离。MECC 使 CE 能用于中性物质的分离，拓宽了 CE 的应用范围，是对 CE 极大的贡献。

3. 毛细管凝胶电泳（capillary gel electrophoresis，CGE）

毛细管凝胶电泳是将板上的凝胶移到毛细管中作支持物进行的电泳。凝胶具有多孔性，起类似分子筛的作用，溶质按分子大小逐一分离。凝胶黏度大，能减少溶质的扩散，所得峰形尖锐，能达到 CE 中最高的柱效。常用聚丙烯酰胺在毛细管内交联制成凝胶柱，可分离、测定蛋白质和 DNA 的分子质量或碱基数，但其制备麻烦，使用寿命短。如采用黏度低的线性聚合物如甲基纤维素代替聚丙烯酰胺，可形成无凝胶但有筛分作用的无胶筛分（Non-Gel Sieving）介质。它能避免空泡形成，比凝胶柱制备简单，寿命长，但分离能力比凝胶柱略差。CGE 和无胶筛分正在发展成第二代 DNA 序列测定仪，将在人类基因组织计划中起重要作用。

4. 毛细管等电聚焦（capillary isoelectric focusing，CIEF）

毛细管等电聚焦将普通等电聚焦电泳转移到毛细管内进行。通过管壁涂层使电渗流减到最小，以防蛋白质吸附及破坏稳定的聚焦区带，再将样品与两性电解质混合进样，两端贮瓶分别为酸和碱。加高压（6～8kV）3～5min 后，毛细管内部建立 pH 梯度，蛋白质在毛细管中向各自等电点聚焦，形成明显的区带。最后改变检测器末端贮瓶内的 pH，使聚焦的蛋白质依次通过检测器而得以确认。

5. 毛细管等速电泳（capillary isotachor-phoresis，CITP）

毛细管等速电泳是一种较早的模式，采用先导电解质和后继电解质，使溶质按其电泳淌度不同得以分离，常用于分离离子型物质，目前应用不多。

6. 毛细管电色谱（capillary electrochromatography，CEC）

毛细管电色谱是将 HPLC 中众多的固定相微粒填充到毛细管中，以样品与固定相之间的相互作用为分离机制，以电渗流为流动相驱动力的色谱过程，虽柱效有所下降，但增加了选择性。此法有发展前景。

二、对仪器的一般要求

毛细管电泳仪的主要部件和其性能要求如下。

（1）毛细管用弹性石英毛细管，内径 $50\mu m$ 和 $75\mu m$ 两种使用较多（毛细管电色谱有时用内径再大些的毛细管）。细内径分离效果好，且焦耳热小，允许施加较高电压，但若采用柱上检测因光程较短检测限比较粗内径管要差。毛细管长度称为总长度，根据分离度的要求，可选用 20～100cm 长度，进样端至检测器间的长度称为有效长度。毛细管常盘放在管架上控制在一定温度下操作，以控制焦耳热、操作缓冲液的黏度和电导度，对测定的重复性很重要。

（2）直流高压电源采用 $0\sim30kV$（或相近）可调节直流电源，可供应约 $300\mu A$ 电流，具有稳压和稳流两种方式可供选择。

（3）电极和电极槽两个电极槽里放入操作缓冲液，分别插入毛细管的进口端与出口端以及铂电极，铂电极接至直流高压电源，正负极可切换。多种型号的仪器将样品瓶同时用做电极槽。

（4）冲洗进样系统每次进样之前毛细管要用不同溶液冲洗，选用自动冲洗进样仪器较为方便。进样方法有压力（加压）进样、负压（减压）进样、虹吸进样和电动（电迁移）进样等。进样时通过控制压力或电压及时间来控制进样量。

（5）检测系统紫外-可见光分光检测、激光诱导荧光检测、电化学检测和质谱检测均可用做毛细管电泳的检测器。其中以紫外-可见光分光光度检测器应用最广，包括单波长、程序波长和二极管阵列检测器。将毛细管接近出口端的外层聚合物剥去约 2mm 一段，使石英管壁裸露，毛细管两侧各放置一个石英聚光球，使光源聚焦在毛细管上，透过毛细管到达光电池。对无光吸收（或荧光）的溶质的检测，还可采用间接测定法，即在操作缓冲液中加入对光有吸收（或荧光）的添加剂，在溶质到达检测窗口时出现反方向的峰。

（6）数据处理系统。数据处理系统与一般色谱数据处理系统基本相同。

三、基本操作

（1）按照仪器操作手册开机、预热、输入各项参数，如毛细管温度、操作电压、检测波长和冲洗程序等。操作缓冲液须过滤和脱气。冲洗液、缓冲液等放置于样品瓶中，依次放入进样器。

（2）毛细管处理好坏对测定结果影响很大。未涂层新毛细管要用较浓碱液在较高温度（例如 $1mol/L$ 氢氧化钠液在 $60℃$）冲洗，使毛细管内壁生成硅羟基，再依次用 $0.1mol/L$ 氢氧化钠、水、操作缓冲液冲洗各数分钟。两次进样中间可仅用缓冲液冲洗，但若发现分离性能改变，则开始须用 $0.1mol/L$ 氢氧化钠冲洗，甚至要用浓氢氧化钠液升温冲洗。凝胶毛细管，涂层毛细管，填充毛细管的冲洗则应按照所附说明书操作。冲洗时将盛溶液样品瓶依次置于进样器，设定顺序和时间进行。

（3）操作缓冲液的种类、pH 和浓度以及添加剂（用以增加溶质的溶解度和/或控制溶质的解离度、手性拆分等）的选定对测定结果的影响也很大，应照各品种项下的规定配制，根据初试的结果调整、优化。

（4）将待测样品溶液瓶置于进样器中，设定操作参数，如进样压力（电动进样电压）、进样时间、正极端或负极端进样、操作电压或电流、检测器参数等，开始分析。根据初试的电泳谱图调整仪器参数和操作缓冲液以获得优化结果。而后用优化条件正式分析。

（5）分析完毕后用水冲洗毛细管，注意将毛细管两端侵入水中保存，如果长久不用应将毛细管用氮吹干，最后关机。

（6）由于进样方法的限制，目前毛细管电泳的精密度比用定量阀进样的高效液相色谱法要差，故定量测定以采用内标法为宜。用加压或减压法进样时，样品溶液黏度会影响进样体积，应注意保持试样溶液和对照品溶液黏度一致；用电动法进样时，被测组分因电歧视现象和溶液离子强度会影响待测组分的迁移量，也要注意其影响。

四、系统适用性试验

欲考察所配置的毛细管分析系统和设定的参数是否适用，测试项目和方法与高效液相色谱法或气相色谱法相同，相关的计算式和要求也相同。如重复性（相对标准偏差，RSD）、容量因子（k'）、毛细管理论板数（n）、分离度（R）、拖尾因子（T）、线性范围、最低检测限（LOD）和最低定量限（LOQ）等，可参照测定。具体指标应符合各品种的规定。特别是进样精度、不同荷电溶质迁移速度的差异对分析精密度的影响。毛细管电泳法是指以弹性石英毛细管为分离通道，以高压直流电场为驱动力，依据样品中各组分的淌度（单位电场强度下的迁移速度）和（或）分配行为的差异而实现分离的一种分析方法。

当熔融石英毛细管内充满操作缓冲液时，管内壁上硅羟基解离释放氢离子至溶液中使管壁带负电荷并与溶液形成双电层（ζ 电位），即使在较低 pH 的缓冲液中情况也如此。当毛细管两端加上直流电压时将使带正电的溶液整体地移向负极端。此种在电场作用下溶液的整体移动称为电渗流（EOF）。内壁硅羟基的解离度与操作缓冲液 pH 和添加的改性剂有关。降低溶液 pH 会降低解离度，减小电渗流；增高溶液 pH，提高电离度，增加电渗流。有机添加剂的加入有时会抑制内壁硅羟基的解离，减小电渗流。在操作缓冲液中带电粒子在电场作用下以不同速度朝着带相反电荷的电极移动，形成电泳。在操作缓冲液中带电粒子运动速度等于其电泳速度和电渗速度的矢量和。电渗速度通常大于电泳速度，因此电泳时各组分，即便是阴离子也会从毛细管阳极端流向阴极端。为了减小或消除电渗流，除了降低操作缓冲液 pH 之外，还可以采用内壁聚合物涂层的毛细管，这种涂层毛细管可减低大分子在管壁上的吸附。

五、毛细管电泳柱技术

毛细管是 CE 的核心部件之一。早期研究集中在毛细管直径、长度、形状和材料方面，目前集中在管壁的改性和各种柱的制备。

1. 动态修饰毛细管内壁

管壁改性主要是消除吸附和控制电渗流，通常采用动态修饰和表面涂层两类方法。动态修饰采用在运行缓冲液中加入添加剂，如加入阳离子表面活性剂十四烷基三甲基溴化铵（TTAB），能在内壁形成物理吸附层，使 EOF 反向。添加剂还有聚胺、聚乙烯亚胺（PEI）等，甲基纤维素（MC）可形成一中性亲水性覆盖层。

2. 毛细管内壁表面涂层

涂层方法有很多种，包括物理涂布、化学键合及交联等，最常用的方法是采用双官能团的偶联剂，如各种有机硅烷，第一个官能团（如甲氧基）与管壁上的游离羟基进行反应，使其与管壁进行共价结合，再用第二个官能团（如乙烯基）与涂渍物（如聚丙烯酰胺）进行反应，形成一稳定的涂层。此外还有将纤维素，PEI 和聚醚组成多层涂层，亲水性的绒毛涂层（fuzzy）和连锁聚醚涂层。

3. 凝胶柱和无胶筛分

CGE 的关键是毛细管凝胶柱的制备，常用聚丙烯酰胺凝胶栓来进行 DNA 片段分析和测序。测定蛋白质和肽的分子质量常用十二烷基硫酸钠聚丙烯酰胺电泳（SDS-LPAGE）。如将聚丙烯配胺单体溶液中的交联剂甲叉双丙烯酰胺（Bis）浓度降为零，得到线性非交联的亲水性聚合物用做操作溶液，仍有按分子大小分离的作用，称无胶筛分。此法简单，使用方便，分离能力比 CGE 差。

4. 毛细管填充柱

CEC 填充柱已在前面论述。也有将核糖核酸酶、己糖激酶、腺苷脱氨酶等固定到毛细管表面，构成一开管反应器，再和 CE 连接，可进行核酸选择性检测，微量在线合成和分离寡核苷酸等工作。另一有意义的工作是用各种方式在毛细管内缓冲液中形成各种梯度，如 pH 梯度、溶剂浓度梯度等，来提高分离效率和选择性。

六、毛细管电泳检测技术

CE 对检测器灵敏度要求相当高，故检测是 CE 中的关键问题。迄今为止除了原子吸收光谱与红外光谱未用于 CE 外，其他检测手段均已用于 CE。现选择重要的几类检测器介绍其最新进展。

1. 紫外检测器（UV）

UV 检测器集中在提高灵敏度，如采用平面积分检测池，这种设计可使检测光路增加到 1cm。也有用光散射二极管（LEDS）作光源，其线性范围和信噪比优于汞灯。总体来说进展不大。

2. 激光诱导荧光检测（LIF）

LIF 是 CE 最灵敏的检测器之一，极大地拓展了 CE 的应用，DNA 测序就须用 LIF，单细胞和单分子检测也离不开 LIF。LIF 不但提高了灵敏度，也可增加选择性，缺点在于被测物须用荧光试剂标记成染色。利用 CE-LIF 技术可检出染色的单个 DNA 分子，向癌症的早期诊断及临床酶和免疫学检测等方向进行。CE/LIF 向三个方向发展：在原有氦-镉激光器（325nm）和氩离子激光器（488nm）之外，发展价廉，长波长的二极管激光器；发展更多的荧光标记试剂来扩展应用面；开展更多的应用研究。CE/IIF 和微透析结合可测定脑中神经肽。采用波长分辨荧光检测器可提供有关蛋白和 DNA 序列的一些结构和动态信息。一些适用于二极管激光器的荧光标记试剂如 CY-5 等，正在不断开发和应用。

3. CE/MS 联用

CE/MS 联用是将现在最有力的分离手段 CE 和能提供组分结构信息的质谱联用，弥补了 CE 定性鉴定的不足，故发展特别快。CE/MS 联用主要在两方面发展：一是各种 CE 模式和 MS 联用，二是 CE 和各种 MS 联用。关键是解决接口装置。成功地应用到 CE/MS 接口中。

应用实例：牛乳中酪蛋白含量的测定及掺假测定的应用。

4. 操作与方法

(1) 实验材料。

原料乳 ($n=20$) 取自奶牛场，4℃、3000 r/min 离心 30min 得脱脂乳。

样品缓冲液 (pH 8.6)：含 167mmol/L Tris、42mmol/L 3-吗啉代丙烷磺酸、67mmol/L 乙二胺四乙酸钠、17mmol/L *DL*-二硫苏糖醇、6mol/L 尿素、羟丙基甲基纤维素 30000 (0.5 g/L，德国)。

电泳缓冲液 (pH3.0)：含 0.32mol/L 柠檬酸、20mmol/L 柠檬酸钠、6mol/L 尿素、0.5g/L 羟丙基甲基纤维素。使用前经 45μm 孔径滤布过滤。

乳中各蛋白的标准品。

毛细管电泳仪 (P/ACE MDQ，Beckman Instruments Inc)。

(2) 毛细管区带电泳 (CZE) 方法。参照 Isidra Recio 等人的方法。采用直径为 50μm、长度 600mm 的涂有聚丙烯酰胺亲水性涂层的石英毛细管 (CElect P1，Supelco，Bellefonte，PA)，样品分离前用毛细管电泳液反向清洗 6min。上样条件为 3.4kPa、18 s，分离条件为 45℃，3min 内电压从 0 增到 25kV，然后恒压 (25 kV) 分离，柱上 214nm 检测。

(3) 牛乳中酪蛋白的定量。根据样品分离的图谱，运用毛细管电泳仪所带的分析软件 (32Karat Software)，积分各峰面积，计算出酪蛋白占总蛋白含量。

第五节　PCR 技术

一、PCR 技术基本原理

1. PCR 技术的基本原理

类似于 DNA 的天然复制过程，其特异性依赖于与靶序列两端互补的寡核苷酸引物。PCR 由变性—退火—延伸三个基本反应步骤构成。

(1) 模板 DNA 的变性：模板 DNA 经加热至 93℃左右一定时间后，使模板 DNA 双链或经 PCR 扩增形成的双链 DNA 解离，使之成为单链，以便它与引物结合，为下轮反应作准备。

(2) 模板 DNA 与引物的退火 (复性)：模板 DNA 经加热变性成单链后，温度降至 55℃左右，引物与模板 DNA 单链的互补序列配对结合。

（3）引物的延伸：DNA 模板——引物结合物在 TaqDNA 聚合酶的作用下，以 dNTP 为反应原料，靶序列为模板，按碱基配对与半保留复制原理，合成一条新的与模板 DNA 链互补的半保留复制链重复循环变性—退火—延伸三过程，就可获得更多的"半保留复制链"，而且这种新链又可成为下次循环的模板。

2.PCR 的反应动力学

PCR 的三个反应步骤反复进行，使 DNA 扩增量呈指数上升。反应最终的 DNA 扩增量可用 $Y=(1+X)_n$ 计算。Y 代表 DNA 片段扩增后的拷贝数，X 表示平（Y）均每次的扩增效率，n 代表循环次数。平均扩增效率的理论值为 100%，但在实际反应中平均效率达不到理论值。反应初期，靶序列 DNA 片段的增加呈指数形式，随着 PCR 产物的逐渐积累，被扩增的 DNA 片段不再呈指数增加，而进入线性增长期或静止期，即出现"停滞效应"，这种效应称平台期数、PCR 扩增效率及 DNA 聚合酶 PCR 的种类和活性及非特异性产物的竞争等因素。大多数情况下，平台期的到来是不可避免的。

3.PCR 扩增产物

可分为长产物片段和短产物片段两部分。短产物片段的长度严格地限定在两个引物链 5′端之间，是需要扩增的特定片段。短产物片段和长产物片段是由于引物所结合的模板不一样而形成的，以一个原始模板为例，在第一个反应周期中，以两条互补的 DNA 为模板，引物是从 3′端开始延伸，其 5′端是固定的，3′端则没有固定的止点，长短不一，这就是"长产物片段"。进入第二周期后，引物除与原始模板结合外，还要同新合成的链（即"长产物片段"）结合。引物在与新链结合时，由于新链模板的 5′端序列是固定的，这就等于这次延伸的片段 3′端被固定了止点，保证了新片段的起点和止点都限定于引物扩增序列以内，形成长短一致的"短产物片段"。不难看出"短产物片段"是按指数倍数增加，而"长产物片段"则以算术倍数增加，几乎可以忽略不计，这使得 PCR 的反应产物不需要再纯化，就能保证足够纯 DNA 片段供分析与检测用。

二、操作方法

（1）变性（denaturation）：通过加热使模板 DNA 的双链之间的氢键断裂，双链分开而成单链的过程，高温使双链 DNA 解离形成单链（94℃，30s）。

（2）退火（annealling）：当温度降低时，引物与模板 DNA 中互补区域结合成杂交分子，低温下，引物与模板 DNA 互补区结合（55℃，30s）。

（3）延伸（extension）：在 DNA 聚合酶、dNTPs、Mg^{2+} 存在下，DNA 聚合酶催化引物按 5′→3′方向延伸，合成出与模板 DNA 链互补的 DNA 子链，中温延伸，DNA 聚合酶催化以引物为起始点的 DNA 链延伸反应（70~72℃，30~60s）。

以上述三个步骤为一个循环，每一循环的产物均可作为下一个循环的模板，经过 n 次循环后，目的 DNA 以 2^n 的形式增加，如图 5-35 所示。

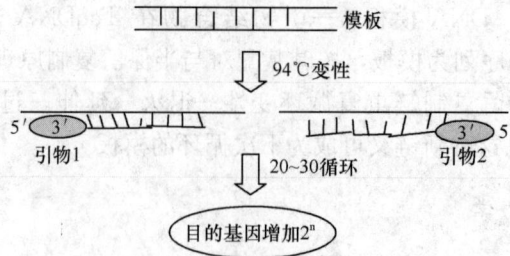

图 5-35　PCR 过程示意图

三、PCR 反应体系与反应条件

1. 标准的 PCR 反应体系

10×扩增缓冲液	10μL；
4 种 dNTP 混合物	各 200μmol/L；
引物	各 10～100pmol；
模板 DNA	0.1～2μg；
Taq DNA 聚合酶	2.5U；
Mg^{2+}	1.5mmol/L；
加双或三蒸水至	100μL。

2. PCR 反应五要素

参加 PCR 反应的物质主要有五种即引物、酶、dNTP、模板和 Mg^{2+}。

（1）引物。引物是 PCR 特异性反应的关键，PCR 产物的特异性取决于引物与模板 DNA 互补的程度。理论上，只要知道任何一段模板 DNA 序列，就能按其设计互补的寡核苷酸链做引物，利用 PCR 就可将模板 DNA 在体外大量扩增。

设计引物应遵循以下原则：

① 引物长度：15～30bp，常用为 20bp 左右。

② 引物扩增跨度：以 200～500bp 为宜，特定条件下可扩增长至 10kb 的片段。

③ 引物碱基：G+C 含量以 40%～60% 为宜，G+C 太少扩增效果不佳，G+C 过多易出现非特异条带。ATGC 最好随机分布，避免 5 个以上的嘌呤或嘧啶核苷酸的成串排列。

④ 避免引物内部出现二级结构，避免两条引物间互补，特别是 3′端的互补，否则会形成引物二聚体，产生非特异的扩增条带。

⑤ 引物 3′端的碱基，特别是最末及倒数第二个碱基，应严格要求配对，以避免因末端碱基不配对而导致 PCR 失败。

⑥ 引物中有或能加上合适的酶切位点，被扩增的靶序列最好有适宜的酶切位点，这对酶切分析或分子克隆很有好处。

⑦ 引物的特异性：引物应与核酸序列数据库的其他序列无明显同源性。

引物量：每条引物的浓度 0.1～1μmol 或 10～100pmol，以最低引物量产生所需要的结果为好，引物浓度偏高会引起错配和非特异性扩增，且可增加引物之间形成二聚体的机会。

（2）酶及其浓度。目前有两种 Taq DNA 聚合酶供应，一种是从栖热水生杆菌中提纯的天然酶，另一种为大肠菌合成的基因工程酶。催化一典型的 PCR 反应约需酶量 2.5U（指总反应体积为 $100\mu L$ 时），浓度过高可引起非特异性扩增，浓度过低则合成产物量减少。

（3）dNTP 的质量与浓度。dNTP 的质量与浓度和 PCR 扩增效率有密切关系，dNTP 粉呈颗粒状，如保存不当易变性失去生物学活性。dNTP 溶液呈酸性，使用时应配成高浓度后，以 1mol/L NaOH 或 1mol/LTris.HCL 的缓冲液将其 pH 调节到 7.0～7.5，小量分装，$-20℃$ 冰冻保存。多次冻融会使 dNTP 降解。在 PCR 反应中，dNTP 应为 $50～200\mu mol/L$，尤其是注意 4 种 dNTP 的浓度要相等（等摩尔配制），如其中任何一种浓度不同于其他几种时（偏高或偏低），就会引起错配。浓度过低又会降低 PCR 产物的产量。dNTP 能与 Mg^{2+} 结合，使游离的 Mg^{2+} 浓度降低。

（4）模板（靶基因）核酸。模板核酸的量与纯化程度，是 PCR 成败与否的关键环节之一，传统的 DNA 纯化方法通常采用 SDS 和蛋白酶 K 来消化处理标本。SDS 的主要功能是：溶解细胞膜上的脂类与蛋白质，因而溶解膜蛋白而破坏细胞膜，并解离细胞中的核蛋白，SDS 还能与蛋白质结合而沉淀；蛋白酶 K 能水解消化蛋白质，特别是与 DNA 结合的组蛋白，再用有机溶剂酚与氯仿抽提掉蛋白质和其他细胞组分，用乙醇或异丙醇沉淀核酸。提取的核酸即可作为模板用于 PCR 反应。一般临床检测标本，可采用快速简便的方法溶解细胞，裂解病原体，消化除去染色体的蛋白质使靶基因游离，直接用于 PCR 扩增。RNA 模板提取一般采用异硫氰酸胍或蛋白酶 K 法，要防止 RNase 降解 RNA。

（5）Mg^{2+} 浓度。Mg^{2+} 对 PCR 扩增的特异性和产量有显著的影响，在一般的 PCR 反应中，各种 dNTP 浓度为 $200\mu mol/L$ 时，Mg^{2+} 浓度为 1.5～2.0mmol/L 为宜。Mg^{2+} 浓度过高，反应特异性降低，出现非特异扩增，浓度过低会降低 Taq DNA 聚合酶的活性，使反应产物减少。

四、PCR 反应条件的选择

PCR 反应条件为温度、时间和循环次数。

1. 温度与时间的设置

基于 PCR 原理三步骤而设置变性—退火—延伸三个温度点。在标准反应中采用三温度点法，双链 DNA 在 90～95℃ 变性，再迅速冷却至 40～60℃，引物退火并结合到靶序列上，然后快速升温至 70～75℃，在 Taq DNA 聚合酶的作用下，使引物链沿模板延伸。对于较短靶基因（长度为 100～300bp 时）可采用二温度点法，除变性温度外、退火与延伸温度可合二为一，一般采用 94℃ 变性，65℃ 左右退火与延伸（此温度 Taq DNA 酶仍有较高的催化活性）。

（1）变性温度与时间。变性温度低，解链不完全是导致 PCR 失败的最主要原因。

一般情况下，93～94℃min 足以使模板 DNA 变性，若低于 93℃则需延长时间，但温度不能过高，因为高温环境对酶的活性有影响。此步若不能使靶基因模板或 PCR 产物完全变性，就会导致 PCR 失败。

（2）退火（复性）温度与时间。退火温度是影响 PCR 特异性的较重要因素。变性后温度快速冷却至 40～60℃，可使引物和模板发生结合。由于模板 DNA 比引物复杂得多，引物和模板之间的碰撞结合机会远远高于模板互补链之间的碰撞。退火温度与时间，取决于引物的长度、碱基组成及其浓度，还有靶基序列的长度。对于 20 个核苷酸，G＋C 含量约 50% 的引物，55℃为选择最适退火温度的起点较为理想。引物的复性温度可通过以下公式帮助选择合适的温度：

$$T_m \text{ 值（解链温度）} = 4(G＋C) + 2(A＋T)$$
$$\text{复性温度} = T_m \text{ 值} - (5 \sim 10℃)$$

在 T_m 值允许范围内，选择较高的复性温度可大大减少引物和模板间的非特异性结合，提高 PCR 反应的特异性。复性时间一般为 30～60s，足以使引物与模板之间完全结合。

（3）延伸温度与时间：Taq DNA 聚合酶的生物学活性：

70～80℃，150 核苷酸/S/酶分子；

70℃，60 核苷酸/S/酶分子；

55℃，24 核苷酸/S/酶分子；

高于 90℃时，DNA 合成几乎不能进行。

PCR 反应的延伸温度一般选择在 70～75℃之间，常用温度为 72℃，过高的延伸温度不利于引物和模板的结合。PCR 延伸反应的时间，可根据待扩增片段的长度而定，一般 1kb 以内的 DNA 片段，延伸时间 1min 是足够的。3～4kb 的靶序列需 3～4min；扩增 10kb 需延伸至 15min。延伸进间过长会导致非特异性扩增带的出现。对低浓度模板的扩增，延伸时间要稍长些。

2. 循环次数

循环次数决定 PCR 扩增程度。PCR 循环次数主要取决于模板 DNA 的浓度。一般的循环次数选在 30～40 次之间，循环次数越多，非特异性产物的量亦随之增多。

五、应用实例

PCR 检测乳品中金黄色葡萄球菌。

第六节　其他乳与乳制品常见仪器

一、体细胞计数仪

1. 仪器适用范围和检测目的

体细胞计数仪（荷兰 DELTA 的 SomaScope Smart Manual）是基于荧光流动血细胞计数的原理，用来检测牛乳中的体细胞数的分析仪器。可以适用于原料乳、各种液态乳的检测。可以用做乳制品研究开发，成品质量控制和奶牛牧场的管理等方面。特别是对牧场管理方面的应用：

(1) 牧场管理首要的工具。

(2) 提前发现奶牛亚临床乳腺炎能够减少损失。

(3) 保证更理想的产品质量、货架期和收益。

2. 仪器可以检测的指标

体细胞计数仪可以对原料奶中体细胞含量进行计数。从而指导牧场管理和乳制品的开发。

3. 仪器检测速度

检测速度：$<30s$。

4. 仪器特点

(1) 与传统的手工细胞计数方法比，它更快捷。

(2) 测试原理是采用认可的显微方法，由高级荧光显微镜、CCD 相机、软件组成，冷光作激发源，滤光片可除掉样品发出的各种波长。检测器（CCD 相机）检测样品。图像分析程序计算蓝色颗粒（代表牛乳样品中的细胞）的数量。

(3) 体细胞数量过高，则产奶量减少，乳质降低，牛乳的有效期缩短，农场主收入减少。

(4) 测量范围：$5\times10^3\sim4\times10^6$ 细胞/mL；最佳测量范围为 $10^4\sim2\times10^6$ 细胞/mL。

(5) 样品处理：简单的加热处理即可。

二、乳成分分析仪

1. 仪器适用范围

以荷兰 DELTA LactoScope FTIR 乳成分分析仪为例，LactoScope F. T. I. R. 是基于傅里叶变换红外技术，是目前世界上最先进的用于快速检测牛乳和乳制品的化学组分的分析仪器。LactoScope F. T. I. R. 使用上有很大的灵活性，除了做所需检测组分的测定以外，还可以作红外谱图并保存在计算机中。手动型带有高黏度泵及自动调零、清洗和样品预热系统，每 1h 可处理 120 个样；LactoScope F. T. I. R. 可以非常精确地检测牛乳中的脂肪、蛋白质、乳糖、总固体含量、非脂乳固体、自由脂肪酸、柠檬酸、密度、蔗糖、电导率、酸度、总糖、尿素、酪蛋白、冰点等检测。可以适用于原料奶、发酵奶、酸奶、花色奶、各种液态奶、风味乳和各种乳饮料的检测。可以用做乳制品研究开发，生产过程中的半成品控制（降低原料成本）、成品质量控制及原奶按质论价等方面。

2. 检测样品

(1) 原料乳。

(2) 发酵酸奶（仪器本身配置高黏度泵）。

(3) 花色乳。

（4）乳饮料。

（5）UHT、巴氏消毒乳。

3. 仪器可以检测的理化指标

经济型乳品成分分析仪可以检测原料奶及各种乳制品中的脂肪（FatA 和 FatB，可以检测来自动物脂肪和非动物脂肪）、蛋白质、乳糖、总固体含量、非脂乳固体、自由脂肪酸、柠檬酸、密度、蔗糖、电导率、酸度、总糖、尿素、酪蛋白、冰点等组分。同时可以对样品进行温度的控制。

4. 仪器检测速度

检测速度：<30s。

5. 仪器特点

（1）即使是复杂的乳制品，也能快速而精准地检测。

（2）具有针对高黏度产品专门设计，例如冰激凌混合物和乳清浓缩液。

（3）可以分析冷冻样品，对低黏度样品不需要预热。

（4）自动清洗和校正控制。

（5）使用专利的傅里叶变换红外技术，具有出色的标度可移植性。

（6）具有通过计算机和调制解调器实现远程维护和诊断的可选配置。

（7）模块化结构，使用费用低廉，易于维护，并且具有更高的可靠性。

（8）不限数量的产品文件。

小结

本章的主要介绍了分光光度计、气相色谱、液相色谱、电位分析法、毛细管电泳法、PCR 技术及常见的仪器等在乳品行业中分析检测的测定原理、基本组成部件及操作方法等。

复习题

1. 简述紫外-可见分光光度计原理及影响因素。

2. 简述比色皿使用时的注意事项。

3. 简述工作曲线的概念及其特点。

4. 简述气相色谱与高效液相色谱的区别。

5. 电位滴定法的特点是什么？

6. 毛细管电泳仪的主要部件有哪些？

7. PCR 反应五要素是什么？

8. PCR 反应的步骤有哪些？

第六章　乳与乳制品中功能性成分的检验

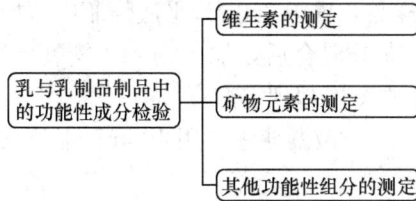

```
                              ┌─────────────────┐
                         ┌────│  维生素的测定    │
                         │    └─────────────────┘
  ┌──────────────┐       │    ┌─────────────────┐
  │乳与乳制品制品中│──────┼────│  矿物元素的测定  │
  │的功能性成分检验│       │    └─────────────────┘
  └──────────────┘       │    ┌─────────────────┐
                         └────│其他功能性组分的测定│
                              └─────────────────┘
```

第一节　维生素的测定

一、脂溶性维生素的测定

（一）维生素 A、维生素 E 的测定

1. 原理

样品中脂溶性维生素在皂化过程中与脂肪分离，经乙醚或石油醚萃取后，用高压液相色谱紫外检测器定量测定。

2. 仪器和试剂

（1）平底烧瓶。

（2）分液漏斗。

（3）旋转蒸发器。

（4）高压液相色谱仪；具有可变波长的紫外检测器、数据处理系统或记录仪。

（5）甲醇，异丙醇。

（6）石油醚：沸程 30～60℃。

（7）乙醇。

（8）正己烷：色谱纯。

（9）环己烷。

（10）焦性没食子酸的乙醇溶液：15g/L。

（11）氢氧化钾溶液：500g/L。

（12）维生素 A 标准贮藏液：含维生素 A 100μg/mL 的甲醇溶液。称取 10mg 的维生素 A（99%，HPLC），用甲醇定容于 100mL 容量瓶中。

（13）维生素 E 标准贮藏液：含维生素 E 400μg/mL 的甲醇溶液。称取 40mg 的维生素 E（98%，GC 或 HPLC），用甲醇定容于 100mL 容量瓶中。

（14）维生素 A、维生素 E 标准工作液：维生素 A 浓度 $2\mu g/mL$，维生素 E 浓度 $20\mu g/mL$。称取 1mL 维生素 A 标准贮备液和 2.5mL 维生素 E 标准贮备液于 50mL 容量瓶中，用甲醇定容。

3. 待测液的制备

（1）准确称取 5～10g 样品，置于 250mL 平底烧瓶中，加入 30mL 水。加入 100mL 焦性没食子酸的乙醇溶液，充分混合后，加入 50mL 氢氧化钾溶液，在 85℃左右水浴上连续皂化回流 30min 后，立刻冷却到室温。

（2）将皂化液转入 500mL 分液漏斗中，用 100mL 水分几次冲洗烧瓶，洗涤液一并倒入分液漏斗中。

（3）于上述分液漏斗中，加入 100mL 石油醚，盖好瓶塞，倒置分液漏斗并振摇 1min。在振摇过程中，注意稀释瓶内压力。静置分层，将水相放入 500mL 分液漏斗中。重复上述萃取过程 2 次，合并醚液到第一个分液漏斗中。用水洗该醚液至中性，通过无水硫酸钠过滤干燥，在 60℃左右于旋转蒸发器上蒸至近干（决不允许蒸干）后，用石油醚转移至 10mL 容量瓶中，定容。

（4）从上述定量瓶中取 2mL 石油醚溶液放入试管 A 中，7mL 石油醚溶液放入试管 B 中，用氮气吹干。

（5）试管 A 加入 5mL 甲醇，用来测定维生素 A、维生素 E。

4. 仪器条件

色谱柱 25cm×4.6mm，C_{18}柱或具等同性能的色谱柱。

流动相甲醇（此为 1 号流动相）。

流速 1mL/min。

波长 维生素 A，325nm，维生素 E，290nm。

5. 维生素 A 和维生素 E 的测定

注射 $50\mu L$ 维生素 A、维生素 E 标样和 $50\mu L$ 试管 A 中的样品溶液，得到标样和样品溶液中维生素 A 和维生素 E 的峰高或峰面积。

6. 分析结果的表述

$$X = \frac{A_s \times c_{sd} \times V_{sd} \times F \times f \times 100}{A_{sd} \times m \times V_s} \tag{6-1}$$

式中　X——样品中维生素 A、维生素 E 的含量，$\mu g/100g$；

　　　m——样品的质量，g；

　　　A_s——进样液中维生素 A、维生素 E 的峰高（或峰面积）；

　　　A_{sd}——标样中维生素 A、维生素 E 的峰高（或峰面积）；

　　　100——将每 1g 样品中维生素 A、维生素 E 的含量转换为每 100g 样品中维生素
　　　　　　　A、维生素 E 的含量；

c_{sd}——标样中维生素 A、维生素 E 的浓度，$\mu g/mL$；

F——稀释倍数，维生素 A、维生素 E 的 $F=10/2\times5$（总样品定容到 10mL 后，取其中 2mL 吹干稀释到 5mL）；

V_{sd}——标准液进样量，μL；

V_s——样品液进样量，μL；

f——换算系数，当 X 以 $\mu g/100g$ 为单位计算时，$f=1$。当 X 以 $IU/100g$ 为单位计算时，维生素 A $f=3.33$，维生素 E $f=1$。

7. 允许差

重复性条件下维生素 A 和维生素 E 两次测定结果的相对相差不超过 5%。

8. 注意事项

（1）维生素 A 为条状淡黄色晶体，它不溶于水和甘油，而能溶于许多普通有机溶剂，如乙醇、甲醇、氯仿、乙醚、苯等。维生素 A 有许多异构体。在动物源的脂肪中存在的维生素 A 的母体化合物视为黄醇，是一种不饱和一元醇。植物中通常以酯的形式（如乙酸酯）存在，称为维生素 A 原。维生素 A 分子中有双键，所以易被氧化，高温、阳光及氧的存在能破坏维生素 A。铜和铁的存在也会破坏维生素 A。维生素 A 对酸不稳定，但却经得起沸腾的强碱处理。

（2）维生素 E 是透明的、淡黄色黏稠油状物，不溶于水，溶于油，丙酮、乙醇、氯仿、乙醚等脂溶性物质。在空气中能慢慢被氧化，光、热、碱能促进这种氧化作用。紫外线照射能破坏维生素 E。自然界存在的至少有 8 种维生素 E 的异构体已被分离出来，包括 α-生育酚、β-生育酚、γ-生育酚、δ-生育酚、α-三烯生育酚、β-三烯生育酚、γ-三烯生育酚、δ-三烯生育酚。

（3）在测定维生素 A、维生素 E 时，常吹入氢气或氮气，且加入抗坏血酸（维生素 C）、苯三酚等抗氧化剂来保护。

（4）维生素一般用国际标准（IU）表示。国际单位和微克的换算关系如下：

全反式维生素 A　　　　　　$1IU=0.300\mu g$

全反式视黄基乙酸酯　　　　$1IU=0.344\mu g$

全反式棕榈酸视黄酯　　　　$1IU=0.550\mu g$

（5）维生素 A、维生素 E 的紫外吸收见表 6-1。

表 6-1　维生素 A、维生素 E 的紫外吸收

维生素	最大吸收波长/nm	$E^{1\%}_{1cm}$
全反式维生素 A	325	1832
全反式视黄基乙酸酯	325	—
全反式棕榈酸视黄酯	325	490
α-生育酚	292	75.8

（6）皂化后抽提时不能太剧烈，以防乳化，难以分层。

（二）维生素 D 含量的测定

原理、仪器和试剂与维生素 A、维生素 E 测定相同。

1. 维生素 D 标准溶液

（1）维生素 D_2 标准贮备液。维生素 D_2 $100\mu g/mL$ 的甲醇溶液。称取 10mg 的维生素 D_2，用甲醇定容于 100mL 容量瓶中。

（2）维生素 D_3 标准贮备液。维生素 D_3 $100\mu g/mL$ 的甲醇溶液。称取 10mg 的维生素 D_3，用甲醇定容于 100mL 容量瓶中。

（3）维生素 D 标注工作液。维生素 D_2、维生素 D_3 的浓度均为 $1\mu g/mL$。取维生素 D_2 标准贮备液 1mL，维生素 D_3 标注贮备液 1mL，于 100mL 容量瓶中，用甲醇定容。

2. 测定液的制备

与维生素 A、维生素 E 测定相同。在试管 B 中加入 1mL 正己烷，用来测定维生素 D。

3. 维生素 D 测定条件

（1）测定液的制备。

仪器条件：

色谱柱：30cm×4mm，硅胶柱或具等同性能的色谱柱。

流动相：环己烷：正己烷＝1：1，并按体积分数 0.8％加入异丙醇。

流速：1mL/min。

波长：265nm。

注射 $50\mu L$ 维生素 D 标样和 $200\mu L$ 试管 B 中的样品溶液，根据维生素 D 标样保留时间收集维生素 D 于试管 C 中，将试管 C 用氮气吹干，准确加入 0.20mL 甲醇溶解，备用。

（2）测定步骤。

仪器条件：

色谱柱：25cm×4.6mm，C_{18} 柱或具同等性能的色谱柱。

流动相：甲醇。

流速：1mL/min。

波长：265nm。

注射 $50\mu L$ 维生素 D 标准工作液，注射 $50\mu L$ 试管 C 中的样品溶液，得到标样和样品溶液中维生素 D 峰高或峰面积。

4. 计算

$$X = \frac{c_s \times 10/75 \times 100 \times 40}{m \times 100} \tag{6-2}$$

$$c_s = \frac{A_s}{A_{sd}} \times C_{sd} \tag{6-3}$$

式中　X——样品中维生素 B_2 含量，mg/100g；

c_s——进样液维生素 D 的质量浓度，$\mu g/mL$；

m——样品的质量，g；

A_s——进样液中的维生素 D 的峰高（或峰面积）；

A_{sd}——标样中维生素 D 的峰高（或峰面积）；

c_{sd}——标样中维生素 D 的质量浓度，$\mu g/mL$；

40——换算系数，当 X 以 IU/100g 为单位计算时，维生素 Df＝40；

10/75——样品稀释倍数。

计算结果精确至小数点后一位。

二、水溶性维生素的测定

（一）分光光度法测定乳制品中的维生素 C 含量

1. 仪器和试剂

（1）分光光度仪。

（2）超声清洗机。

（3）水浴锅。

（4）100g/L 钨酸钠溶液。溶解钨酸钠 10g 于 10mL 水中。

（5）4.5mol/L 硫酸。谨慎地加入 250mL 硫酸（相对密度 1.84）于 700mL 水中，冷却后用水稀释至 1000mL。

（6）85％硫酸。谨慎地加 900mL 硫酸（相对密度 1.84）于 100mL 水中。

（7）20g/L 2,4-二硝基苯肼溶液。溶解 2g 2,4-二硝基苯肼于 100mL 4.5mol/L 硫酸溶液中，过滤，不用时存于冰箱内，每次用前必须过滤。

（8）20g/L 草酸溶液。溶解 20g 草酸（$C_2H_2O_4$）于 700mL 水中，稀释至 1000mL。10g/L 草酸溶液。取 500mL 草酸溶液（20g/L）稀释至 1000mL。

（9）10g/L 硫脲溶液。溶解 5g 硫脲于 500mL 草酸溶液（10g/L）中。20g/L 硫脲溶液。溶解 10g 硫脲于 500mL 草酸溶液（10g/L）中。

（10）1mol/L 盐酸。取 100mL 盐酸，加入水中，并稀释至 1200mL。

（11）活性炭。将 100g 活性炭加到 750mL 1mol/L 的盐酸中，回流 1～2h，过滤，用水洗至滤液中无铁离子（Fe^{3+}）为止，然后置于 100℃烘箱中烘干。

（12）抗坏血酸标准溶液。溶解 57.8mg 纯抗坏血酸（纯度 99.99％）于 50mL 10g/L草酸中，配成每毫升相当于 1.156mg 抗坏血酸。

（13）抗坏血酸标准使用液。吸取 1mg 抗坏血酸标准溶液于 50mL 容量瓶中，用 10g/L 草酸定容至刻度，配成每毫升相当于 23.12μg 抗坏血酸。

2. 实验方法

准确称取一定量乳制品，以 10g/L 草酸溶液溶解，移入 250mL 定量瓶中定容。取出 25mL 加入钨酸钠溶液至不再产生白色絮状沉淀为止。超声 15min 加入活性炭 0.2g，充分振荡 1min。过滤，弃初滤液 5mL，滤液备用。

3. 标准系列

取 100mL 带塞比色管，加入抗坏血酸标准使用液 20mL，加入钨酸钠 0.3mL，加入活性炭 0.2g，充分振荡 1min。过滤，弃初滤液 5mL，滤液备用。取 10mL 带塞比色管，分别加入标准溶液 0mL、0.2mL、0.4mL、0.6mL、0.8mL、1.0mL，用 10g/L 草酸补足 2mL，加硫脲 0.5mL，除 0 管外，加 2,4-二硝基苯肼 0.5mL，沸水浴 10min，取出，冷却，0 管补加 2,4-二硝基苯肼 0.5mL，在冰水浴中每管缓慢加 2.5mL 硫酸（9+1），混匀。室温放置 30min 后，用 1cm 比色杯，于 500nm 波长下测吸光度。样品滤液从"用 10g/L 草酸补足 2mL……"始，同上操作。

（二）荧光法测定乳中维生素 B_2

1. 原理

样品在稀盐酸溶液中消化，过滤，除去蛋白质等物质后，滤液加高锰酸钾氧化除去干扰物，此溶液中维生素 B_2 在激发波长 440nm、发射波长 565nm 下可产生最大荧光强度，与标准样品做对照试验，可得维生素 B_2 含量。

2. 仪器和试剂

（1）荧光分光光度计。

（2）常用实验室仪器。

（3）盐酸：c_{HCl} 为 0.1mol/L。

（4）氢氧化钠：c_{NaOH} 为 400g/L。

（5）冰乙酸。

（6）高锰酸钾：c_{KMnO_4} 为 40g/L。

（7）过氧化氢：体积分数为 3%。

（8）连二亚硫酸钠（$Na_2S_2O_4 \cdot 2H_2O$）。

（9）维生素 B_2 标准溶液。

① 维生素 B_2 标准贮备液：浓度为 100μg/mL。

准确称取于暗处五氧化二磷条件下干燥过夜的维生素 B_2 50.0mg，溶于 0.02mol/L 的乙酸中，定容至 500mL，甲苯条件下于冰箱中保存。

② 维生素 B_2 标准中间液，浓度 $10\mu g/mL$。

用 $0.02mol/L$ 乙酸稀释 $100mL$ 标准贮备液至 $1000mL$，在甲苯条件下冰箱中保存。

③ 标准工作液，维生素 B_2 的浓度为 $1\mu g/mL$。

用水稀释 $10mL$ 标准中间液至 $100mL$。当天配制。

所有试剂，如未注明规格，均指分析纯；所有实验用水，如未注明其他要求，均指三级水。

3. 操作步骤

(1) 抽提。于 $150mL$ 三角瓶中准确称取 $5g$ 左右样品，加 $0.1mol/L$ 盐酸 $60mL$，用铝箔纸盖住瓶口，在 $137.2 \sim 161.7kPa$ 压力（$125℃$）消化 $30min$，调节至 $pH4.5$，将此抽提液移入 $100mL$ 容量瓶中以蒸馏水定容，过滤，吸取 $25mL$ 滤液于 $250mL$ 容量瓶中，用蒸馏水稀释至刻度，待用。

(2) 抽提液的氧化。吸取 4 份样品抽提液，每份 $10mL$，于 4 个试管中；于其中二个试管各加 $1mL$ 上述标准工作液，于另外二个试管中各加 $1mL$ 水。加 $1mL$ 冰乙酸于每一试管中，混匀。加高锰酸钾溶液 $0.5mL$ 于每个试管中，混匀。$2min$ 后各加过氧化氢 $0.5mL$，混匀，使其褪色。

(3) 荧光测定。依次测定每管荧光强度，激发波长 $440nm$，发射波长 $565nm$。

样液管（未加标准工作液者）经荧光测定后，各加 $20mg$ 连二亚硫酸钠混匀，立即测定荧光，在 $5s$ 内读数。

4. 计算

$$X = \frac{(I_s - I_b) \times c \times D}{(I_{ss} - I_s) \times 10 \times m \times 1000} \times 100 \tag{6-4}$$

式中　X——样品中维生素 B_2 含量，$mg/100g$；

I_b——样品空白荧光值；

I_s——样品荧光值；

I_{ss}——标样加标样荧光值；

c——标样浓度，$\mu g/mL$；

D——样品稀释倍数；

m——样品的质量，g；

10——维生素 B_2 标准中间液的稀释倍数；

100——将每 $1g$ 样品中维生素 B_2 的含量转换为每 $100g$ 样品中维生素 B_2 的含量；

1000——$1g$ 样品换算为 $1mg$ 样品。

同一样品的两次测定值之差不得超过两次平均值的 5%。

第二节　矿物元素的测定

一、EDTA 法测定钙

1. 原理

钙与氨羧络合剂能定量地形成金属络合物，其稳定性较钙与指示剂所形成的络合物强。在适当的 pH 范围内，以氨羧络合剂 EDTA 滴定，在达到当量点时，EDTA 就自指示剂络合物中夺取钙离子，使溶液呈现游离指示剂的颜色（终点）。根据 EDTA 络合剂用量，可计算钙的含量。

2. 仪器试剂

（1）微量滴定管（1mL 或 2mL）。

（2）碱式滴定管（50mL）。

（3）刻度吸管（0.5～1mL）。

（4）试管。

（5）硝酸（GB），高氯酸（GB）。

（6）混合酸消化液：硝酸＋高氯酸按 4∶1 混合。

（7）1.25mol/L 氢氧化钾溶液：称取 70.13g 氢氧化钾，用去离子水定容至 1000mL。

（8）10g/L 氰化钠溶液：称取 1.0g 氰化钠，用去离子水定容至 100mL。

（9）0.05mol/L 柠檬酸钠溶液：称取 14.7g 柠檬酸钠，用去离子水定容至 1000mL。

（10）EDTA 溶液：准确称取 4.50gEDTA（乙二胺四乙酸二钠），用去离子水定容至 1000mL，贮存于聚乙烯瓶中，4℃保存，使用时稀释 10 倍即可。

（11）钙红指示剂：称取 0.1g 钙红指示剂，用去离子水使其溶解并定容至 100mL，此指示剂在 4℃冰箱中可保存 1 个月。

（12）钙标准液：准确称取 0.1248g 碳酸钙（纯度＞99.99％，105～110℃烘干 2h）加 20mL 水及 3mL 0.5mol/L 盐酸溶解，移入 500mL 容量瓶中，加水稀释至刻度，贮存于聚乙烯瓶中，4℃保存，此溶液每毫升相当于 100μg 钙。

3. 操作步骤

（1）样品处理：精确称取均匀干试样 0.5～1.5g 或液体样品 5.0～10.0g 于 250mL 烧杯中，加混合酸消化液 20～30mL，上盖表面皿，至于电热板上加热消化，如未消化好而酸液过少时，再补加几毫升混合酸消化液，继续加热消化，直至无色透明为止，加几毫升水，加热以除去多余的硝酸，待烧杯中液体接近 2～3mL 时，取下冷却，用 20g/L 的氧化镧溶液洗并转移于 10mL 刻度试管中，并定容至刻度。

取与消化试样相同量的混合酸消化液，按上述操作做试剂空白试验测定。

（2）标定 EDTA 浓度。吸取 0.5mL 钙标准溶液，以 EDTA 滴定，标定其 EDTA

的浓度，根据滴定结果计算出每毫升 EDTA 相当于钙的毫克数，即滴定度（T）。

（3）试样及空白滴定。分别吸取 0.1～0.5mL（根据钙的含量而定）试样消化液及空白液于试管中，加 1 滴氰化钠溶液和 0.1mL 柠檬酸钠溶液，用滴定管加 1.5mL1.25mol/L 氢氧化钾溶液，加 3 滴钙红指示剂，立即以稀释 10 倍 EDTA 溶液滴定。至指示剂由紫红色变蓝为止。

4. 结果计算

$$X = \frac{T \times (V - V_0) \times f \times 100}{m} \tag{6-5}$$

式中：X——试样中钙含量，mg/100g；

T——EDTA 滴定度，mg/mL；

V——滴定样品时所用 EDTA 量，mL；

V_0——滴定空白时所用 EDTA 量，mL；

100——将每 1g 样品中磷的含量转换为每 100g 样品中磷的含量；

f——样品稀释倍数；

m——样品量，固体重量为 g，液体 mL。

本方法的检测范围为：5～50μg。

二、硫氰酸盐光度法测定铁

1. 原理

在酸性溶液中，三价铁离子与硫氰酸根离子作用，生成血红色的硫氰酸。溶液颜色的深浅与铁离子的浓度成正比，于 485nm 处测溶液的吸光度，与标准曲线比较进行定量。

2. 仪器和试剂

（1）分光光度计。

（2）200g/L 硫氰酸钾溶液。

（3）200g/L 过硫酸钾溶液。

（4）硫酸。

（5）铁标准贮备液（1mg/mL）。称取纯铁 0.1000g 溶于 10mL10％硫酸中，加热至铁完全溶解。冷却，加 30mL 水，移入 100mL 容量瓶中，用水定容，摇匀。

（6）铁标准工作液（1μg/mL）。准确吸取铁标准贮备液 10.00mL 于 100mL 容量瓶中，用水稀释至刻度，每毫升相当于 100μg 铁。吸取上述溶液 10.00mL 于 100mL 容量瓶中，用水定容，每毫升相当于 10μg 铁，现用现配。

3. 操作方法

（1）样品处理。称取均匀样品 10～20g（称准至 0.01g）于瓷坩埚中，烘干水分后，小心炭化，移入 550℃ 马弗炉中炭化。灰化完全后取出冷却，加入 2mL 盐酸（1+1），在水浴上蒸干，加入 5mL 水，加热煮沸（防止溅出）后，移入 100mL 容量瓶中，用水定容，摇匀备用。同时做空白试验（瓷坩埚中不加样品，以下操作同样品的处理）。

（2）标准曲线。准确吸取铁标准工作液溶液 0mL、0.20mL、0.40mL、0.60mL、0.80mL、1.00mL，分别移入 25mL 比色管中，各加入 5mL 水，加浓硫酸 0.5mL，再加入 20g/L 过硫酸钾溶液 0.2mL 和 200g/L 硫氰酸钾溶液 2mL。混匀后定容至 25mL，摇匀。在 485nm 波长处，以试剂溶液为参比，测定各溶液的吸光度，以铁的浓度为横坐标，吸光度为纵坐标，绘制工作曲线。

（3）测定步骤。准确吸取空白及样液 5mL 于 25mL 比色管中，各加 0.5mL 硫酸、0.2mol/L 过硫酸钾溶液、2mL 200g/L 硫氰酸钾溶液，用水稀释至 25mL，摇匀。以空白为参比，在 485nm 波长处进行吸光度测定。

4. 结果计算

$$X = \frac{m_1 \times V}{m \times V_1} \tag{6-6}$$

式中　X——样品中铁的含量，mg/kg；

　　　m_1——测定时扣除空白后样液中铁的质量，μg；

　　　V_1——测定时吸取样液的体积，mL；

　　　V——样品溶液的体积，mL；

　　　m——样品的质量，g。

三、二硫腙光度法测定锌

1. 原理

样品经消化后，在 pH 为 4.0～5.5 时，锌离子与二硫腙形成紫红色络合物，溶于四氯化碳，加入硫代硫酸钠、盐酸羟胺溶液，防止铜、汞、铅、铋、银、和镉等离子干扰，与标准系列比较定量。

2. 仪器和试剂

（1）分光光度计。

（2）2mol/L 乙酸钠溶液。取乙酸钠（$CH_3COONa \cdot 3H_2O$）68g，溶于水并定容至 250mL。

2mol/L 乙酸溶液：取 10.0mL 冰醋酸，加水稀释至 85mL，混匀。

（3）乙酸-乙酸盐缓冲液（pH 为 4.75）。乙酸钠溶液（2mol/L）与乙酸溶液（2mol/L）等容混合，用二硫腙-四氯化碳溶液（0.1g/L）提取数次，每次 10mL，除去其中的锌，至四氯化碳层绿色不变为止，弃去四氯化碳层，再用四氯化碳提取乙酸-乙酸盐缓冲液中过剩的二硫腙，至四氯化碳无色，弃去四氯化碳层。

（4）酚红指示剂（1g/L）。0.1g 酚红溶解于 100mL95％的乙醇溶液中。

（5）盐酸羟胺溶液（200g/L）。取盐酸羟胺 20g，加 60mL 水，滴加氨水（1＋1），调节 pH 至 4.5～5.5，用二硫腙-四氯化碳溶液（0.1g/L）提取数次，至二硫腙溶液绿色不变为止，弃去四氯化碳，再用四氯化碳洗去残留在水溶液中的二硫腙。

（6）硫代硫酸钠溶液（250g/L）。用乙酸（2mol/L）调节 pH 至 4.0～5.5。以下按②用二硫腙-四氧化碳溶液（0.1g/L）处理。

（7）二硫腙-四氯化碳溶液（0.1g/L）。也可以用透光率为 70％的二硫腙应用液。

（8）二硫腙应用液（透光率 70％）。用 1cm 比色杯，以四氯化碳调节零点，于波长 530nm 处测吸光度 D，根据下式算出配制 100mL 二硫腙应用液需用的 0.1g/L 二硫腙-四氯化碳溶液体积（V）。

$$V = \frac{10 \times (2 - \lg 70)}{D} = \frac{1.55}{D}(mL) \tag{6-7}$$

（9）即取 10μg/mL＝硫腙－四氯化碳溶液（1.55/D）mL，加四氯化碳至 100mL，即可得透光率为 70％的二硫腙应用液。锌标准溶液。称取锌粒（纯度为 99.99％）0.1000g，加 2mol/L 盐酸 10mL，溶解后移入 1000mL 容量瓶中，加水稀释至刻度，混匀。吸取 1mL 上述溶液于 100mL 容量瓶中，加 2mol/L 盐酸 1mL，加水稀释至刻度，混匀。此溶液锌的浓度为 1μg/mL。

（10）氨水（1＋1）。

（11）2mol/L 盐酸；0.02mol/L 盐酸。

3. 操作方法

1）样品处理

（1）湿法处理。取样品 5～10g（称准至 0.01g，称样量视含锌量而定）于 500mL 或 250mL 凯氏烧杯中，先加少许水润湿，加入浓硝酸 20mL、硫酸 20mL、玻璃珠数粒，先以小火加热，剧烈反应停止后，加大火力，分 4 次加入 20mL 过氧化氢直至溶液透明或呈淡绿色为止。继续加热数分钟至冒白烟，冷却，加 25mL 饱和草酸铵溶液，继续加热到冒白烟后 20min 为止，冷却内容物，移入 50mL 容量瓶中，以二次蒸馏水稀释至刻度。同时做空白试验。

（2）干法处理。取 5～10g（称准至 0.01g）样品于瓷坩埚中，加氧化镁 1g 及 0.15g/mL 硝酸镁溶液 10mL，混匀，于水浴上蒸干，先用微火炭化，至无烟后移至 550℃马弗炉中，灼烧 3～4h，冷却后取出。加水 5mL 润湿灰分，用玻璃棒搅拌，用少量水冲洗玻璃棒上附着的灰分至坩埚内。置水浴上蒸干后移入马弗炉中于 550℃灰化 2h，冷却后加水至 5mL 润湿灰分，慢慢加入 6mol/L 盐酸 10mL，最后将溶液转至 50mL 容量瓶内，用 6mol/L 盐酸洗涤坩埚 3 次，每次 5mL，再用水洗涤 3 次，每次 5mL，洗液并入容量瓶中，加水至刻度，摇匀。同时做空白实验。

2）测定步骤

准确吸取样品溶液 5.00～10.00mL 和同等数量的试剂空白液，分别置于 125mL 分液漏斗中，加 5mL 水、0.5mL 盐酸羟铵溶液（200g/L）、酚红指示剂 2 滴，用氨水

(1＋1)调节至红色，再多加 2 滴，加入 5mL 二硫腙-四氯化碳溶液（0.1g/L），剧烈振摇 2min，静置分层后将四氯化碳层分入另一分液漏斗中，水层再用少量二硫腙溶液振摇提取，每次 2～3mL，直至二硫腙溶液绿色不变为止。合并二硫腙提取液，用 5mL 水洗涤。四氯化碳层用 0.02mol/L 盐酸溶液提取两次，每次 10mL，提取时剧烈振摇 2min，合并 0.02mol/L 盐酸提取液，并用少量四氯化碳洗去残留的二硫腙。

准确吸取 1μg/mL 锌标准溶液 0mL、1.00mL、2.00mL、3.00mL、4.00mL、5.00mL，分别置于 125mL 分液漏斗中，各加 0.02mol/L 盐酸溶液至 20mL。

在样品溶液、试剂空白液及锌标准溶液中各加 10mL 乙酸-乙酸盐缓冲液、1mL 硫代硫酸钠溶液（250g/L），混匀，再各准确加入 10mL 二硫腙应用液，剧烈振摇 2min。静置分层后，经脱脂棉将四氯化碳层滤入 1cm 比色杯中，以零管调节零点，于波长 530nm 出测吸光度，以锌的浓度为横坐标，以吸光度为纵坐标绘制标准曲线。

4. 结果计算

$$X = \frac{m_1 \times V_1}{m \times V_2} \tag{6-8}$$

式中　X——样品中锌的含量，mg/kg；

m——样品的质量，g；

m_1——测定时扣除空白液中锌的质量，μg；

V_1——样品溶液的体积，mL；

V_2——测定用样品溶液的体积，mL。

四、磷的测定

1. 原理

食物中的有机物经酸氧化分解，使磷在酸性条件下与钼酸铵结合生成磷钼酸铵。此化合物经对苯二酚、亚硫酸钠还原成蓝色化合物——钼蓝。用分光光度计在波长 660nm 处测定钼蓝的吸光值，以测定磷的含量。此方法适用于所有食品及保健品中磷元素含量的测定。此元素最低检出限为 2μg。

2. 仪器和试剂

（1）722 可见分光光度计。

（2）硝酸：优级纯；高氯酸：优级纯；硫酸：分析纯。

（3）20％亚硫酸钠溶液。

（4）混合酸消化液：硝酸＋高氯酸（4＋1）。

（5）15％硫酸溶液：取 15mL 硫酸缓慢加入到 80mL 水中，并定容至 100mL。

（6）5％钼酸铵溶液：取 5g 钼酸铵，用 15％硫酸溶液稀释至 100mL。

（7）对苯二酚溶液：取 0.5g 对苯二酚于 100mL 水中，溶解后加 1 滴浓硫酸。

（8）标准质控物：猪肝粉（国家标准物质研究中心提供），质控物需室温干燥保存。

（9）磷标准贮备溶液：国家标准物质研究中心提供，浓度为 $1000\mu g/mL$。

（10）标准中间液的配制：吸取 1mL 磷标准贮备溶液，然后移入 100mL 容量瓶中，用去离子水定容至 100mL，浓度为 10mg/L。

3. 操作方法

（1）样品消化。实验操作需在无元素污染的环境中进行。准确称取样品干样（0.3～0.7g）、湿样（1.0g 左右），然后将其放入 50mL 消化管中，加混酸 15mL（油样或含糖量高的食品可多加些酸），过夜。次日，将消化管放入消化炉中，消化开始时可将温度调低（约 130℃），然后逐步将温度调高（最终调至 240℃左右）进行消化，一直消化到样品冒白烟，液体变成无色或黄绿色为止。若样品未消化完全可再加几毫升混酸，直到消化完全。消化完毕，待凉，再加 5mL 去离子水，继续加热，直到消化管中的液体剩 2mL 左右，取下，放凉，然后转至 10mL 试管中，再用去离子水冲洗消化管 2～3 次，并最终定容至 10mL。样品进行消化时，应同时做样品空白消化。

（2）磷标准曲线。分别吸取标准贮备液 0mL、1.0mL、3.0mL、5.0mL 至 20mL 刻度试管中，然后依次加入 2mL 钼酸铵溶液、1mL 亚硫酸钠溶液、1mL 对苯二酚溶液，加蒸馏水定容至 20mL，混匀，静置 30min，在波长 660nm 处测定其吸光度，由此计算出回归系数，利用回归方程计算或绘制成校正曲线。

（3）测定。取样品及空白液各 2mL 分别至 20mL 试管中，然后依次加入 2mL 钼酸铵溶液、1mL 亚硫酸钠溶液、1mL 对苯二酚溶液，加蒸馏水定容至 20mL，混匀，静置 30min，在波长 660nm 处测定其吸光度，并根据测出的吸光度在标准曲线上算得未知溶液中的磷含量。

4. 结果计算

$$X = \frac{m_1 \times V_1}{m \times V_2} \times 100 \tag{6-9}$$

式中　X——样品中磷的含量，mg/100g；

　　　m_1——由标准曲线及回归方程算得样品待测液中磷含量，mg；

　　　m——称样量，g；

　　　V_1——消化液定容总体积，mL；

　　　V_2——测定用消化液的体积，mL；

　　　100——将每 1g 样品中磷的含量转换为每 100g 样品中磷的含量。

亚硫酸钠溶液最好每次实验前临时配制，否则可能会使钼蓝溶液发生浑浊。定容完毕，静置时间不宜过长，否则溶液颜色将会加深，其结果不准确。

五、原子吸收光谱法测定钙、铁、锌、钠、钾、镁、铜和锰

1. 原理

样品经干法灰化，分解有机质后，加酸使灰分中的无机离子全部溶解，直接吸入空

气-乙炔火焰中原子化，并在光路中分别测定钾、钠、钙、镁、锌、铜和锰原子对特征波长谱线的吸收。测定钙、镁时，需用镧做释放剂，以消除磷酸盐等的干扰。

2. 仪器和试剂

(1) 原子吸收分光光度计。

(2) 钾、钠、钙、镁、锌、铜、锰空心阴极灯。

(3) 钢瓶乙炔气和空气压缩机。

(4) 石英坩埚（或瓷坩埚）。

(5) 高温炉。

(6) 实验用水均为去离子水，可采用离子交换、电渗析、反渗透或超滤等法制得，其电阻一般在 $8 \times 10^5 \Omega$ 以上。

(7) 盐酸（1+50）；盐酸（1+4）；硝酸（1+1）。

(8) 镧溶液 50g/L：准确称取 29.32g 氧化镧（La_2O_3），用去离子水湿润后，慢慢添加 125mL 浓盐酸使氧化镧溶解后，用去离子水稀释至 500mL。

(9) 钾标准贮备液：1000μg/mL。准确称取干燥的氯化钾（相对分子质量 74.55，光谱纯）1.9067g，用盐酸（1+50）溶解，并定容于 1000mL 容量瓶中。

(10) 钠标准贮备液 1000μg/mL：准确称取干燥的氯化钠（相对分子质量 58.44，光谱纯）2.5420g，用盐酸（1+50）溶解，并定容于 1000mL 容量瓶中。

(11) 钙标准贮备液 1000μg/mL：准确称取干燥的碳酸钙（相对分子质量 100.05，光谱纯）2.4963g，用盐酸（1+4）100mL 溶解，并定容于 1000mL 容量瓶中。

(12) 镁、锌、铁、铜、锰标准贮备液：1000μg/mL。准确称取纯镁、锌、铁、铜、锰（光谱纯）1.000g，用硝酸（1+1）40mL 溶解，用水定容于 1000mL 容量瓶中。

(13) 各离子的标准中间液 100μg/mL：分别吸取上述标准贮备液 25mL 于 8 个 250mL 容量瓶中，用盐酸（1+50）定容。

(14) 铜、锰标准使用液 10μg/mL：分别吸取铜、锰标准中间液（100μg/mL），10mL 于 100mL 容量瓶中，用盐酸（1+50）定容。

3. 操作方法

1) 标准混合液的配制

(1) 按表 6-2 吸取铜、锰标准使用液和铁、锌、钾、钠标准中间液于 100mL 容量瓶中，用盐酸（1+50）定容。

(2) 测定钙、镁时，按表 6-1 吸取标准中间液于 100mL 容量瓶中，加入 2mL 镧溶液，用盐酸（1+50）定容。上述各元素的浓度如表 6-3 所示。

2) 标准曲线的绘制

按照仪器说明书将仪器工作条件（如电流、狭缝宽度、空气-乙炔流量比、火焰高度、放大器增益等）调整到测定各元素最佳状态，各元素选用的灵敏吸收线如表 6-4 所示。

将仪器调好预热后，用毛细管吸喷盐酸（1+50）溶液，测钙、镁时用含镧 1g/L 盐酸（1+50）调零。分别测定混合标准液中各元素的吸光度，绘制各元素的标准曲线〔以吸光度为纵坐标，浓度（μg/mL）为横坐标〕或计算回归方程。

表 6-2 配制混合标准溶液所取各元素标准中间液（铜、锰为标准使用液）的体积

序号	V_K/mL	V_{Ca}/mL	V_{Na}/mL	V_{Mg}/mL	V_{Zn}/mL	V_{Fe}/mL	V_{Cu}/mL	V_{Mn}/mL
1	1	2.5	1	0.5	0.5	2.0	1	1
2	2	5	2	1.0	1.0	4.0	2	2
3	3	10	3	1.5	1.5	6.0	4	4
4	4	15	4	2.0	2.0	8.0	6	6
5	5	20	5	2.5	2.5	10.0	8	8

表 6-3 混合标准溶液各元素的浓度

序号	c_K/(μg/mL)	c_{Ca}/(μg/mL)	c_{Na}/(μg/mL)	c_{Mg}/(μg/mL)	c_{Zn}/(μg/mL)	c_{Fe}/(μg/mL)	c_{Cu}/(μg/mL)	c_{Mn}/(μg/mL)
1	1	2.5	1	0.5	0.5	2.0	0.1	0.1
2	2	5	2	1.0	1.0	4.0	0.2	0.2
3	3	10	3	1.5	1.5	6.0	0.4	0.4
4	4	15	4	2.0	2.0	8.0	0.6	0.6
5	5	20	5	2.5	2.5	10.0	0.8	0.8

表 6-4 各元素的灵敏吸收线

元素	灵敏吸收光线/nm	元素	灵敏吸收线/nm
K	766.56	Fe	248.3
Ca	422.7	Cu	324.7
Na	588.9	Mn	279.5
Mg	285.2	Zn	213.9

3）样品处理

准确称取 5g 样品，精确至 0.001g，置于坩埚中，在电炉上微火、炭化至不冒烟，再移入高温炉中升温至 490℃使样品炭化成白色灰烬。如有黑色炭粒，冷却后，则滴加少许硝酸（1+1）湿润。在电炉上小火蒸干后，再移入 490℃高温炉中继续灰化至白色灰烬，取出，冷却至室温，加盐酸（1+4）5mL，在电炉上加热使灰烬充分溶解，冷却至室温后，移入 50mL 容量瓶中，用去离子水定容。同时处理一个空白样品。

4）样品的测量

调整好仪器的最佳状态，用相应的 2%盐酸溶液调零后，按下面的方式测定样品的吸光度及试剂空白：

（1）钠的测定。从 50mL 样液中吸取 1mL 于 100mL 容量瓶中，用盐酸（1+50）定容，上机测定。

（2）钾的测定。从测定钠的 100mL 容量瓶中吸取 10mL 样液于 50mL 容量瓶中，用盐酸（1+50）定容，上机测定。

（3）锌的测定。从 50mL 样液中吸取 5mL 于 25mL 容量瓶中，用盐酸（1+50）定容，上机测定。

（4）铁、锰、铜的测定。用 50mL 处理样液直接上机测定。

（5）钙、镁的测定。从 50mL 处理样液中吸取 1mL 于 50mL 容量瓶中，加镧溶液 1mL，用盐酸（1+50）定容，上机测定。

4. 计算

$$\omega = \frac{(c_1 - c_2) \times V \times A \times 100}{m \times 1000} \tag{6-10}$$

式中　ω——样品中元素的含量，mg/100g；

　　　c_1——测定液中元素的浓度，$\mu g/mL$；

　　　c_2——测定空白液中元素的浓度，$\mu g/mL$；

　　　V——样液体积，mL；

　　　A——样液稀释倍数；

　　　100——将每 1g 样品中元素的含量转换为每 100g 样品中元素的含量；

　　　1000——$1\mu g$ 样品换算为 1mg 样品；

　　　m——样品的质量，g。

测定钙、镁时，易受样液中共存元素的干扰，须加氯化锶消除其影响。也可以加入氯化镧（样液中氯化镧浓度保持为 0.5%）消除干扰。

第三节　其他功能性组分的测定

一、脂肪酸的检验

（一）HPLC 法

1. 原理

根据脂肪酸含有不同的碳原子数和双键数目，及所在位置在色谱柱上有不同的保留时间来调节流动相的极性，使各种脂肪酸能得到有效的分离。

2. 仪器与试剂

（1）高效液相色谱仪（LKB-2150 型，瑞典）。

（2）紫外检测器（LKB-2151 型，瑞典）。

（3）脂肪酸标准品。

（4）α-溴苯乙酮。

（5）乙腈。

(6) 己烷。

(7) 石油醚（色谱纯）。

(8) 重蒸馏水。

3. 操作步骤

(1) 色谱条件。

色谱柱：μ-Boudapak C_{18}（3.9mm×250mm）。

流动相：CH_3CN-H_2O（85＋15）。

流速：0.8mL/min。

检测：UV242nm。

进样量：20μL。

(2) 标准液配置。取标准脂肪酸10μg 于配有聚四氟乙烯瓶塞的 10mL 试管中，加入 10mg/L 三乙胺丙酮溶液 1mL 和 10mg/mL α-溴苯乙酮-丙酮溶液 1mL，置于沸水浴中反应 10min 后，加入 2mg/mL 乙酸丙酮溶液 1.75mL，反应 5min，在充氮条件下 40℃挥发溶液，加入 5mL 乙腈定容，0.45μm 滤膜过滤后待测。

(3) 样品处理。0.1g 样品置于 25mL 烧杯中，加入 1mol/L 氢氧化钾甲醇溶液 5.0mL，水浴回流 1h，冷却后加入 10mL 蒸馏水，用石油醚提取 3 次。用蒸馏水冲洗 2 次石油醚相，合并水相，用 6mol/L 盐酸调节水相溶液至酸性（pH<4），用己烷提取 3 次，合并己烷相后，用蒸馏水将己烷相洗至中性，加入适量的无水硫酸钠脱水、过滤，用己烷定溶至 50mL，待用。

取上述己烷溶液 0.1mL 于配有聚四氟乙烯瓶塞的 10mL 试管中，加入 10mg/mL 三乙胺丙酮溶液 1mL 和 10mg/mL α-溴苯乙酮-丙酮溶液 1mL，置水浴上反应 10min 后加入 2mg/mL 乙酸、丙酮溶液 1.75mL，反应 5min，在充氮条件下 40℃挥发溶剂，加入 5mL 乙腈定容，0.45μm 滤膜过滤后待测。

4. 测定

取 20μL 混合标准样进行色谱分析，求各脂肪酸峰面积；在同一色谱条件下，取 20μL 样品溶液进行分析，以相应峰面积计算含量。

5. 计算

$$X = \frac{c \times A_2 \times V_1}{m \times A_1 \times V_2 \times 1000} \times 0.5 \tag{6-11}$$

式中　x——每克样品中各种脂肪酸的含量，mg/g；

　　　c——标准样脂肪酸的浓度，μg/mL；

　　　m——样品质量，g；

　　　V_1——样品定容体积，mL；

　　　V_2——样品进样体积，mL；

　　　A_1——标样中脂肪酸峰面积；

A_2——样品中脂肪酸峰面积；

0.5——样品稀释倍数；

1000——$1\mu g$ 脂肪酸换算为 1mg 脂肪酸。

（二）GC 法（气相色谱法）

1. 原理

样品中脂肪酸一般以甘油三酯形式存在，经氢氧化钾甲醇液甲酯化，生成相应的脂肪酸甲酯，经气相色谱分离并定量测定。

2. 仪器和试剂

（1）Sigma 300 气相色谱仪。

（2）LCI-100 积分仪。

（3）SQF-200B 型氢气发生器。

（4）AOCS 混合油对照品 RM3 Supelcs 50mg。

（5）RM6 Supelcs 50mg（MA-TREYA 公司提供）。

（6）棕榈酸、硬脂酸、油酸、亚油酸、亚麻酸均为气相色谱标准。

（7）乙醚、正己烷、甲醇、氢氧化钾均为分析纯。

3. 测定方法

（1）色谱条件。

色谱柱：2.1m×2mm（ID）不锈钢柱，填充 15%CP-SIL 84 白色高效担体 100～120 目。

载体：N_2。

空气：30kPa。

氢气：20kPa。

检测器：FID。

进样口温度：240℃。

检测器温度：220℃。

程序升温：175℃、180℃、210℃保持时间分别为 7.0min、8.0min、5.0min。

升温速度：30℃/min。

（2）回归曲线制作。精密吸取 AOCS 混合油对照品 RM3 supelcs、RM6 supelcs，用乙醚-正己烷（2+1）溶解并稀释至适当浓度，定体积进样，制作标准曲线。

（3）样品制作。取油样 100mg（其他样品称样适当增加）。置 10mL 容量瓶中，加入乙醚-正己烷（2+1）1mL、甲醇 1mL 及 0.8mol/L 氢氧化钾甲醇溶液 1mL，摇匀，静置 5min，加水至刻度，取上层液进样。

4. 结果计算

以保留时间定性，鉴定各种脂肪酸，以峰面积查标准曲线并计算出各种脂肪酸的含量。以上数据由积分仪处理。

二、乳中酪蛋白的测定

1. 仪器和试剂

（1）10mL、1mL 移液管。

（2）100mL 量筒。

（3）100mL 容量瓶。

（4）滤纸。

（5）10％乙酸（10％冰醋酸）。

（6）1mol/L 乙酸钠溶液。

2. 操作方法

1）乳中总氮含量的测定

测得总氮含量为 A。同时做空白试验测得氮含量为 A_0。

2）酪蛋白沉淀

（1）吸取 10mL 乳样于 100mL 容量瓶中。

（2）加入 75mL 40℃蒸馏水，加入 1mL 乙酸。

（3）小心混匀，勿沾湿瓶颈，静置 10min。

（4）加入 1mL 乙酸钠，混匀。

（5）冷却至 20℃，用水定容至 100mL，混匀。

（6）过滤，初滤液倒掉。

3）乳中非酪蛋白氮含量的测定

称量 50mL 滤液，记录质量，进行消化，蒸馏时吸取 50mL 消化液，测得非酪蛋白氮含量为 B。

4）乳中非酪蛋白氮的空白测定

用 50mL 水＋0.5mL 乙酸＋0.5mL 乙酸钠，进行消化，蒸馏时吸取 50mL 消化液，测得氮含量为 B_0。

4. 计算

$$乳中酪蛋白含量 ％ = 6.38 \times [(A - A_0) - (B - B_0)] \qquad (6\text{-}12)$$

式中　6.38——蛋白质系数。

三、免疫球蛋白 G（IgG）含量的测定

1. 原理

取一定量的单价抗血清，与一定量的琼脂糖凝胶混匀，然后铺板，板上挖几个小孔，每孔中加入不同浓度的相应抗原，将此板放在 pH8.6 的电泳槽中进行电泳，于是电场引起抗原向正极泳动，在泳动途中与凝胶中的抗体反应，逐渐形成类似火箭

的沉淀峰（简称火箭峰），其高度与抗原的浓度成正比，故可定量抗原。若被测抗原的等电点较低，则以琼脂代替琼脂糖也可，但此时形成的火箭峰较短。如被测抗原等电点较高，则以琼脂糖为宜。如被测抗原的等电点与单价血清中抗体（IgG）的等电点相同，则不需要用琼脂糖。用甲醛处理标准抗原和待测血清样品，HCHO 处理时按下式进行反应。

$$—OOC—R—NH_3^+ + 2HCHO \longrightarrow OOC—R—N(CH_2OH)_2 + H^+$$

2. 仪器和试剂

(1) 电泳槽（最好装有水冷却器）及电泳仪。

(2) 玻璃板 7.5cm×8cm。

(3) 凝胶打孔器（口径 0.2cm）。

(4) 微量吸管（10μL）。

(5) pH8.6、0.04mol/L 巴比妥酸钠-HCL 缓冲液：称取巴比妥酸钠 8.25g，加水到 1000mL，于其中再加入 0.2mol/LHCL38.2mL，混匀。调 pH 至 8.6。

(6) pH8.6、0.02mol/L 巴比妥酸钠-HCl 缓冲液：将上述缓冲液稀释 1 倍即成。

(7) 甲醛 A 液 100mL：pH8.6、0.04mol/L 巴比妥酸钠-HCl 缓冲液内含 0.36mL 甲醛（36%）。

(8) 甲醛 B 液 100mL：pH8.6、0.02mol/L 巴比妥酸钠-HCl 缓冲液内含 0.36mL 甲醛（36%）。

(9) 3% 琼脂糖凝胶。

(10) 抗血清：免抗 IgG 血清（专门生化试剂店提供）。

(11) 标准抗原（专门生化试剂店提供）。

(12) 0.1% 氨基黑染液：称取 0.1g 氨基黑 10B，溶于 100mL 甲醇：冰醋酸：水（7:1:2）中，待完全溶解后，过滤。

(13) 脱色液：7% 乙酸。

3. 操作方法

(1) 标准抗原血清预处理。取冷冻干燥的标准抗原血清（一安瓿瓶），打开后加 0.5mL 双蒸水使血清溶解，然后用小滴管将其移到 5mL 容量瓶中，并用甲醛 A 液少量多粗洗涤安瓿瓶。洗涤并入容量瓶中，以甲醛 A 液定容至 5mL，并分装小瓶每瓶 0.2mL（约含 IgG15U/mL），冷冻保存备用。临用时将已甲醛化的标准抗原血清 0.2mL，用甲醛 B 液稀释成 4.0、2.0、1.0、0.5U/mL。

(2) 待测 IgG 乳样预处理。取粉状乳样 0.1g 或液态乳样 10mL 加甲醛 A 液 0.1mL，室温处理 30min，然后用甲醛 B 液稀释至 100～500 倍（视样品中 IgG 浓度而异）。

(3) 于 5.0mL pH8.6 0.04mol/L 巴比妥酸钠-HCl 缓冲液中，加入 0.1mL 抗 IgG 兔血清，充分混匀，即为溶液 A。称取 3% 琼脂糖胶 5.0g，加热（水浴）使之溶解。置 56℃水浴保温，即为溶液 B。将 A 溶液也保温到 56℃，再倒入溶液 B（56℃）中，充分混匀，但要避免气泡发生。然后将混合液倾注于水平台上的玻璃板（8cm×7.5cm）上，力求厚薄均匀，室温放置 30min，即凝成琼脂凝胶板（厚度以 1mm 为宜）。

（4）用打孔器在琼脂糖凝胶板上打孔（共 12 孔）。

（5）将上述琼脂糖凝胶板移入电泳仪，两端覆盖双层纱布作为凝胶板与电泳槽中缓冲液之间的联系桥。

（6）开启电源，调节电压至 2V/cm，通电 5min 开始点样，如此可防止抗原扩散。

（7）先分别在 4 个孔中点上一组（4 个不同稀释度）标准抗原，每孔点 $10\mu L$。

（8）然后点待测样品液，每样品可点两孔，每孔 $10\mu L$。

（9）点样完毕，调节电压至 6V/cm，开始计时，电泳 4h。此时常见可观察到白色的火箭峰（最好在低温 4℃左右进行）。

（10）电泳完毕，关闭电源，取下凝胶板，于凝胶面上铺八层干燥滤纸（注意防止气泡），加压（3g/cm）吸干，以除去凝胶中多余的游离抗体。

（11）将凝胶板置氨基黑染液中染色 15min。

（12）用 7％醋酸脱色，至本底清晰为止，此时可看到清晰的蓝色火箭峰。

（13）以火箭峰的高度（或高度的平方）为纵坐标，浓度为横坐标，绘制标准曲线。

4. 结果计算

从标准曲线上，查出待测初乳样中 IgG 的浓度，并换算出每 100mL 乳样或 100g 奶粉中 IgG 的含量。

四、乳铁蛋白含量测定

1. 原理

辐射状免疫扩散（radial immuno diffusion，RID）又称单向琼脂扩散，是利用可溶性抗原与相应抗体结合，在适量电解质存在的条件下出现肉眼可见沉淀物的现象，测定标本中各种免疫球蛋白和补体成分含量的一种敏感性较高的定量试验。试验时，将适当浓度的已知抗体加入融化（45℃）的琼脂中，混匀后浇注于玻璃板，制成凝胶板。隔适当距离在凝胶板上打孔，加入被测可溶性抗原，使其向四周扩散，经一定时间后，抗原与琼脂中的抗体相遇，在比例适宜处即生成白色沉淀线。基于沉淀环的直径与抗原浓度成正比，可以先用已知不同浓度的标准抗原制成标准曲线，再根据测试样品沉淀环直径的大小，从标准曲线上查出样品中抗原的相应含量。

2. 操作方法

（1）兔抗血清制备。对兔子做几次背部皮下注射免疫，获得抗乳铁蛋白的抗血清。每次注射剂量为 1mL，由 2mg 纯乳铁蛋白溶解于 0.5mL 磷酸盐缓冲液（0.01mol/L，pH7.4，NaCl 浓度 0.15mol/L），与 0.5mL 完全弗氏佐剂乳化混合而成。4 周后，再用相同蛋白质剂量进行免疫。10d 后从兔子耳静脉抽血，做免疫扩散实验，若血清对乳铁蛋白呈阳性反应，则可以经贲门穿刺获取抗乳铁蛋白的抗血清。抗血清的特异性可以经免疫电泳法检测。

（2）牛初乳样品制备。牛乳 4℃离心脱脂（2000g，10min），凝乳酶法去除酪蛋白，所得乳清贮存于−25℃，测定前适度稀释。

（3）乳铁蛋白浓度的 RID 测定。在 9cm×12cm 玻璃板上涂布 0.8％琼脂（蒸馏水溶液），再浇注 1％琼脂层（0.025mol/L，pH8.2 巴比妥缓冲液，NaCl 浓度 0.3mol/L），后者溶解了 0.5％的抗血清。平板凝胶固化后，厚度约 2mm，挖出 24 个直径 2mm 的小孔。向小孔内加入 5μL 样品或不同浓度的纯乳铁蛋白标样溶液，在润湿密闭室内室温扩散 72h。免疫扩散后，平板用磷酸盐缓冲液浸洗（期间频繁更换溶液）。最后，平板用蒸馏水水洗 1 次，风干。凝胶在乙醇/蒸馏水/乙酸（45＋49＋6）中用考马斯蓝（250mg/L）染色 20min，然后在乙醇/乙酸/甘油/蒸馏水（25＋8＋2＋65）中脱色。测量各标样沉淀环直径，以沉淀环直径对乳铁蛋白（抗原）浓度做图，得到标准曲线，再根据待测样品沉淀环直径得到其中活性乳铁蛋白的浓度。

五、低聚糖的测定

1. 原理

试样中的蛋白质经乙醇沉淀处理后，离心稀释一定倍数，同一时刻进入色谱柱后，由于流动相和固定相之间溶解、吸附、渗透或离子交换等作用的不同，经过一定长度的色谱柱后，彼此分离开来，出峰时间按分子质量由小到大的顺序，经示差折光检测器（RI）检测，并用外标法定量测定。

2. 仪器和试剂

（1）容量瓶 100mL。

（2）旋转蒸发器。

（3）分析天平：1/100000。

（4）离心机：1500r/min。

（5）高效液相色谱仪：带示差折光检测器（RI）、数据处理系统或记录仪。

（6）无水乙醇（分析纯）。

（7）75％的乙醇：质量分数为 75％的乙醇溶液。

（8）水（MILLIPORE 仪器处理后的高纯水）。

（9）低聚糖标准溶液。

3. 操作方法

1）试样处理

（1）准确称取奶粉样品 2～3g，加 15mL 水溶解后移入 100mL 容量瓶中，再加入 45mL 无水乙醇，用 75％乙醇定容后，混匀，置 50mL 离心管 1500r/min 离心 5min，取上清液 25mL 于旋转蒸发器上挥发近干，残渣用水溶解定容 25mL，混匀，过 0.45μm 滤膜，滤液用于 HPLC 分析。

（2）液体牛乳 10g 左右、半固体（酸奶）5g 左右样品于 100mL 容量瓶中，加入无水乙醇 20mL，用 75％乙醇定容，充分混匀后，同上离心、挥发等。

2）测定

在测定前一天晚上安好色谱柱，柱温为室温，接通示差折光检测器电源，预热稳定，以 0.1mL/min 的流速通过流动相平衡过夜，此时流动相为 100％甲醇，正式进样分析前，此时流动相为水，以测样时流速进行输入参比池 20～30min，关闭参比池后，进行光路平衡（Balance 值＜50），进行基线平衡后即可进样分析。

4. HPLC 分析条件

（1）色谱柱：CAPCELL PAK C18 AQ（φ4.6mm×250mm）日本资生堂公司产品。

（2）流动相：MILLIPORE 仪器处理后的高纯水。

（3）流速：0.8mL/min；柱温：30℃。

（4）灵敏度：0.05AUFS。

（5）进样量：10μL。

5. 试样分析

取试样 10μL，待绘制出色谱图及色谱参数后，再进行定性和定量。

定性：用单标标准物色谱峰的确定保留时间定性。

定量：根据混标色谱图求出低聚糖总峰面积与内标物总峰面积的比值，以此值在标准曲线上查到其含量。或用回归方程求出其含量。

6. 结果计算

$$X = \frac{c}{m} \times V \times 100 \tag{6-13}$$

式中　X——低聚糖的总含量，mg/mL。

　　　c——由标准曲线上查的低聚糖总含量，mg/mL。

　　　V——试样定容体积，mL。

　　　m——称取试样中干物质的质量（样品重减去水分含量），g；

　　　100——稀释倍数。

计算结果表示到一位有效数字。

7. 精密度

在重复性条件下获得的两次独立测定结果的绝对差值不得超出算术平均值的 10％。

小结

本章主要介绍了乳及乳制品中功能性组分（如维生素、矿物质类、脂肪酸、酪蛋白、免疫球蛋白、乳铁蛋白、低聚糖）的测定原理、方法及步骤。

复习题

1. 乳中脂溶性维生素的测定原理是什么？
2. 高锰酸钾滴定法测定钙的过程是什么？
3. 测定乳中脂肪酸时样品的预处理过程是什么？
4. 乳中免疫球蛋白的测定原理是什么？
5. 乳中低聚糖的测定过程是什么？

第七章　乳与乳制品中有害物质的检验

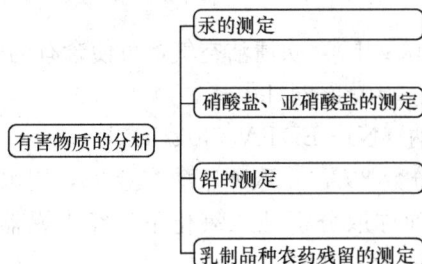

```
                    ┌─ 汞的测定 ─────────────────┐
                    │                          │
                    ├─ 硝酸盐、亚硝酸盐的测定 ──┤
有害物质的分析 ─────┤                          │
                    ├─ 铅的测定 ─────────────────┤
                    │                          │
                    └─ 乳制品种农药残留的测定 ──┘
```

　　乳制品中含有一些微量的有害物质，例如铅、砷和汞等。它们对人体健康有严重的危害，如铅进入人体后大部分可排出体外，但部分仍残留体内，长期积累可造成慢性中毒，引起血色素缺少性贫血、腰肢疼痛、高血压等症。常摄入微量砷化物，在体内有积累中毒作用，能引起多发性神经炎、皮肤痛觉和触觉减退等症，对人体损害严重。汞及其化合物可通过呼吸道、消化道、皮肤进入人体，汞对蛋白质有凝固作用，以致细胞表面的酶系统，阻碍葡萄糖进入细胞，进而阻碍细胞中呼吸酶，使细胞窒息坏死。这些元素有的作为天然组分而存在，有些是由环境污染和食品加工过程的污染带入乳及乳制品中的，对这些微量元素进行测定从营养学和医学上讲都是重要而有意义的工作。

第一节　汞的测定

　　汞在室温下是一种银白色的液体，人体若吸入汞会引起汞中毒现象，破坏神经系统，引起口腔炎、精神过敏等症，对人体危害极大。无机汞吸收率很低，90％以上可随粪便排出，而有机汞的消化道吸收率很高，如甲基汞90％以上可以被人体吸收，且排泄缓慢，具有蓄积作用。人体吸收的汞会迅速分布至全身各脏器，但以肝、脑、肾等器官含量最多。通过食物吸收人体的甲基汞可以直接进入血液，随血液分布于全身各脏器组织，导致脑神经和神经系统损伤，并可致胎儿和新生儿的汞中毒。对于乳来说，汞的主要来源是由于牛吃了含有汞的饲料，接触了含有汞的水源及周围环境中的汞等，因此对牛乳中汞的检测是一项重要的卫生指标。乳品中汞的含量要求≤0.01mg/kg，在这里我们重点介绍一下二硫腙法测乳品中汞的含量。

一、原理

　　二硫腙氯仿溶液与样品溶液中的汞在酸性条件下生成双硫腙汞，在氯仿溶液中呈橙黄色，其颜色与汞离子成正比，可进行比色测定。

二、仪器和试剂

(1) 消化装置。

(2) 分光光度计。

(3) 硝酸。

(4) 硫酸。

(5) 盐酸羟胺溶液 (200g/L)：吹清洁空气，可使含有的微量汞挥发除去。

(6) 硫酸溶液 $[c_{1/2H_2SO_4} = 0.1mol/L]$。

(7) 乙二胺四乙酸二钠 (Na - EDTA)(40g/L)。

(8) 乙酸溶液 (体积分数 30%)：取冰乙酸溶液 30，用水稀释至 100。

(9) 标准汞溶液：精确称取分析纯二氧化汞 (经干燥器干燥过) 0.1345g，溶于 0.5mol/L 硫酸溶液中，并稀释至 100mL。

(10) 汞标准使用液：临时前，用 0.5mol/L 硫酸溶液稀释至所需浓度。

(11) 二硫腙贮备液 (0.5g/L)：准确称取 50mg 经过提纯的一硫腙，溶解于 100mL 三氯甲烷中，置于冰箱内保存。

(12) 二硫腙使用液：吸取 1.0mL 二硫腙溶液，加三氯甲烷至 10mL 混匀。用 1cm 比色杯，以三氯甲烷调节零点，于波长 510nm 处测吸光度 (A)，用式 (7-1) 算出配制 100mL 二硫腙使用液 (70%透光率) 所需二硫腙溶液的毫升数 (V)。

$$V = \frac{10 \times (2 + \lg 70)}{A} = \frac{1.55}{A} \tag{7-1}$$

即取 $10\mu g/mL$ 二硫腙-三氯甲烷溶液 $(1.55/A)$ mL，加三氯甲烷至 100mL，即可得透光率为 70%的二硫腙应用液。

三、操作方法

1. 样品消化

牛乳及乳制品：称取 50g 牛乳、酸牛乳，或相当于 50g 牛乳的乳制品 (6g 全脂奶粉，20g 甜炼乳，12.5g 淡炼乳)，置于消化装置锥形瓶中，加玻璃珠数粒及 45mL 硝酸，牛乳、酸牛乳加 15mL 硫酸，乳制品加 10mL 硫酸，装上冷凝管后，小火加热，待开始发泡即停止加热，发泡停止后加热回流 2h。如加热过程中溶液变棕色，再加 5mL 硝酸，继续回流 2h，放冷，用适量水洗涤冷凝管，洗液并入消化液中，取下锥形瓶，加水至总体积为 150mL。取与消化样品相同量的硝酸、硫酸按同一方法做试剂空白试验。

2. 测定

(1) 取消化液 (全量)，加 20mL 水，在电炉上煮沸 10min，除去二氧化氮等，放冷。

(2) 于样品消化液及试剂空白液中各加 5%高锰酸钾溶液至溶液呈紫色，然后再加

20％盐酸羟胺溶液使紫色褪去，加 2 滴麝香草酚蓝指示液，用氨水调节 pH，使橙红色变为橙黄色（pH1～2）。定量转移至 125mL 分液漏斗中。

（3）吸取 0.0、0.5、1.0、2.0、3.0、4.0、5.0、6.0mL 汞标准使用液（相当于 0.0、0.5、1.0、2.0、3.0、4.0、5.0、6.0μg 汞），分别置于 125mL 分液漏斗中，加 10mL（1+19）硫酸，再加水至 40mL，混匀。再各加 1mL20％盐酸羟胺溶液，放置 20min，并时时振摇。

（4）于样品消化液、试剂空白液及标准液振摇放冷后的分液漏斗中加 5.0mL 双硫腙使用液，剧烈振摇 2min，静置分层后，经脱脂棉将三氯甲烷层滤入 1cm 比色杯中，以三氯甲烷调节零点，在波长 490nm 处测吸光度，标准管吸光度减去零管吸光度，绘制成标准曲线。

3. 计算

$$X = \frac{(m_1 - m_2) \times 1000}{m \times 1000} \tag{7-2}$$

式中　X——样品中汞的含量，mg/kg；

m_1——样品消化液中汞的含量，μg；

m_2——试剂空白液中汞的含量，μg；

m——样品质量，g；

分子上 1000——1g 样品换算为 1kg 样品；

分母上 1000——1μg 汞换算为 1mg 汞。

第二节　铅 的 测 定

铅是一种有代表性的重金属。乳中的铅污染主要来源有：乳品加工、贮存、运输过程中使用的含铅器皿的污染，例如铅合金、陶瓷；含铅农药的使用，如砷酸铅；工业"三废"的排放，污染附近生长的农作物，大气中含铅尘、废气、铅污染的水源、脱落的油漆都可以直接或间接污染乳及乳制品。

铅是一种具有蓄积性、多亲和性的毒物，对各组织都有毒性作用，主要损害神经系统、造血系统、消化系统和肾脏，还损害人体的免疫系统，使机体抵抗力下降，铅对婴幼儿和学龄前儿童是易感人群。铅可由呼吸道或消化道进入人体，并在体内蓄积，引起慢性铅中毒。对于一般人群，人体内的铅主要来自于食物，也还有饮水、空气等其他途径的来源，儿童还可以通过吃非食品物件而接触铅。预防铅对人体产生危害的重要措施是控制人们从饮食中铅的摄入量，因而制定各类食品中铅的允许限量是十分重要的。

一、二硫腙比色法

1. 原理

二硫腙与铅离子在 pH 为 8.5～9.0 时形成红色的络合物。该络合物能溶解于氯仿等有机溶剂,其红色的深浅与铅离子的浓度成正比。

2. 仪器和试剂

(1) 所用玻璃仪器均用硝酸(10%～20%)浸泡24h以上,用自来水反复冲洗,最后用水冲洗干净。

(2) 分光光度计。

(3) 酚红指示液(1g/L):称取0.10g酚红,用少量多次乙醇溶解后移入100mL容量瓶中并定容至刻度。

(4) 盐酸指示液(1+1):量取100mL盐酸,加入100mL水中。

(5) 氨水指示液(1+1):量取100mL氨水,加入100mL水中。

(6) 盐酸羟胺溶液(200g/L):称取20g盐酸羟胺于100mL重蒸馏水中。

(7) 柠檬酸铵溶液(200g/L):称取50g柠檬酸铵,溶于100mL水中,加2滴酚红指示液,加氨水(1+1),调pH至8.5～9.0,用二硫腙-三氯甲烷溶液提取数次,每次10～20mL,至三氯甲烷呈绿色不变为止,弃去三氯甲烷层,再用三氯甲烷洗二次,每次5mL,弃去三氯甲烷层,加水稀释至250mL。

① 氰化钾溶液(100g/L):称取10.0g氰化钾,用水溶解后稀释至100mL。

② 三氯甲烷:不应含氧化物。

③ 检查方法:量取10mL三氯甲烷,加25mL新煮沸过的水,振摇3min,静置分层后,取10mL水液,加数滴碘化钾溶液(150g/L)及淀粉指示液,振摇后应不显蓝色。

④ 处理方法:于三氯甲烷中加入1/20～1/10体积的硫代硫酸钠溶液(200g/L)洗涤,再用水洗后加入少量无水氯化钙脱水后进行蒸馏,弃去最初及最后的1/10馏出液,收集中间馏出液备用。

(8) 淀粉指示液:称取0.5g可溶性淀粉,加5mL水搅匀后,慢慢倒入100mL沸水中,随倒随搅拌,煮沸,放冷备用。临用时配制。

(9) 硝酸(1+99):量取1mL硝酸,加入99mL水中。

(10) 二硫腙三氯甲烷溶液(0.5g/L):保存冰箱中,必要时用下述方法纯化。称取0.5g研细的二硫腙,溶于50mL三氯甲烷中,如不全溶,可用滤纸过滤于250mL分液漏斗中,用氨水(1+99)提取3次,每次100mL,将提取液用棉花过滤至500mL分液漏斗中,用盐酸(1+1)调至酸性,将沉淀出的二硫腙用三氯甲烷提取2～3次,每次20mL,合并三氯甲烷层,用等量水洗涤2次,弃去洗涤液,在50℃水浴上蒸去三氯甲烷。精制的二硫腙置硫酸干燥器中,干燥备用。或将沉淀出的二硫腙用200、200、100mL三氯甲烷提取3次,合并三氯甲烷层为二硫腙溶液。

(11) 二硫腙使用液。吸取1.0mL二硫腙溶液,加三氯甲烷至10mL混匀。用1cm比色杯,以三氯甲烷调节零点,于波长510nm处测吸光度(A),用式(7-3)算出配制100mL二硫腙使用液(70%透光率)所需二硫腙溶液的毫升数(V)。

$$V = \frac{10 \times (2 - \lg 70)}{A} = \frac{1.55}{A} \tag{7-3}$$

（12）硝酸-硫酸混合液（4＋1）。

（13）铅标准溶液：精密称取 0.1598g 硝酸铅，加 10mL 硝酸（1＋99），全部溶解后，移入 100mL 容量瓶中，加水稀释至刻度。此溶液每毫升相当于 1.0mg 铅。

（14）铅标准使用液：吸取 1.0mL 铅标准溶液，置于 100mL 容量瓶中，加水稀释至刻度。此溶液每毫升相当于 10.0μg 铅。

3. 操作方法

1）样品预处理

同上。

2）样品消化

（1）硝酸-硫酸法。称取样品 1.00～5.00g 于三角瓶或高脚烧杯中，放数粒玻璃珠，加 10mL 混合酸（或再加 1～2mL 硝酸），加盖浸泡过夜，加一小漏斗电炉上消解，若变棕黑色，再加混合酸，直至冒白烟，消化液呈无色透明或略带黄色，放冷用滴管将样品消化液洗入或过滤入（视消化后样品的盐分而定）10～25mL 容量瓶中，用水少量多次洗涤三角瓶或高脚烧杯，洗液合并于容量瓶中并定容至刻度，混匀备用；同时作试剂空白。

（2）灰化法。

奶粉：称取 5.00g 样品，置于石英或瓷坩埚中，加热至炭化，然后移入马弗炉中，500℃灰化 3h，放冷，取出坩埚，加硝酸（1＋1），润湿灰分，用小火蒸干，在 500℃灼烧 1h，放冷，取出坩埚。加 1mL 硝酸（1＋1），加热，使灰分溶解，移入 50mL 容量瓶中，用水洗涤坩埚，洗液并入容量瓶中，加水至刻度，混匀备用。

液态乳：称取 5.0g 或吸取 5.00mL 样品，置于蒸发皿中，先在水浴上蒸干，再按上述自"加热至炭化"起依法操作。

3）测定

吸取 10.0mL 消化后的定容溶液和同量的试剂空白液，分别置于 125mL 分液漏斗中，各加水至 20mL。

吸取 0.00、0.10、0.20、0.30、0.40、0.50mL 铅标准使用液（相当 0、1、2、3、4、5μg 铅），分别置于 125mL 分液漏斗中，各加 1mL 硝酸（1＋99）至 20mL。于样品消化液、试剂空白液和铅标准液中各加 2mL 柠檬酸铵溶液（20g/L），1mL 盐酸羟胺溶液（200g/L）和 2 滴酚红指示液，用氨水（1＋1）调至红色，再各加 2mL 氰化钾溶液（100g/L），混匀。各加 5.0mL 二硫腙使用液，剧烈振摇 1min，静置分层后，三氯甲烷层经脱脂棉滤入 1cm 比色杯中，以三氯甲烷调节零点于波长 510nm 处测吸光度，各点减去零管吸收值后，绘制标准曲线或计算一元回归方程，样品与曲线比较。

4）计算

$$X = \frac{(m_1 - m_2) \times 1000}{m_3 \times V_2/V_1 \times 1000} \tag{7-4}$$

式中　X——样品中铅的含量，mg/kg 或 mg/L；

　　　m_1——测定用样品消化液中铅的质量，μg；

m_2——试剂空白液中铅的质量，μg；

m_3——样品质量（体积），g（mL）；

V_1——样品消化液的总体积，mL；

V_2——测定用样品消化液体积，mL；

分子上 1000——1g 样品换算为 1kg 样品；

分母上 1000——1μg 铅换算为 1mg 铅。

结果的表述：报告平行测定算术平均值的二位有效数字。

二、火焰原子吸收光谱法

1. 原理

样品经处理后，铅离子在一定 pH 条件下与 DDTC 形成络合物，经 4-甲基 2-戊酮萃取分离，导入原子吸收光谱仪中，火焰原子化后，吸收 283.3nm 共振线，其吸收量与铅含量成正比，与标准系列比较定量。

2. 仪器试剂

（1）原子吸收分光光度计附火焰原子化器。

（2）马弗炉。

（3）恒温干燥箱。

（4）瓷坩埚。

（5）硝酸-高氯酸（4+1）。

（6）盐酸（1+11）。

（7）磷酸（1+10）。

（8）硫酸铵溶液（300g/L）：称取 30g 硫酸铵〔$(NH_4)_2SO_4$〕，用水溶解并加水至 100mL。

（9）柠檬酸铵溶液（250g/L）：称取 25g 柠檬酸铵，用水溶解并加水至 100mL。

（10）溴百里酚蓝水溶液（1g/L）。

（11）二乙基二硫代氨基甲酸钠（DDTC）溶液（50g/L）：称取 5g 二乙基二硫代氨基甲酸钠，用水溶解并加水至 100mL。

（12）氨水（1+1）。

（13）4-甲基 2-戊酮（MIBK）。

（14）铅标准溶液 10μg/mL：

① 铅标准贮备液：准确称取 1.000g 金属铅（99.99%），分次加入少量硝酸 37mL，移入 1000mL 容量瓶，加水至刻度，混匀。此溶液每毫升含 1.0mg 铅。

② 铅标准使用液：每次吸取铅标准贮备液 1.0mL 于 100mL 容量瓶中，加硝酸（0.5mol/L）或硝酸（1mol/L）至刻度。

本实验用水均为去离子水，试剂为分析纯或优级纯。

3. 分析步骤

1）样品处理

称取 5.0～10.0g 置于瓷坩埚中，小火炭化。然后移入马弗炉中，500℃以下灰化 16h 后，取出坩埚，放冷后再加少量混合酸，小火加热，不使干涸，必要时再加少许混合酸，如此反复处理，直至残渣中无炭粒，待坩埚稍冷，加 10mL 盐酸（1+11），溶解残渣一并移入 50mL 容量瓶中，再用水反复洗涤坩埚，洗液并入容量瓶中，并稀释至刻度，混匀备用。

取与样品相同量的混合酸和盐酸（1+11），按同一操作方法做试剂空白试验。

液态乳混匀后，量取 50mL，置于瓷坩埚中，加磷酸（1+10），在水浴上蒸干，再加小火炭化，然后依上法操作。

2）萃取分离

视样品情况，吸取 25～50mL 上述制备的样液及试剂空白液，分别置于 125mL 分液漏斗中，补加水至 60mL。加 2mL 柠檬酸铵溶液、溴百里酚蓝指示剂 3～5 滴，用氨水（1+1）调 pH 至溶液由黄变蓝，加硫酸铵溶液 10mL，DDTC 溶液 10mL，摇匀。放置 5min 左右，加入 10.0mL MIBK，剧烈振摇提取 1min，静置分层后，弃去水层，将 MIBK 层放入 10mL 带塞刻度管中，备用。

分别吸取铅标准使用液 0.00、0.25、0.50、1.00、1.50、2.00mL（相当 0.0、2.5、5.0、10.0、15.0、20.0μg 铅）于 125mL 分液漏斗中。与样品相同。

3）测定

萃取液进样，可适当减小乙炔气的流量。

仪器参考条件：

空心阴极灯电流 8mA；共振线 283.3nm；狭缝 0.4nm；空气流量 8L/min；燃烧器高度 6mm；BCD 方式。

4）计算

$$X = \frac{(c_1 - c_2) \times V_1 \times 1000}{m \times V_3 \times V_2 \times 1000} \tag{7-5}$$

式中　X——样品中铅的含量，mg/kg 或 mg/L；

c_1——测定用试样液中铅的含量；μg/mL；

c_2——试剂空白液中铅的含量；μg/mg；

m——样品质量（体积），g（mL）；

V_1——试样萃取液的体积；mL

V_2——样品处理液的总体积，mL；

V_3——测定用样品处理液的总体积，mL；

分子上 1000——1g 样品换算为 1kg 样品；

分母上 1000——1μg 铅换算为 1mg 铅。

结果的表述：报告算术平均值的二位有效数字。

第三节　硝酸盐、亚硝酸盐的测定

硝酸盐、亚硝酸盐非人体所需，摄入过多对人体健康产生危害，体内过量的亚硝酸盐，可使血液中二价铁离子氧化为三价铁离子，使正常血红蛋白转为高铁血红蛋白，失去携氧能力，出现亚硝酸盐中毒症状。亚硝酸盐又是致癌物 N-亚硝基化合物的前提物，研究证明人体内和食物中的亚硝酸盐只要与胺类或酰胺类同时存在，就可能形成致癌性的亚硝基化合物。因此，制定食品中的卫生标准，控制其使用量和摄入量已引起国内外的重视，是预防亚硝酸盐对人体潜在危害的重要措施。

一、原理

将样品溶液经沉淀蛋白质后，通过镉柱在 pH 为 9.6～9.7 的氨溶液中，使其中的硝酸根还原成亚硝酸根，然后测定亚硝酸根离子的含量。另取试液一部分，不通过镉柱而直接测定亚硝酸根含量，两者之差可换算出硝酸盐的含量。

二、仪器和试剂

所有玻璃仪器都要用蒸馏水冲洗，以保证不带有硝酸盐和亚硝酸盐。

(1) 电子天平：灵敏度为 0.1mg。

(2) 烧杯：100mL。

(3) 三角瓶：250、50mL。

(4) 容量瓶：100、500mL 和 1000mL。

(5) 移液管：2、5、10、25mL。

(6) 刻度吸管：2、5、10、25mL。

(7) 量筒：根据需要选取。

(8) 玻璃漏斗：直径约 9cm。

(9) 定性滤纸：直径约 18cm。

(10) 还原反应柱：简称镉柱。

(11) 分光光度计：测定波长 538nm，使用 1cm 光程的比色皿。

(12) pH 计：精度为±0.01，使用前用 pH7 和 pH9 的标准液进行校正。

(13) 去离子水。

(14) 镀铜镉粒：直径 0.3～0.8mm。

(15) 硫酸铜溶液：溶解 20g 硫酸铜（$CuSO_4 \cdot 5H_2O$）于水中，稀释至 1000mL。

(16) 盐酸-氨水缓冲溶液：pH9.60～9.70。用 600mL 水稀释 75mL 浓盐酸。混匀后，再加入 135mL 浓氨水，用水稀释至 1000mL 混匀。用精密 pH 计调 pH 为 9.60～9.70。

(17) 盐酸溶液：c_{H^+} 约为 2mol/L，用水将 160mL 的浓盐酸稀释至 1000mL。

(18) 盐酸溶液：c_{H^+} 约为 0.1mol/L，将 50mL2mol/L 的盐酸溶液用水稀释至 1000mL。

（19）沉淀蛋白和脂肪的溶液：

① 硫酸锌溶液：将 53.5g 的七水硫酸锌（$ZnSO_4 \cdot 7H_2O$）溶于水中，并稀释至 100mL。

② 亚铁氰化钾溶液：将 17.2g 的三水亚铁氰化钾 $[K^4Fe(CN)_6 \cdot 3H_2O]$ 溶于水中，稀释至 100mL。

（20）EDTA 溶液：用水将 33.5g 的二水乙二胺四乙酸二钠（$Na_2C_{10}H_{14}N_2O_3 \cdot 2H_2O$）溶解，稀释至 1000mL。

（21）显色液 1：体积比 450：550 盐酸溶液。将 450mL 盐酸加入到 550mL 水中，冷却后装入试剂瓶中。

（22）显色液 2：5g/L 的磺胺溶液。在 75mL 水中加入 5mL 浓盐酸在水浴上加热，用其溶解 0.5g 磺胺（$NH_2C_6N_2H_4SO_2NH_2$）。冷却至室温后用水稀释至 100mL。必要时进行过滤。

（23）显色液 3：1g/L 的萘胺盐酸盐溶液。将 0.1g 的 N-1-萘基-乙二胺二盐酸盐（$C_{10}H_7NHCH_2CH_2NH_2 \cdot 2HCl$）溶于水，稀释至 100mL 必要时过滤。冰箱内贮存。

（24）硝酸钾标准溶液：相当于硝酸盐的浓度 0.0045g/L。将硝酸钾（KNO_3）在 110～120℃ 的范围内干燥至恒重，冷却后称取 1.468g，溶于 1000mL 容量瓶中，用水定容。

在使用的当天，于 1000mL 容量瓶中，取 5mL 上述溶液和 20mL 缓冲溶液（试剂 4）用水定容。1mL 该标准溶液中含 4.5μg 的 NO_3^-。

（25）亚硝酸钠标准溶液：相当于亚硝酸盐的浓度为 0.001g/L。将亚硝酸钠（$NaNO_2$）在 110～120℃ 的范围内干燥至恒重，冷却后称取 0.150g，溶于 1000mL 容量瓶中，用水定容。在使用的当天配制该溶液。

于 1000mL 容量瓶中，取 10mL 上述溶液和 20mL 缓冲溶液（试剂 4）用水定容。1mL 该标准溶液中含 1.00μg 的 NO_2^-。

三、操作步骤

1. 制备镀铜镉柱

（1）置镉粒于三角瓶中（所用镉粒的量以达到要求的镉柱高度为准）。

（2）加足量的盐酸（试剂 5）浸没镉粒，摇晃几分钟。

（3）滗出液体，在三角瓶中用水反复冲洗，直到把氯化物全部冲洗掉，用硝酸银试验，不出现白色沉淀为冲洗干净。

（4）在镉粒上镀铜。向镉粒中加入硫酸铜溶液（试剂 2）（每克镉粒约需 2.5mL），摇晃 1min。

（5）滗出液体，立即用水冲洗镀铜镉粒，注意镉粒要始终用水浸没。当冲洗水中不再有铜沉淀时即可停止冲洗。

（6）在用于盛装镀铜镉粒的玻璃柱底部装上几厘米高的玻璃纤维（图 7-1）。在玻璃柱中灌入水，排净气泡。

（7）将镀铜镉粒尽快地装入玻璃柱，使其暴露于空气的时间尽量短。镀铜镉粒的高度应在 15～20cm 的范围内。

（8）新制备柱的处理

以≤6mL/min 的流量将由 750mL 水、225mL 硝酸钾标准溶液（试剂 12）、20mL 缓冲溶液（试剂 4）和 20mLEDTA（试剂 8）溶液组成的混合液通过刚装好镉粒的玻璃柱，接着用 50mL 水以同样流速冲洗该柱。

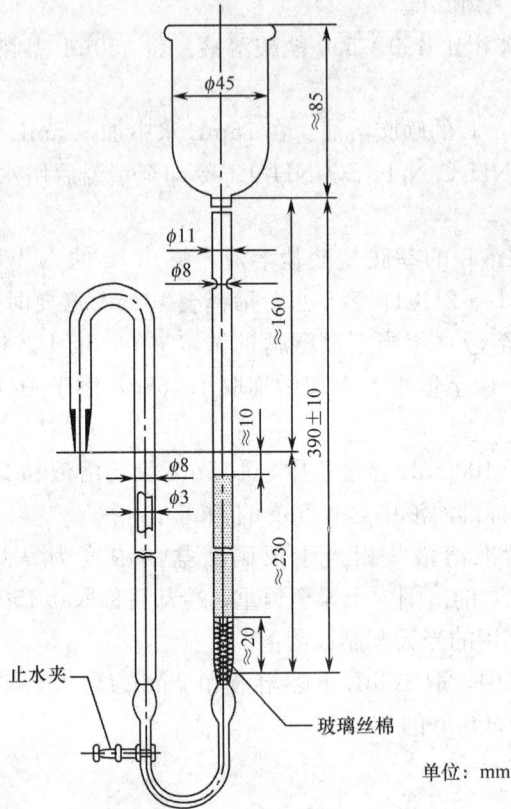

图 7-1　硝酸盐还原装置

2. 检查柱的还原能力

这种检查每天至少进行 2 次，一般在开始时和一系列测定之后。

（1）用移液管将 20mL 的硝酸钾标准溶液（试剂 12）移入还原柱顶部的贮液杯中，再立即向该贮液杯中添加 5mL 缓冲液（试剂 4）。用一个 100mL 的容量瓶收集洗提液。洗提液的流量不应超过 6mL/min。

（2）在该贮液杯将要排空时，用约 15mL 水冲洗杯壁，冲洗水流完后，再加入 15mL 水重复冲洗。当第二次冲洗水也流完后，将贮液杯灌满水，并使其以最大流速流过柱子。

（3）当容量瓶中的洗提液接近 100mL 时，从柱子下取出容量瓶，用水定容至刻度，混匀。

（4）移取 10mL 洗提液于 100mL 容量瓶中，加水至 60mL 左右，然后按吸光度测定中 2、3、4 操作。

（5）根据测得的吸光度，从标准曲线上查得稀释洗提液中的亚硝酸盐含量（μg/mL）。据此计算出百分率表示的柱还原能力（NO_2^- 的含量为 0.067μg/mL 时还原能力为 100%）。如果还原能力＜95%，柱子就需要再生。

3. 柱子再生

柱子使用后或镉柱的还原能力低于 95% 按如下步骤进行再生。

（1）在 100mL 水中加入约 5mLEDTA 溶液（试剂 8）和 2mL 盐酸（试剂 6）。以 10mL/min 左右的速度过柱。洗提液直接排走。

（2）当贮液杯中混合液排空后，按顺序用 25mL 水 25mL0.1mol/L 盐酸和 25mL 水以原速度冲洗镉柱。

（3）检查镉柱的还原能力。如果还原能力低于 95%，要重复再生。

4. 样品的称取和溶解

（1）液态乳样品：90mL 液体乳于 500mL 三角瓶中，用 22mL50～55℃的水将样品洗入 500mL 锥形瓶中，混匀。

（2）奶粉样品：在 100mL 烧杯中称取 10g 样品，准确至 0.001g。用 112mL50～55℃的水分将样品洗入 500mL 锥形瓶中，混匀。

5. 空白实验

不称取和溶解样品，直接在 500mL 三角瓶中加入 112mL50～55℃水，其他操作同样品。

6. 脂肪和蛋白质的去除

（1）按顺序加入 24mL 硫酸锌溶液、24mL 亚铁氰化钾和 40mL 缓冲溶液，加入时要边加边摇，每加完一种溶液都要充分摇匀。

注：滤液过柱前或过柱中间若出现浑浊或沉淀，这表明缓冲能力不够，在此步骤中要加大缓冲溶液的用量。增加多少缓冲溶液的量，相应地要减少同样量的水。

（2）静置 15min～1h。然后用滤纸过滤，滤液用 250mL 三角瓶收集。

7. 硝酸盐还原为亚硝酸盐

（1）移取 20mL 滤液于 100mL 小烧杯中，加入 5mL 缓冲溶液，摇匀。倒入镉柱顶部的贮液杯中，以＜6mL/min 速度过柱。洗提液接入 100mL 容量瓶中。

（2）当贮液杯快要排空时，用 15mL 水冲洗小烧杯，再倒入贮液杯中冲洗水流完后，再用 15mL 水重复一次。当第二次冲洗水也快要流完时，将贮液杯装满水以最大流速过柱。

（3）当容量瓶中的洗提液接近 100mL 时，取出容量瓶，用水定容混匀。

8. 吸光度的测定

（1）分别移取 20mL 洗提液和 20mL 滤液于 100mL 容量瓶中，加水至约 60mL。

（2）在每个容量瓶中先加入 6mL 显色液 1（试剂 9）边加边混；再加入 5mL 显色液 2（试剂 10），小心混合溶液，使其在室温下静置 5min，避免直射阳光。

（3）加入 2mL 显色液 3（试剂 11）小心混合，使其在室温下静置 5min，避免直射阳光。用水定容至刻度，混匀。

（4）在 15min 内，用 538nm 波长，以空白试验液体为对照测定上述样品溶液的吸光度。

9. 标准曲线的制作

（1）分别移取 0、2、4、6、8、10、12、16mL 和 20mL 亚硝酸钠标准溶液于 9 个 100mL 容量瓶中。在每个容量瓶中加水，使其体积约为 60mL。

（2）加入试剂过程同吸光度测定中的 2、3、4。

（3）在 15min 内，用 538nm 波长，以第一个溶液（不含亚硝酸钠）为对照测定另外 8 个溶液的吸光度。

（4）将测得的吸光度对应亚硝酸根浓度做图。亚硝酸根的浓度可根据加入的亚硝酸钠标准溶液的量计算出。亚硝酸根的浓度为横坐标，吸光度为纵坐标。亚硝酸根的浓度以 $\mu g/100mL$ 表示。

四、结果表述

1. 亚硝酸盐的含量

1）样品中亚硝酸根的含量以质量分数表示为

$$\omega_{NO_2^-} = 20000 \times c_1/m \times V \tag{7-6}$$

式中　$\omega_{NO_2^-}$——样品中亚硝酸根的含量，mg/kg；

　　　　c_1——根据滤液的吸光度，在标准曲线上查得的亚硝酸根的质量浓度，$\mu g/100mL$；

　　　　m——样品的质量，g，液体乳的样品质量为 $V \times 1.030$；

　　　　V——移取显色用滤液的体积，mL（本测定用的是 20mL）。

2）样品中亚硝酸钠的含量，以质量分数表示为

$$\omega_{NaNO_2} = 1.5 \times \omega_{NO_2^-} \tag{7-7}$$

式中　1.5——表示亚硝酸钠是亚磷酸根相对分子质量的 1.5 倍；

　　　　$\omega_{NO_2^-}$——样品中亚硝酸根的质量浓度，mg/kg；

　　　　ω_{NaNO_2}——样品中亚硝酸钠表示的质量浓度，mg/kg。

2. 硝酸盐的含量

1）样品中硝酸根的质量浓度，以 mg/kg 表示为

$$\omega_{NO_3^-} = 1.35 \times [100000 \times c_2/m \times V - \omega_{NO_2^-}] \tag{7-8}$$

式中　$\omega_{NO_3^-}$——样品中硝酸根的质量浓度，mg/kg；

　　　$\omega_{NO_2^-}$——样品中亚硝酸根的质量浓度，mg/kg；

　　　c_2——根据洗提液的吸光度，在标准曲线上查得亚硝酸根的离子浓度，
　　　　　μg/100mL；

　　　m——样品的质量，g；

　　　V——移取显色用滤液的体积，mL（本测定用的是 20mL）。

　2）样品中硝酸钠的质量浓度为

$$\omega_{NaNO_3} = 1.371 \times \omega_{NO_3^-} \tag{7-9}$$

式中　1.371——表示硝酸钠是硝酸根相对分子质量的 1.371 倍；

　　　ω_{NaNO_3}——样品中硝酸钠的质量浓度，mg/kg；

　　　$\omega_{NO_3^-}$——样品中硝酸根的质量浓度，mg/kg；

　　　若考虑柱的还原能力，样品的硝酸根含量（mg/kg）：

$$\omega_{NO_3^-} = 1.35 \times [100000 \times c_2/m \times V - \omega_{NO_2^-}] \times 100/r \tag{7-10}$$

式中　r——测定一系列样品后柱的还原能力；

　　　$\omega_{NO_2^-}$、c_2、m、V 同硝酸根测定。

第四节　乳制品中农药残留的测定

本方法是由酶抑制法测定食品中有机磷和氨基甲酸酯类农药残留量的快速检验方法。有机磷和氨基甲酸酯类农药在六六六禁用之后已成为我国大量使用的一类农药。特别是氨基甲酸酯类生产量非常大，适用范围非常广，而且有效性好，选择性强，较有机磷恢复得快。其毒作用表现为抑制乙酰胆碱酯酶。

一、原理

胆碱酯酶可催化靛酚乙酸酯（红色）水解为乙酸与靛酚（蓝色），有机磷或氨基甲酸脂类农药对胆碱酯酶有抑制作用，使催化、水解、变色的过程发生改变，由此可判断出样品中是否含有有机磷或氨基甲酸酯类农药的存在。

二、仪器和试剂

（1）离心机。

（2）水浴锅。

（3）蒸发皿。

（4）恒温箱（37℃±2℃）。

（5）丙酮。

（6）DDV 标准溶液。

（7）洗脱液。

（8）速测卡。

（9）乙酸乙酯。

三、操作方法

（1）提取。取固体或半固体样品 2.5g 或液体样品 2.5mL 置比色管中加入 5mL 丙酮振摇混匀后在离心机 1000r/min 离心 3min。

（2）取上层丙酮提取液 1.5mL 于蒸发皿中在 70～80℃水浴加热，挥干丙酮。

（3）丙酮完全挥干后滴 3 滴洗脱液于蒸发皿中，轻轻摇晃 1～2min。

（4）取一片速测卡，把蒸发皿中的液滴滴在白色药片上。

（5）放置 10min 以上进行预反应，有条件时在 37℃恒温装置中放置。预反应后的药片表面必须保持湿润。

（6）将速测卡对折，用手捏 3min 或用恒温装置恒温 3min，使红色药片与白色药片叠合反应。可同时做空白或阳性对照。

（7）结果判定。与空白对照卡比较，白色药片不变色为阳性结果，略有浅蓝色均为弱阳性结果，白色药片变为天蓝色或与空白对照卡相同，为阴性结果。

四、注意的问题

（1）蒸发皿中的丙酮完全挥干后滴 3 滴洗脱液，轻轻摇晃 1～2min 冲洗皿壁，否则做空白试验没有区别。

（2）将把蒸发皿中的液滴滴在白色药片时必须保证滴饱满的一滴，不可以太多而溢出白色药片的现象。如果 10min 的预反应结束后白色药片出现干的现象，将速测卡对折前滴一点洗脱液，保证白色药片湿润，再对折速测卡。

（3）最后结果判定时白色药片显色反应结束后可以再滴洗脱液，判定结果。

（4）每批不同产品做试验时以相同产品的阴性结果为做对照，可判定结果。

（5）如果化验室使用农药快速仪，则必须注意快速仪的使用方法及进行维护。

（6）备注：可将以上实验中所用丙酮改为乙酸乙酯。

小结

本章主要介绍了乳与乳制品中有害物质的检测，包括汞、铅、硝酸盐和亚硝酸盐、农药残留的检测。使学生了解这些物质对乳与乳制品质量的危害，掌握有害物质的检测方法。

复习题

1. 简述铅的萃取分离过程。
2. 简述硝酸盐、亚硝酸盐的测定原理。
3. 简述还原镉柱的制备方法。
4. 简述农药残留的注意事项。

第八章　乳制品中原辅料及添加剂的检验

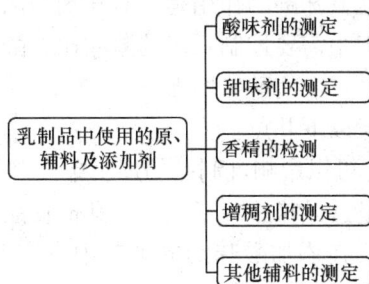

```
                                        ┌─ 酸味剂的测定 ─┐
                                        ├─ 甜味剂的测定 ─┤
乳制品中使用的原、辅料及添加剂 ─────────── ├─ 香精的检测 ──┤
                                        ├─ 增稠剂的测定 ─┤
                                        └─ 其他辅料的测定 ┘
```

根据我国食品卫生法（1995 年）的规定，食品添加剂是指"为了改善食品品质和色、香、味，以及为防腐和根据加工工艺的需要而加入食品中的化学合成或者天然物质。"在我国，食品营养强化剂也属于食品添加剂范畴。食品卫生法明确规定：食品营养强化剂是指"为增强营养成分而加入食品中的属于天然的或者人工合成的属于天然营养素范围的食品添加剂"。

在乳制品中加入适量的食品添加剂是为了改善乳制品在加工工艺中难以解决的如油层上浮、蛋白质沉淀等问题；加入适量的乳化剂、增稠剂等食品添加剂，以保持产品稳定性；在生产调配乳制品时，为了改善和提高感官指标的问题，而加入一些酸味剂、甜味剂等，以改善和提高食品色、香、味及口感等感官指标。还可以增加乳制品的花色品种。

第一节　酸味剂的测定

酸味剂能赋予食品酸味，给人爽快的感觉，可增进食欲，有助于纤维素和钙、磷等物质的溶解，促进人体营养素的消化、吸收，同时还具有一定的防腐和抑菌作用。

酸味剂的阈值与食品的 pH 有一定的关系，无机酸的酸味阈值在 pH3.4～3.5 之间，有机酸的酸味阈值在 3.7～4.9 之间，呈弱酸性，但无酸味感觉，若 pH 在 3.0 以下，酸味感强，难以适口。此外，酸味感的时间长短并不与 pH 成正比，解离速度慢的酸味剂酸味维持时间久，解离速度快的酸味剂味觉会很快消失。酸味剂解离出 H^+ 后的阴离子，也影响酸味。在相同的 pH 下酸味的强度不同，其顺序为：乙酸＞甲酸＞乳酸＞草酸＞盐酸。如果在相同浓度下把柠檬酸的酸味强度定为 100，则酒石酸的比较强度为 120～130，磷酸为 200～230，延胡索酸为 263，L-抗坏血酸为 50。

目前在乳制品生产中常用的酸味剂有以下几种：磷酸、柠檬酸、乳酸、酒石酸、偏酒石酸、苹果酸、延胡索酸、抗坏血酸、葡萄糖酸、乙酸及琥珀酸。按其口感（愉快感）的不同可分成：

令人愉快的酸味剂，如柠檬酸、抗坏血酸、葡萄糖酸和 L-抗坏血酸；

伴有苦味的酸味剂，如 DL-苹果酸；

伴有涩味的酸味剂，如磷酸、乳酸、酒石酸、偏酒石酸、延胡索酸；

有刺激气味的酸味剂，如乙酸；

有鲜味的酸味剂，如谷氨酸。

在使用中，酸味剂与其他调味剂的作用是：酸味剂与甜味剂之间有拮抗作用。两者易相互抵消，故在乳制品加工中需要控制一定的糖酸比。酸味与苦味、咸味一般无拮抗作用。酸味剂与涩味物质混合，会使酸味增强。

酸味剂在使用时必须注意以下几点：

酸味剂能电离出 H^+，它可以影响乳制品的加工条件，如酸味剂加入的时间与加入的顺序不同，对乳制品的质量、风味影响很大，与其他食品添加剂一起使用时，也可与其他添加剂相互影响，所以，在添加酸味剂的工艺中一定要有加入酸味剂的程序和时间，否则会产生不良后果。

当使用固体酸味剂时，要考虑它的吸湿性和溶解性。因此，必须采用适当的包装材料和包装容器。

阴离子除影响酸味剂的风味外，还能影响食品风味，如前所述的盐酸、磷酸具有苦涩味，会使食品风味变劣。而且酸味剂的阴离子常常使食品产生另一种味，这种味称为副味，一般有机酸可具有爽快的酸味，而无机酸一般酸味不很适口。

酸味剂有一定的刺激性，能引起消化系统的疾病。

一、乳酸的检测

乳酸在自然界中广泛存在，是世界上最早使用的酸味剂。我国规定可在各类食品中按"正常生产需要"添加。

乳酸学名为 2-羟基丙酸，分子式为 $C_3H_6O_3$，相对分子质量为 90.08。

乳酸为无色或微黄色的糖浆状液体，是乳酸和乳酸酐的混合物。一般乳酸的浓度为 $85\% \sim 92\%$，几乎无臭，味微酸，有吸湿性，水溶液显酸性。可以与水、乙醇、丙酮任意混合。不溶于氯仿。乳酸存在于发酵食品、腌渍物、果酒、清酒、酱油及乳制品中。乳酸具有较强的杀菌作用，可防止杂菌生长，抑制异常发酵。因具有特异收敛性酸味，故使用范围不如柠檬酸广泛。

1. 感官指标的检验

取样放入玻璃烧杯中，观察是否为无色透明或微黄色的糖浆状液体。

口感的检验：温水漱口后，品尝样品，是否与标准样相同。

2. 乳酸含量的测定

(1) 测定原理。乳酸为有机弱酸，利用标准碱溶液滴定酸的方法进行测定。以酚酞为指示剂，用 1mol/L 的氢氧化钠标准溶液滴定至溶液呈粉红色（pH 为 8.3）。

(2) 试剂和溶液：1% 酚酞指示剂；5mol/L 硫酸标准溶液；1mol/L 氢氧化钠标准溶液。

（3）操作方法。称取试样 1g（称准至 0.0002g），加 50mL 蒸馏水，精确加 40mL 1mol/L 氢氧化钠标准溶液，煮沸 5min，加 2 滴 1％酚酞指示剂，乘热用 0.5mol/L 硫酸标准溶液滴定，滴定到红色褪尽为止。记录所消耗的 0.5mol/L 硫酸标准溶液的体积，同时做空白试验，并记录空白试验所消耗 0.5mol/L 硫酸溶液的体积。

（4）计算：

$$X = \frac{V_2 - V_1 \times c \times 0.09008}{m} \times 100\% \tag{8-1}$$

式中　X——乳酸含量，％；

　　　V_2——为空白滴定时用去硫酸标准溶液的体积，mL；

　　　V_1——试样滴定时用去硫酸标准溶液的体积，mL；

　　　c——硫酸标准溶液的摩尔浓度，mol/L；

　　　0.09008——每物质的量硫酸相当乳酸的克数，g；

　　　m——称取样品重，g。

注：两次平行测定结果之差≤0.2％，取其平均值。

二、柠檬酸的检测

柠檬酸又名枸橼酸，学名为：3-羟基戊二酸。分子式为 $C_6H_8O_7 \cdot H_2O$，相对分子质量为 210.14。

柠檬酸是一种应用广泛的酸味剂。为无色半透明结晶或白色颗粒，或白色结晶性粉末。无臭，有强酸味，酸味爽快可口。20℃时在水中的溶解度为 59％，其 2％水溶液 pH 为 2.1。

柠檬酸易溶于水，使用方便。酸味纯正、温和，芳香可口。其刺激阈的最大值为 0.08％，最小值为 0.02％。易与多种香料配合而产生清爽的酸味，适用于各类食品的酸化。

柠檬酸有较好的防腐作用，特别是抑制细菌繁殖效果较好。可作为抗氧化增强剂，延缓油脂酸败，及作色素稳定剂，有抑制褐变的作用。

1. 感官指标的检验

取样放于玻璃平皿中，观察是否为无色半透明结晶，或白色颗粒，或白色结晶粉末。

口感的检验：温水漱口后品尝样品，是否与标准样相同。

2. 柠檬酸含量的测定

（1）测定原理。柠檬酸为有机弱酸，利用标准碱溶液滴定酸的方法进行测定。以酚酞为指示剂，用 1mol/L 的氢氧化钠溶液滴定至溶液呈粉红色（pH 为 8.3）。

（2）试剂和溶液：

1％酚酞指示剂；

1mol/L 氢氧化钠标准溶液；

（3）操作方法。称取 1.5g 试样（称准至 0.0002g），加 40mL 新煮沸冷却的蒸馏水，溶解加 3 滴 1％酚酞指示剂，用 1mol/L 的氢氧化钠标准溶液滴至微红色，30s 内不褪色。记录消耗的氢氧化钠标准溶液的体积。同时做空白试验。

（4）计算：

$$X = \frac{V_1 - V_0 \times c \times 0.07005}{m} \times 100\%$$ （8-2）

式中　X——柠檬酸含量（以 $C_6H_8OH_2O$ 计），％；

　　　V_1——滴定消耗 NaOH 标准溶液的体积，mL；

　　　V_0——空白试验滴定消耗 NaOH 标准溶液的体积，mL；

　　　c——NaOH 标准溶液摩尔浓度，mol/L；

　　　m——试样重量，g；

　　　0.07005——每物质的量柠檬酸的克数。

两次平行测定结果之差不大于 0.2％，取其平均值。

三、苹果酸含量的测定

苹果酸的酸味柔和、持久性长，从理论上说，苹果酸可以全部或大部分取代用于食品及饮料中的柠檬酸，但柠檬酸已被公认为许多食品酸的标准，所以苹果酸在酸味剂市场中的地位很难超过柠檬酸。苹果酸和柠檬酸在获得同样效果的情况下，苹果酸用量平均可比柠檬酸少 8％～12％（质量分数），最少可比柠檬酸少用 5％，最多可达 22％。苹果酸能掩盖一些蔗糖的替代物所产生的后味。同时苹果酸用于水果香型食品、碳酸饮料及其他一些食品中，可以有效地提高其水果风味。

1. 原理

在酚酞指示剂存在下，用已知浓度的碱标准滴定溶液滴定试样，测出试样中的总酸度（以 $C_4H_6O_5$ 计）。

2. 试剂和溶液

NaOH 标准滴定溶液：浓度为 0.1mol/L。

酚酞指示剂：10g/L 酒精溶液。

3. 操作方法

称取试样 1.5g，精确至 0.0002g。加水溶解，移至 250mL 容量瓶中，稀释至刻度，摇匀。用移液管取 25mL 置于锥形瓶中，加酚酞指示剂 2 滴，用 0.1mol/L 氢氧化钠标准滴定溶液滴至微红色，保持 30s 不褪色为终点，同时做空白试验。

4. 苹果酸质量百分含量（X）的计算

$$X = \frac{V_1 - V_0 \times c \times 0.06704 \times 100}{m \times \frac{25}{250}}$$ （8-3）

式中　V_1——试样消耗氢氧化钠标准滴定溶液的体积，mL；

　　　V_0——空白试样消耗氢氧化钠标准滴定溶液的体积，mL；

$\dfrac{25}{250}$——测定用试样体积占样品溶液总体积的比例；

c——氢氧化钠标准滴定溶液的实际浓度，mol/L；

m——试样的质量，g。

0.06704——与 1.00mL 的氢氧化钠标准滴定溶液〔c_{NaOH}＝0.1000mol/L 相当的以 g 表示的苹果酸的质量。

注：两次平行测定结果之差≤0.2％，取其平均值。

第二节　甜味剂的测定

甜味剂是赋予食品甜味的食品添加剂。甜味剂甜味的高低、强弱称为甜度，但甜度不能绝对地用物理和化学方法来测定。目前，甜度只能凭人们的味觉来判断，所以迄今为止尚无一定的标准来表示甜度的绝对值。因为蔗糖为非还原糖，其水溶液较为稳定，所以选择蔗糖为标准，其他甜味剂的甜度是与蔗糖比较的相对甜度。

甜味剂按来源的不同可将其分为天然甜味剂和人工合成甜味剂，主要的天然甜味剂有砂糖、糖浆及糖的衍生物以及非糖天然甜味剂，而葡萄糖、果糖、麦芽糖和乳糖等物质，通常被视为食品原料，不作为食品添加剂对待。人工合成甜味剂，是采用淀粉或植物类等为原料，采取酸解、酶解或者萃取等方法，得到的各种不同特性的人工甜味剂，常指非营养甜味剂、糖醇类甜味剂与非糖天然甜味剂，如甜菊糖、甘草素等。

天然甜味剂一般对人体的营养有着重要作用，是能量最适合、最高效的来源。甜味剂具有以下功能：

通过酸味与甜味相互作用，可以调节和增强食品的风味。

通过风味的相互补充，可以掩蔽食品中的不良风味。

可以改进食品的可口性。

易被人体消化吸收，转化为血糖，成为人体、人脑最主要的能源。

一、白砂糖的检测

1. 感官指标的检验

色泽：取样放在烧杯中，观察是否为白色光亮或微暗白色，有光泽。

组织状态：倒于平皿中，观察颗粒是否干燥、松散、洁白，无结块、杂质，无明显黑点。

滋味：品尝口感是否清甜，有无其他异味。

粒度：晶粒均匀，粒度在 0.45～1.25mm 范围内应≥80％。

2. 理化指标的检验

1）干燥失重的测定

（1）仪器、设备。

干燥箱：测定过程中，离称量瓶上面 2.5cm±0.5cm 处的温度要保持在 105℃±

1℃（或 130℃±1℃）。

带温度计干燥器。

扁型称量瓶：直径为 6～10cm，深度为 2～3cm 或带盖的铝皿盒。

（2）操作方法。

① 仲裁法。空皿干燥、称重：烘箱应预先加热到105℃，将空的称量瓶或铝皿连同打开的盖子一并放入烘箱中，烘干时间≥30min，然后将称量瓶或铝皿从烘箱中取出，并将盖子复原，放入干燥器中冷却到室温，尽快称其重量，应准确到0.1mg。

干燥样品：用上述称量瓶或铝皿称取 20～30g 样品，加上盖子，称量准确到0.1mg，盛皿中糖层的厚度应不超过 1cm，放入烘箱，并将盖打开，在 105℃下准确干燥 3h（在干燥期间必须保证烘箱内没有其他物料）。将称量瓶盖上盖子，从干燥箱中取出，放入干燥器中冷却至室温，称量，应准确至±0.1mg。同时测定 2 份样品。

② 常规方法。空皿干燥、称重：烘箱应预先加热到130℃，将空的称量瓶或铝皿连同打开的盖子一并放入烘箱中，烘干时间≥30min，然后将称量瓶或铝皿从烘箱中取出，并将盖子复原，放入干燥器中冷却到室温，尽快称其重量，应准确到0.1mg。

干燥样品：用上述称量瓶或铝皿称取 9.5～10.5g 样品，加上盖子，称量准确到0.1mg，摊平，盛皿中糖层的厚度应不超过 1cm，放入烘箱，并将盖打开，在 130℃下准确干燥 18min（在干燥期间必须保证烘箱内没有其他物料）。将称量瓶盖上盖子从干燥箱中取出，放入干燥器中冷却至室温，称量，应准确至±0.1mg。同时测定 2 份样品。

注意：不必干燥到恒重。但必须确保在测定的任何阶段，都不能有砂糖的有形损失。盛皿均须用干洁的坩埚钳夹拿。

计算及结果表示：

白砂糖样品的干燥失重按下列公式计算，以百分数表示，计算结果取到 2 位小数。

$$X = \frac{m_2 - m_3}{m_2 - m_1} \times 100\% \tag{8-4}$$

式中　X——干燥失重，%；

m_1——盛皿的重量，g；

m_2——盛皿及干燥前样品的质量，g；

m_3——盛皿及干燥后样品的质量，g。

允许误差：两次测定值之差不得超过其平均值的 15%。

2）蔗糖含量的测定

（1）实验方法（基准法）：莱因-埃农氏法。

（2）仪器和试剂。

① 250mL 三角瓶（蒸馏水洗净烘干）。

② 酸式滴定管（0～50mL、0.1mL 精确度）。

③ 250mL、100mL 容量瓶。

④ 5mL、50mL 移液管。

⑤ 20%乙酸铅溶液：20g 乙酸铅溶于100mL 水中。

⑥ 草酸钾-磷酸氢二钠溶液：草酸钾 3g、磷酸氢二钠 7g 溶于 100mL 水中。

⑦ 费林试液（甲液及乙液）：

甲液：取 34.639g 硫酸铜溶于水中，加入 0.5mL 浓硫酸，加水至 500mL。

乙液：取 173g 酒石酸钾钠及 50g 氢氧化钠溶于水中，稀释至 500mL，静置 2d 后过滤。

⑧ 1％次甲基蓝。

⑨ 1∶1 盐酸溶液。

⑩ 30％氢氧化钠溶液。

⑪ 2％甲基红-乙醇溶液：取 0.2g 甲基红，溶于 100mL20％乙醇溶液中。

（3）操作方法

① 样品处理。取 20g 样品（准确至 0.01g）用 100mL 水分数次溶解并洗入 250mL 容量瓶中，加 4mL 乙酸铅、4mL 草酸钾磷酸氢二钠，每次加入试剂时都要徐徐加入，并摇动容量瓶，用水稀释至刻度，静置 30min，用干燥滤纸过滤，弃去最初 25mL，所得滤液滴定用。

② 预备滴定。在 50mL 滴定管中注入上述测定样液至刻度，取 10mL 费林液（甲、乙液各 5mL）于 250mL 三角瓶中，加入样液 10～15mL，置电炉上加热，使其在 2min 内沸腾，沸腾后关小火焰，维持沸腾状态 15s，加入 3 滴次甲基蓝液，徐徐滴入样液至蓝色完全褪尽为止，读取所用样液的毫升数。

③ 精密滴定。取 10mL 费林液（甲、乙液各 5mL），一次加入比预滴定少 0.5～1.0mL 的样液，置于电炉上使其在 2min 内沸腾，沸腾后关小火焰，维持沸腾状态 2min，加入 3 滴次甲基蓝，逐滴滴加样液，待蓝色褪尽即为终点，以此量为计算依据，即为转化前滴定量。

④ 转化前转化糖量的计算

利用还原糖测定中的滴定量查表 8-1 中相应的转化糖量按式计算。

$$X = \frac{F_2 \times f_2 \times 0.25}{V_1 \times m} \times 100\%　　　　　　　(8-5)$$

式中　X——转化前转化糖量，％；

　　　F_2——由 V_1 的量从表 8-2 中查出相对应的转化糖的量，mg；

　　　f_2——费林试液蔗糖校正值；

　　　V_1——滴定消耗的体积，mL；

　　　m——样品重，mg；

　　　0.25——样品溶解定容到 250mL 时糖测定体积，L。

⑤ 转化后样液的处理。取 50mL 样液于 100mL 容量瓶中，加水 10mL，再加入 10mL1∶1 的盐酸，置 75℃水浴锅中，时时摇动，在 2.5～2.75min 之间使瓶内温度升至 67℃，继续在水浴中保持 5min，于该期间使温度升至 69.5℃，取出，用冷水冷却至 20℃，加甲基红指示剂 4～5 滴，用 30％氢氧化钠中和成中性（橘红色），用水稀释至刻度，摇匀，并在 20℃保温 30min 后再滴定。

⑥ 转化后滴定。将准备好的样液，放入 50mL 滴定管中，在加好 10mL 费林液

（甲、乙各 5mL）的 250mL 三角瓶中放入样液 10～13mL，其余滴定过程同转化前的精密滴定过程。

⑦ 转化后转化糖量的计算。

$$X = \frac{F_3 \times f_2 \times 0.50}{V_2 \times m} \times 100\%　　　　　　　　(8\text{-}6)$$

式中　X——转化后转化糖量，%；

　　　F_3——由 V_2 查得转化糖的量，mg（表 8-2）；

　　　V_2——转化后样液的消耗体积，mL；

　　　f_2、m 同转化前公式；

　　　0.5——（250mL/50mL）×100mL＝500mL＝0.5L。

⑧ 蔗糖含量的计算

$$X = （转化后转化糖量 － 转化前转化糖量）\times 0.95　　　　　(8\text{-}7)$$

式中　X——蔗糖含量，%；

　　　0.95——还原糖换算为葡萄糖的系数。

表 8-1　乳糖滴定量校正值

滴定到终点时所用糖液的量/mL	用 10mL 费林试剂蔗糖对乳糖量的比	
	3∶1	6∶1
15	0.15	0.30
20	0.25	0.50
25	0.30	0.60
30	0.35	0.70
35	0.40	0.80
40	0.45	0.90
45	0.50	0.95
50	0.55	1.05

表 8-2　乳糖及转化糖因数表（10mL 费林试液）

滴定量/mL	乳糖/mg	转化糖/mg	滴定量/mL	乳糖/mg	转化糖/mg
15	68.3	50.5	33	67.8	51.7
16	68.2	50.6	34	67.9	51.7
17	68.2	50.7	35	67.9	51.8
18	68.1	50.8	36	67.9	51.8
19	68.1	50.8	37	67.9	51.9
20	68.0	50.9	38	67.9	51.9
21	68.0	51.0	39	67.9	52.0
22	68.0	51.0	40	67.9	52.0
23	67.9	51.1	41	68.0	52.1

滴定量/mL	乳糖/mg	转化糖/mg	滴定量/mL	乳糖/mg	转化糖/mg
24	67.9	51.2	42	68.0	52.1
25	67.9	51.2	43	68.0	52.1
26	67.9	51.2	44	68.1	52.2
27	67.8	51.4	45	68.1	52.3
28	67.8	51.4	46	68.1	52.3
29	67.8	51.5	47	68.2	52.4
30	67.8	51.5	48	68.2	52.4
31	67.8	51.6	49	68.2	52.5
32	67.8	51.6	50	68.3	52.5

注："因数"系指与滴定量相应的数目,可自表中查得,若蔗糖含量与乳糖的比超过 3∶1 时则在滴定量中加表 8-2 的校正数后计算。

3)不溶于水杂质的测定

(1)仪器和试剂。

① 坩埚式玻璃过滤器:孔径 40μm。

② 干燥箱。

③ 带温度计干燥器。

④ 分析天平:精确度达±0.001g。

⑤ 1‰α-萘酚乙醇溶液:称取 α-萘酚 1g,用 95%乙醇溶解至 100mL。

⑥ 浓硫酸:含硫酸 95%~98%。

(2)操作方法:称取样品 500.0g 于 1000mL 烧杯中,精制白砂糖则称取 1000g 于 2000mL 烧杯中,加入不超过 40℃的蒸馏水,搅拌至完全溶解,倾入干燥至恒重的玻璃过滤器中进行减压过滤。以水充分洗涤滤渣,用 α-萘酚乙醇溶液检查,至洗涤液不含糖分为止,将过滤器连同滤渣置于 125~130℃的干燥箱中干燥后,取出置于干燥器中,冷却至室温,进行首次称量,以后每继续烘干约 0.5h,冷却称量一次,直至相继两次质量不超过 0.001g,可认为达到恒重,记录其质量。

微糖检验方法:取 2mL 洗涤液于试管中,加入数滴 1‰α-萘酚溶液,再沿管壁缓缓加入 2mL 浓硫酸。蔗糖在浓硫酸存在下与酚类起极强的呈色反应,在水与酸的界面出现紫色环,说明有蔗糖存在,若为黄绿色环说明无蔗糖存在。

(3)计算及结果表示:每千克白砂糖样品所含不溶于水杂质毫克数按式(8-8)计算,计算结果取到个数位。

$$不溶于水杂质的含量 = \frac{m_2 - m_1}{m_0} \times 10^6 \tag{8-8}$$

式中 10^6——1mg 样品换算为 1kg 样品;

m_1——干燥过滤器连同过滤介质质量,g;

m_2——干燥过滤器连同过滤介质与不溶于水杂质质量,g;

m_0——所称取白砂糖样品质量,g。

（4）允许误差：两次测定值之差不得超过其平均值的 15%。平均结果 0.2%。

4）还原糖分、电导灰分、色值、浑浊度的测定

见有关的检验方法。

3. 卫生指标的检验

1）菌落总数、大肠菌群的测定

见微生物的检验方法。

2）螨的测定

（1）仪器、设备：显微镜、放大镜、玻片、三角瓶。

（2）操作方法。称取 250g 白砂糖样品，放入 1000mL 三角瓶中，加入 ≤25℃ 的蒸馏水，并不断搅拌，使其完全溶解，补充蒸馏水至瓶口处，以不使水溢出为止。

用洁净的玻片盖在瓶口上，使玻片与液面接触，静置 5min，取下镜检。这一操作重复若干次，以镜检所有漂浮物。

检出螨的数目即为 250g 白砂糖的总螨数。

二、阿斯巴甜的检测

pH 的检测：配成 0.8% 水溶液用精密 pH 计测定。

干燥失重：

干燥：准确称取 2~3g 样在 100~105℃ 烘箱中，烘 3h，冷却称重。

计算：同白砂糖的测定。

三、安塞蜜的检测

安赛蜜（乙酰磺胺酸钾 Acesulfame-K，又称 AK 糖），是目前世界上第四代合成甜味剂。它的甜度为蔗糖的 200 倍，具有口感好，无热量，在人体内不代谢、不吸收，对热和酸稳定性好等特点。

1）pH 的测定

1% 水溶液用精密 pH 计测定。

2）干燥失重的测定

105℃ 干燥 2h，同小麦粉。

（1）干燥。取洁净铝制或玻璃制的扁形称量瓶，置于 105℃ 干燥箱中，瓶盖斜支于瓶边，加热 0.5~1.0h，取出盖好，置干燥器内冷却 0.5h，称量，并重复干燥至恒量。

称取 2.00~10.0g 切碎或磨细的样品，放入此称量瓶中，样品厚度约为 5mm。加盖，精密称量后，置 105℃ 干燥箱中准确干燥 2h，取出，放干燥器内冷却 0.5h 后称量。两次质量差不超过 2mg，即为恒量。

（2）计算：同白砂糖的测定。

四、麦芽饴糖的测定

1. 麦芽糖中固形物的测定

1）仪器

（1）阿贝折光仪：精度为 0.5 单位。

（2）恒温水浴，精度为 ±0.1℃。

2）操作方法

（1）将折光仪放在光线充足的位置，与恒温水浴相连。用恒温水浴将折光仪棱镜的温度调至 20.0℃±0.1℃，用重蒸馏水调整折光率为 1.3330。此时干物质（固形物）百分含量为零。

（2）打开折光仪棱镜，用擦镜纸将水拭干，加 1～2 滴试样于棱镜面中心，迅速闭合棱镜。使试样均匀布满棱镜面，无气泡并充满视野。

（3）待试样达到 20.0℃±0.1℃后，通过目镜读取折光率即为干物质（固形物）百分含量。清洗并控干棱镜，将同一样品进行第二次测定。取两次测定值的算术平均值报告其结果。

2. 麦芽糖 pH 的测定

1）仪器

pH 计（酸度计）：精度 ±0.02。

2）操作方法

（1）按仪器使用说明书调试和校正酸度计。

（2）称取样品 20g 于 50mL 小烧杯中，加入新煮沸冷却至室温的蒸馏水 20mL 溶解。调节样液温度及 pH 计的温度补偿至 25℃±1℃，测定样液的 pH，使其在 1min 内 pH 稳定，读数。先用水、再用样液冲洗电极数次，重复测定（两次测定值之差不得超过 0.05pH），取算术平均值报告其结果。

3. 麦芽糖 DE 值的测定

1）试剂

（1）次甲基蓝指示剂（10g/L）：称取次甲基蓝 0.5g，加水溶解并稀释至 50mL。

（2）标准葡萄糖溶液（2g/L）：准确称取于 100℃±2℃烘干至恒重的基准无水葡萄糖 0.5000g，加水溶解并定容至 250mL。

（3）费林试液：按乳糖中费林试液配制与标定。

2）操作方法

（1）样液的制备。称取一定量的样品，准确至 0.0001g（取样量以每 100mL 样液中含有还原糖量 125～200mg 为宜），置于 50mL 小烧杯中，加热水溶解后移入 250mL 容量瓶中，冷却至室温，加水稀释至刻度，摇匀，备用。

（2）预滴定。先后吸取费林溶液甲和费林溶液乙各 5.0mL 于 150mL 锥形瓶中混匀，准确加入 20mL 水。将三角瓶置于电炉上加热至沸，用样液滴定（滴加速度约为 10~15s 加入 1mL），直至溶液蓝色即将消失，加 10g/L 次甲基蓝指示液 3 滴，继续用样液滴定至蓝色消失为终点，记录消耗样液的总体积。

（3）正式滴定。按预滴定程序吸取费林溶液甲和费林溶液乙各 5.0mL 于 150mL 锥形瓶中混匀，加入 20mL 水，再加入比预滴定约少 0.5~1.0mL 的样液，置于电炉上加热，使其在 2min 内沸腾，并保持沸腾状态 2min，并加 10g/L 次甲基蓝指示液 3 滴，继续用样液滴定至终点。滴定全过程须在 3min 内完成，始终保持沸腾。

3）计算

$$X = \frac{RP \times 10 \times 250}{m \times V \times DMC} \times 100\% \qquad (8-9)$$

式中　X——样品的 DE 值，%；

　　　RP——1mL 费林溶液（甲、乙）相当于葡萄糖的质量，g；

　　　m——取样量，g；

　　　250——配制样液的总体积，mL；

　　　V——正式滴定消耗样液的体积，mL；

　　　DMC——试样中干物质（固形物）的含量，%；

　　　10——将 1mL 费林溶液（甲、乙）相当于葡萄糖的质量转换为 10mL 费林溶液
　　　　　　（甲、乙）相当于葡萄糖的质量。

第三节　增稠剂的检测

增稠剂是指在水中溶解或分散，能增加流体或半流体食品的黏度，并能保持所在体系的相对稳定的亲水性食品添加剂。食品增稠剂对保持流态食品、胶冻食品的色、香、味、结构和稳定性起相当重要的作用。在食品中主要赋予食品所要求的流变特性，改变食品的质量和外观。

常用食品增稠剂有天然增稠剂和人工合成增稠剂。天然增稠剂如阿拉伯胶、海藻酸钠、果胶明胶、酪蛋白酸钠等。人工合成的增稠剂如羧甲基纤维素钠和聚丙烯酸钠等。

一、海藻酸钠的检测

海藻酸钠又称藻酸钠、海藻胶或藻朊酸钠，从褐藻类植物——海带中加碱提取，经加工精制而成的一种多糖类碳水化合物，其主要成分为海藻酸钠，可加于食品中，用做增稠剂等。

分子式：$(C_6H_7O_6Na)_n$。

结构单位：理论值 198.11，平均真实值 222.00。

相对分子质量：32000~250000。

(一) 试验方法

1. 鉴别

1) 试剂和溶液

氯化钙：分析纯，5%溶液。

硫酸：分析纯，10% 溶液，57mL 硫酸加至 100mL 水中，冷后加水稀释至 1000mL。

萘间苯二酚：分析纯，1%乙醇溶液。

盐酸：分析纯。

异丙醚：分析纯。

醋酸氧铀钴溶液：取 8g 醋酸氧铀，加 6g 冰乙酸与适量水至 100mL，另取 40g 乙酸亚钴，加 6g 冰乙酸与适量蒸馏水至 100mL，将两液各加热至约 75℃溶解后，混合放冷，并在 20℃放置 2h，使过量的盐类析出，用干燥滤纸过滤，即得。

2) 操作方法

(1) 取 5mL 试样 (1∶100) 水溶液，加 1mL 5%氯化钙溶液，立即生成胶状沉淀。

(2) 取 10mL 试样 (1∶100) 水溶液，加 1mL 10%硫酸溶液，有胶状沉淀产生。

(3) 取 5mg 试样于试管中，加 5mL 蒸馏水，1mL 新配制的 1%萘间苯二酚乙醇溶液，5mL 盐酸煮至沸腾，并微沸 3min，冷至 15℃将内容物用 5mL 蒸馏水洗入 30mL 分液漏斗中，用 15mL 异丙醚提取，提取液的紫色应比试剂空白提取液深。

(4) 取 5mg 试样灰化，灰分溶于盐酸过滤，滤液加醋酸氧铀钴溶液，搅拌数分钟，即渐渐析出金黄色沉淀。

2. pH 的测定

取试样配制成 1%水溶液，用 pH 试纸或酸度计测定。

3. 水不溶物的测定

称取试样约 0.5g (称准至 0.0002g)，于 500mL 烧杯中，加蒸馏水 200mL 加盖表面皿，加热煮沸 1h，经常搅动，趁热用已干燥称至恒重的 G_2 垂熔滤器减压过滤，并用热蒸馏水充分洗涤滤器，于 105℃干燥至恒重。

水不溶物 X_1 (%) 按下式计算：

$$X_1 = (m_1 - m_2) \div m \times 100\% \tag{8-10}$$

式中　m_1——滤器与不溶物总重，g；

m_2——滤器重，g；

m——试样重，g。

4. 透明度的测定

1) 试剂和溶液

(1) 硫酸：分析纯，0.01mol/L 溶液，按 GB 601—1977 配制与标定。

（2）乙醇：分析纯；95％。

（3）盐酸：分析纯，10％溶液，以 23.5mL 盐酸加蒸馏水至 100mL。

（4）氯化钡：分析纯，12％溶液。

2）操作方法

称取试样 0.5g（称准至 0.01g），加沸蒸馏水 90mL 溶解，冷后加蒸馏水至 100mL，将此溶液倒至一比色管（250mm×25mm）中，比色管放于划有相距 1mm 的 15 条黑线的白纸上，另取一比色管（300mm×15mm）套于上管中，将此内管上下移动，至能看清白纸上所划的黑线为止，如此重复操作 3 次，测出二比色管管底间的距离，此距离不得比标准液所测的距离小。

同时配一标准溶液，取 8mL0.01mol/L 硫酸溶液，加 1mL10％盐酸溶液，5mL 乙醇，加蒸馏水至 50mL，加 2mL12％氯化钡溶液混合均匀，放置 10min，照上法操作。

5. 黏度的测定

1）仪器

（1）爱米勒（EMILA）旋转黏度计。

（2）恒温水浴。

2）操作方法

称取试样 X_2g，其重量能恰配成其浓度为 1％的海藻酸钠溶液 100mL，按绝对干样计算，计算方法为

$$X_2 = 1/(1-D) \tag{8-11}$$

式中　X_2——称取试样量，g；

　　　D——干燥失重，％。

称取试样 xg（称准至 0.01g），加冷蒸馏水 25mL，搅动，再加沸蒸馏水 70mL，搅动数分钟，冷后加蒸馏水到 100mL，于室温放置 4h 后，使成均匀胶液，选择相应转子置于量罐内，并将胶液细心倒入，达到圆锥体的表面下铅，转子完全浸入液体内，将量罐放到架上，将钩挂在驱动器上，调整零点，接通恒温装置，使保持测定温度在20℃±0.1℃范围，启动开关，使标尺盘上指针保持稳定，即可读出度数，如果读数小于 10，则需换用第二个较大的转子。

黏度 X_3（cP）按下式计算：

$$X_3 = 指针读数 \times 转子倍数 \tag{8-12}$$

6. 干燥失重的测定

1）仪器

铝盒：直径 45～50mm，高 25mm。

2）操作方法

称取试样适量（称准至 0.0002g）于已烘干称至恒重的铝盒中，试样厚度约 5～10mm，铺匀，开盖于 105℃干燥 4h 至恒重。

干燥失重 X_4（％）按下式计算：

$$X_4 = (m_1 - m_2)/m \times 100\% \tag{8-13}$$

式中　m_1——干燥前铝盒及试样重，g；

　　　m_2——干燥后铝盒及试样重，g；

　　　m——试样重，g。

7. 硫酸灰分的测定

1）试剂和溶液

硫酸：分析纯。

2）操作方法

于已恒重的瓷皿中，称取试样 2g（称准至 0.0002g），加 1.5mL 硫酸，将试样润湿炭化后，置于高温炉中以 450～550℃ 灼烧，放冷，再加 1mL 硫酸灼烧至完全灰化为止，于干燥器内放冷，称重。硫酸灰分 X_5（%）按下试计算：

$$X_5 = (m_1 - m_2) \div m \div (1 - D) \times 100\% \tag{8-14}$$

其中：m_1——灰分及瓷皿重，g；

　　　m_2——瓷皿重，g；

　　　m——试样重，g；

　　　D——干燥失重，g。

8. 重金属的测定

1）试剂

（1）酚酞指示液：1% 乙醇溶液。

（2）硝酸：分析纯。

（3）氢氧化钠：分析纯，10% 溶液。

（4）盐酸：分析纯，10% 溶液。

（5）冰乙酸：分析纯，30% 溶液。

（6）饱和硫化氢水：现用现配。

（7）铅标准溶液：按第七章第二节配制后稀释 10 倍使用，每 1mL 含 0.01mg 铅。

2）操作方法

取测定灰分的残渣加入 5mL 硝酸，在水浴上蒸干，冷后加蒸馏水溶解，加 1 滴酚酞指示液，用 10% 氢氧化钠溶液调碱性，用 10% 盐酸调至红色刚褪，过滤于 50mL 量筒中，用蒸馏水洗涤残渣多次，并稀释至 25mL，加 0.5mL 30% 乙酸溶液，用蒸馏水稀释至 40mL，为 A 管。

取另一个 50mL 纳氏比色管，加入铅标准溶液 4mL 及 0.5mL 30% 乙酸溶液，用蒸馏水稀释至 40mL，为 B 管。

A、B 二管，各加 10mL 饱和硫化氢水，摇匀后，在暗处放置 10min 进行比色，A管颜色不深于 B 管。

二、羧甲基纤维素钠的检验方法

(一) 感官指标的检验

取样置于玻璃平皿中，观察是否为白色或微黄色纤维状粉末。

(二) 理化指标的检验

1. 黏度的测定

1) 仪器。
(1) 旋转式黏度计。
(2) 恒温水浴。
(3) 磨口瓶。
2) 操作方法

准确称取经过 105℃烘箱干燥 2h 的 2g 试样（准确至 0.001g），移入 125mL 带塞磨口瓶内，再加入 98mL 蒸馏水，在温热条件下，使试样全部溶解均匀，放置 5~10h 后，放入恒温水浴内，溶液温度控制在 25℃，然后用旋转式黏度计，测定其绝对黏度。

2. pH 的测定

称取试样 1g，溶于 99mL 蒸馏水中，在温热条件下，全部溶解，待温度在 25℃左右时，用酸度计进行测量。

3. 水分的测定

(1) 称取 3~5g 试样（准确至 0.001g），置于已知质量的清洁、干燥的扁型瓶内，开盖后放入 105℃烘箱中干燥 2h，取出加盖后，放入干燥器中冷却至室温称量。

(2) 结果的表示和计算：

水分的百分含量 X（％）按下式计算：

$$X = \frac{m_1 - m_2}{m_1} \times 100\% \tag{8-15}$$

式中　m_1——干燥前试样质量，g；
　　　m_2——干燥后试样质量，g。
两次平行测定结果相对误差≤5％

三、小麦粉中水分的测定

1. 原理

将样品放入 95~105℃的烘箱中加热，直至恒量，所失去的质量即为水分含量。

2. 仪器

(1) 称量瓶或称量皿。
(2) 干燥器：95~105℃。

（3）分析天平：感量 0.1mg。

（4）干燥器：用变色硅胶作干燥剂。

3. 操作方法

（1）称量皿恒重。取洁净铝制或玻璃制的扁形称量瓶，置于 95～105℃ 干燥箱中，瓶盖斜支于瓶边，加热 0.5～1.0h，取出盖好，置干燥器内冷却 0.5h，称量，并重复干燥、称量至恒重。

（2）样品的称量与干燥。称取 2.00～10.0g 切碎或磨细的样品，放入此称量瓶中，样品厚度约为 5mm。加盖，精密称量后，置 95～105℃ 干燥箱中干燥 1h 左右，取出，放干燥器内冷却 0.5h 后再称量。至前后两次质量差不超过 2mg，即为恒量。

4. 计算

$$X = \frac{m_1 - m_2}{m_1 - m_3} \times 100\% \tag{8-16}$$

式中　X——样品中水分的含量，％；

　　　m_1——称量瓶（或蒸发皿加玻棒）和样品的质量，g；

　　　m_2——称量瓶（或蒸发皿加玻棒）和样品干燥后的质量，g；

　　　m_3——称量瓶（或蒸发皿加玻棒）的质量，g。

第四节　香精的检测

食用香精是可影响食品口感和风味的特殊高倍浓缩添加剂，可弥补食品经加工制造过程而损失的风味。由于香精的使用方法不同，可赋予产品特有的风味，创造新产品。产品实现标准化，可使产品不易被模仿。香精的用量一般很少，但它却决定着食品的风味，因此，食用香精是食品工业必不少的食品添加剂。在食品添加剂中它自成一体，有千余个品种。食用香精种类可分为：

（1）天然香精。它是通过物理方法，从自然界的动植物（香料）中提取出来的完全天然的物质。通常可获得天然香味物质的载体有水果、动物器官、叶子、茶及种子等。其提取方法有萃取、蒸馏、浓缩。用萃取法可得到香草提取物、可可提取物、草莓提取物等；用蒸馏法可得到薄荷油、茴香油、肉桂（桂花）油、桉树油等；用精馏法可得到橙油、柠檬油、柑橘油等；用浓缩法可得到苹果汁浓缩物、芒果浓缩物、橙汁浓缩物等。目前全世界有 5000 多种能提取食用香精的原料，常用的有 1500 多种。

（2）人工合成香精。它是用人工合成等化学方法得到的。尚未被证实自然界有此化学分子的物质。若在自然界中发现且主宰有与此相同的化学分子，则为等同天然香精。只要香精中有一个原料物质是人工合成的，即为人工合成香精。

（3）等同天然香精。该类香精是经由化学方法处理天然原料而获得的或人工合成的与天然香精物质完全相同的化学物质。

（4）微生物方法制备的香精。它是经由微生物发酵或酶促反应获得的香精。

（5）反应型香精。此类香精是将蛋白质与还原糖加热发生美拉德反应而得到，常用于肉类、巧克力、咖啡、麦芽香中。

按香精的状态分类，食用香精包括：液态香精（水溶性、油溶性、乳化性），其中香味物质占 10%～20%，溶剂（水、丙二醇等）占 80%～90%；乳化型香精，其中溶剂、乳化剂、胶、稳定剂、色素、酸和抗氧化剂等共 80%～90%；粉末香精，其中香味物质占 10%～20%，载体占 80%～90%。香精的一般质量指标如表 8-3 所示。

表 8-3　香精的一般质量指标

项　目	指　标	项　目	指　标
折光指数（20℃）	1.4750～1.4940	砷（以 As 计）/%	≤0.0003
相对密度（25/25℃）	0.9500～0.9720	重金属（以 pb 计）/%	≤0.001
溶解度（25℃）	1g 样品全溶于 700～1000 倍的水		

一、水溶性香精的检验

1. 溶解度（25℃）的测定

称取 1g 样品，溶于 700～1000mL 水溶液或 300～500mL 20% 的乙醇中，观察是否完全溶解。

2. 其他项目的测定

以该批样品厂家化验单为依据进行验证。

二、油溶性香精的检验

以该批样品厂家化验单为依据进行验证。

三、乳化香精的检验

1. 粒度的测定

取少量经搅拌均匀的试样，放在载玻片上，滴入适量的水，以盖玻片轻压使之成薄层，用＞600 倍显微镜查粒子的直径≤2.0μm，并均匀分布即为合格。

2. 原液稳定性的测定

在室温下，分别移取经搅拌均匀的试样 10mL 于三支离心管中，一支留做对照，两支放入离心机中，以 3000r/min 离心 15min 后，取出，与对照管比较，不分层即为合格。

3.1000 倍稀释液稳定性测定

称取经搅拌均匀的试样 1.0g、80～100g 白砂糖、1～1.6g 柠檬酸、蒸馏水 100mL，加热使全部溶解，再加入蒸馏水至 1000mL，即为 1000 倍稀释液。取约 300mL 的 1000 倍稀释液于汽水瓶中，封盖。在室温下横放静置 72h，溶液表面无浮油白圈，底部无沉淀为合格。

4. 细菌总数、大肠菌群的测定

以该批样品厂家化验单为依据进行验证。

5. 其他项目的测定

以该批样品厂家化验单为依据进行验证。

四、水油两用香精的检验

1. 溶解度的测定

称取 1g 样品，溶于 700～1000mL 水溶液或 300～500mL20％的乙醇中，观察是否完全溶解。

2. 其他项目的测定

以该批样品厂家化验单为依据进行验证。

五、香精的香味、香气、色泽、澄清度的检验

所有香精的香味、香气、色泽、澄清度以标准样进行对比。

第五节　其他辅料的测定

一、食用玉米淀粉的测定

1. 食用玉米淀粉中水分的测定

1）测定原理
将样品放在温度为 130℃±3℃，烘 90min，得到样品的损失质量。
2）仪器
（1）分析天平。
（2）称量皿（铝皿）：直径 55～65mm，高度 15～30mm，壁厚约 0.5mm。
（3）干燥器：内有充足的干燥剂和一个多孔金属厚板。
3）操作方法
（1）样品的准备。
（2）所测样品应充分混合后放在密封和防潮的容器内。取样后迅速密封，以备下次测试时再取。
（3）样品的称量。
① 恒重称量皿（铝皿）：经 100～105℃干燥 30min，置于干燥器内冷却至室温后，

称取碟和盖子重量，精确至 0.001g，直至恒重。

② 称取样品：在恒重的干燥皿内称取 5g±0.25g 的经充分混合的样品，样品不能含有硬块和团状物，碟内部尽量最小暴露于外界。将样品均匀分布在碟底面上（不得超过 0.3g/cm²）。盖上盖子，即刻称重以确定测试物的重量，精确至 0.001g。

③ 样品的干燥与称量：将盛有样品的称量皿放入已预热到 100～105℃ 的干燥烘箱中，盖可靠在称量皿旁边，在 130℃ 范围内干燥 1.5h。迅速盖上盖子，置于干燥器中经 30～45min 后，冷却至室温，将称量皿从干燥器内取出后 2min 内称重，精确至 0.001g，直至恒重。

注：不要将称量皿叠放在干燥器中。

对同一样品进行二次平行测定。

4）计算

水分样品损失质量对样品原质量的质量百分比表示，为

$$X = \frac{m_1 - m_2}{m_1 - m_0} \times 100\% \tag{8-17}$$

式中　X——样品水分含量，%；

　　m_0——干燥后空碟和盖的重量，g；

　　m_1——干燥前带有样品的碟和盖的重量，g；

　　m_2——干燥后带有样品的碟和盖的重量，g；

如允许差符合要求，取二次测定的算术平均值为结果。结果保留一位小数。

5）允许差

分析人员同时或迅速连续进行二次测定，其结果之差的绝对值。该值应不超过平均结果 0.2%。

2. 淀粉斑点测定方法

1）原理

通过肉眼观察样品，读出斑点的数量。

2）仪器

（1）透明板：刻有 10 个方形格（1cm×1cm）的无色透明板。

（2）平板：白色能均匀分布待测样品。

3）操作方法

（1）样品的准备：样品应进行充分混合。

（2）样品的称量：称取混合好的样品 10g，均匀分布在平板上。

（3）计数：将透明板盖到已均匀分布的待测样品上，并轻轻压平。在较好的光线下，眼与透明板的距离保持 30cm，用肉眼观察样品中的斑点，并进行计数，记下 10 个空格内淀粉中的斑点总数量。注意不要重复计数。

（4）测定次数：对同一样品应进行 2 次测定。

注：分析人员的视力应在 1.0 以上。

4）结果的表示

计算方法：斑点以每平方厘米斑点的数量表示，为

$$X = \frac{C}{10} \qquad (8\text{-}18)$$

式中　X——样品斑点数，个$/cm^2$；

C——10 个空格内样品斑点的总数，个。

如允许差符合要求，取两次测定的算术平均值为结果。结果保留一位小数。

5）允许差

分析人员同时或迅速连续进行二次测定，其结果之差的绝对值。该值应不超过 1.0。

3. 淀粉细度测定方法

1）原理

将样品用分样筛进行筛分，得到样品通过分样筛的重量。

2）仪器

（1）天平：精度为 0.1g。

（2）分样筛：筛号为 100。

3）操作方法

（1）样品的准备：样品应进行充分混合。

（2）称取样品：称取混合好的样品 50g，精确至 0.1g，均匀倒入分样筛中。

（3）筛分：均匀摇动分样筛，直至筛分不下为止。小心倒出分样筛上剩余物称重，精确至 0.1g。

（4）测定次数：对同一样品进行二次平行测定。

4）结果的表示

计算方法：应以样品通过分样筛重量对样品原重量的百分比表示为

$$X = \frac{m_0 - m_1}{m_0} \times 100\% \qquad (8\text{-}19)$$

式中　X——样品细度，%；

m_0——样品的原重量，g；

m_1——样品未过筛的筛上剩余物重量，g；

如允许差符合要求，取二次测定的算术平均值为结果。结果保留一位小数。

允许差：分析人员同时进行二次平行测定，其结果之差的绝对值。该值应不超过 0.5%。

4. 酸度的测定

1）原理

通过用氢氧化钠标准溶液滴定淀粉乳液直至中性时耗用的该标准溶液体积。

2）仪器和试剂

在测定过程中，只可使用分析纯的试剂和蒸馏水。

（1）锥形瓶：容量 250mL。

（2）碱式滴定管：容量 25mL。

（3）碱式滴定管：容量 50mL。

（4）分析天平。

（5）磁力搅拌器。

（6）恒温烘箱：温度能控制在 110℃±1℃。

（7）干燥器：要求内有有效充足干燥剂。

（8）氢氧化钠标准溶液：0.1mol/L。

（9）邻苯二甲酸氢钾：基准物质。

（10）酚酞指示剂溶液：1g 酚酞溶于 100mL 95％乙醇中。

3）操作方法

（1）称取样品：称取已混合好的样品 10g，精确至 0.1g，倒入锥形瓶内加入 100mL 蒸馏水，振荡、混合均匀。

（2）向锥形瓶滴入酚酞指示剂溶液 2～3 滴，放在磁力搅拌器上搅拌。

（3）用已标定的氢氧化钠标准溶液滴定，直至锥形瓶中刚好出现粉红色不褪去，读取滴定时消耗氢氧化钠标准溶液的毫升数。

4）测定次数

对同一样品进行二次平行测定。

5）计算方法

酸度以 10g 样品所耗用 0.1mol/L 氢氧化钠标准溶液体积的毫升数表示，为

$$X = \frac{c \times V \times 10}{m \times c_1} \tag{8-20}$$

式中　X——样品酸度，°T；

　　　c——已标定的氢氧化钠标准溶液的摩尔浓度，mol/L；

　　　V——耗用的氢氧化钠标准溶液的体积，mL；

　　　m——样品的重量，g；

　　　10——稀释倍数；

　　　c_1——氢氧化钠标准溶液的摩尔浓度，mol/L。

如允许差符合要求，取二次测定的算术平均值为结果。结果保留一位小数。

6）允许差

分析人员同时进行二次平行测定，其结果之差的绝对值。该值应不超过 1.0。

二、糊精测定方法

1. 糊精中水分的测定（直接干燥法）

1）仪器

（1）恒温干燥箱：控温精度±2℃。

（2）分析天平：感量 0.1mg。

（3）称量皿：50mm×30mm。

（4）干燥器：用变色硅胶作干燥剂。

2）操作方法

称取样品 2～3g（称准至 0.0002g）于已烘至恒重的称量皿中，放入 103℃±2℃恒温干燥箱内干燥 3h 后，移入干燥器中冷却，30min 后称量。再放入恒温干燥箱内烘 1h，称量，直至恒重。

3）计算

$$X = \frac{m_1 - m_2}{m_1 - m} \times 100\% \tag{8-21}$$

式中　X_1——样品的水分，%；

　　　m——称量皿的质量，g；

　　　m_1——干燥前称量皿加样品的质量，g；

　　　m_2——干燥后称量皿加样品的质量，g；

2. 糊精 DE 值的测定

1）试剂

（1）次甲基蓝指示液 10g/L：称取 1.0g 次甲基蓝，溶解于水并稀释至 100mL。

（2）葡萄糖标准溶液 2g/L：称取于 100℃±2℃烘干至恒重的基准无水葡萄糖 0.5000g，称准至 0.0001g，加水溶解，洗入 250mL 容量瓶中并稀释至刻度，摇匀，备用。

（3）费林溶液：按乳糖测定方法中配置。

2）标定

预滴定时，先吸取费林溶液甲，再吸取费林溶液乙各 5.0mL 于 150mL 锥形瓶中，加水 20mL，加入玻璃珠 3 粒，用 50mL 滴定管预先加入 24mL 的葡萄糖标准溶液，摇匀，置于铺有石棉网的电炉上加热，控制瓶中液体在 120s±15s 内沸腾，并保持微沸，加 3 滴次甲基蓝指示液，继续以葡萄糖标准溶液滴定，直至蓝色刚好消失为其终点，整个滴定操作应在 3min 内完成。正式滴定时，预加入葡萄糖标准溶液比上述滴定消耗的葡萄糖标准溶液少 0.5～1mL，做平行试验，记录消耗葡萄糖标准溶液的总体积。取其算术平均值。

3）计算

$$RP = \frac{m_1 \times V_1}{250} \tag{8-22}$$

式中　RP——10mL 费林溶液相当于葡萄糖的质量，g；

　　　m_1——称取基准无水葡萄糖的量，g；

　　　V_1——消耗葡萄糖标准溶液的总体积，mL；

　　　250——配制葡萄糖标准溶液的总体积，mL。

4）操作方法

（1）样液的制备。称取 4g 的样品，称准至 0.0001g（取样量以每 100mL 样液中含有还原糖量 125～200mg 为宜）置于 50mL 小烧杯中，加热水溶解后全部移入 250mL 容量瓶中，冷却至室温，加水稀释至刻度，摇匀，备用。

（2）预滴定。按标定费林溶液操作，先吸取费林溶液甲、再吸取费林溶液乙各 5.0mL 于 150mL 锥形瓶中，加水 20mL，加入玻璃珠 3 粒，用 50mL 滴定管预加入一定量的样液，将锥形瓶置于铺有石棉网的电炉上加热至沸，控制在 120s±15s 内沸腾，并保持微沸，样液继续滴定（滴加样液的速度约以每 2s1 滴），至溶液蓝色即将消失时，加入次甲基蓝指示液 3 滴，再继续滴加样液直至蓝色刚好消失为其终点，记录消耗样液的总体积。

（3）精确滴定。按上述操作吸取费林溶液甲和乙各 5.0mL 于 150mL 锥形瓶内，加入 20mL 水用滴定管加入比预测时耗用量约少 0.5～1mL 的样液于锥形瓶中，加热，使溶液在 120s±15s 内腾沸，并保持沸腾状态，与滴定同样操作，继续以样液滴定至终点。整个滴定操作须在 3min 内完成。记录消耗样液的体积。

5）计算

$$DE = \frac{RP \times 250}{m_2 \times V_2 \times (1 - X_1)} \times 100\% \tag{8-23}$$

式中　DE——样品葡萄糖当量值（样品中还原糖占干物质的百分数），%；

　　　RP——费林溶液甲、乙各 5mL 相当于葡萄糖的质量，g；

　　　m_2——取样量，g；

　　　250——配制样液的总体积，mL；

　　　V_2——滴定时，消耗样液的体积，mL；

　　　X_1——样品的水分，%。

3. 糊精 pH 的测定

1）仪器

酸度计（精度±0.02pH）备有玻璃电极和甘汞电极（或复合电极）。

2）操作方法

（1）按仪器使用说明书以 25℃调试和校正酸度计。

（2）称取样品 20g 于 50mL 小烧杯中，用除二氧化碳的水 40mL 加热溶解，冷却后测定样品的 pH，在 1min 内 pH 稳定后读数。重复测定（两次测定值之差不得超过 0.05pH），算术平均值报告其结果。

4. 糊精酸度的测定

准确称取 4g 样品，加入 50mL 新煮沸冷却的蒸馏水，加 2 滴 1%酚酞指示剂，用 0.1mol/L KOH 标准溶液滴定至粉色，30s 内不褪色。

计算：

$$X = \frac{c \times V \times 56.1}{m} \tag{8-24}$$

式中　X——酸度，mg KOH/g；

c——KOH 标准溶液浓度，mol/L；

V——消耗 KOH 标准溶液 mL 数，mL；

m——称取样品的质量，g；

56.1——氢氧化钾的摩尔质量，g/mL。

5. 细度

称取 50g 样通过 40 目筛。其余同玉米淀粉的测定。

三、大豆色拉油的检测

1. 大豆色拉油不皂化物的测定

1) 原理

油脂与氢氧化钾乙醇溶液在煮沸回流情况下进行皂化，用乙醚从肥皂液中提取不皂化物，蒸发溶剂并对残留物干燥后称重。

2) 仪器和试剂

本标准所列试剂均为分析纯，水为蒸馏水。

(1) 圆底烧瓶：带标准磨口的 250mL 圆底烧瓶。

(2) 回流冷凝管：与圆底烧瓶磨口配套。

(3) 250mL 分液漏斗：最好使用聚四氟乙烯活塞和塞子。

(4) 水浴锅。

(5) 可保持 103℃±2℃的电烘箱或真空干燥仪器，如旋转蒸发器等相似仪器。

(6) 正己烷或 30～60℃石油醚蒸馏 40～60℃段。两种溶剂均不得有杂质。

(7) 95％乙醇，配制成 10％水溶液。

(8) 酚酞指示剂溶液：10g/L 的 95％乙醇溶液。

(9) 氢氧化钾乙醇溶液：$c_{KOH}≈1mol/L$。在 50mL 水中溶解 60g 氢氧化钾，然后用 95％（体积分数）乙醇稀释至 100mL。溶液应为无色或浅黄色。

(10) 氢氧化钾标准溶液：$c_{KOH}=0.1mol/L$（在 95％乙醇中）。使用前必须知道溶液的准确浓度，并应经校正。使用最少 5d 前配制的溶液，移清液于棕色玻璃瓶中贮存，用橡皮塞塞紧。溶液应为无色或浅黄色。

3) 操作方法

(1) 试样。称约 5g 试样（精确至 0.01g）放入 250mL 烧瓶中。

(2) 皂化。加 50mL 1mol/L 的氢氧化钾溶液和一些沸石。烧瓶与回流冷凝管连接好后煮沸回流 1h。停止加热，从回流管顶部加入 50mL 水并旋摇。

(3) 不皂化物的提取。冷却后转移溶液到 250mL 分液漏斗，用 50mL 己烷或石油醚分几次洗烧瓶和沸石，洗液倒入分液漏斗。盖好塞子，用力摇 1min，倒转分液漏斗，并小心打开活塞，间歇地释放内压，静置分层后，尽量将下层皂化液放入第二只分液漏斗中。

注：如果形成乳化液，须加少量乙醇或浓氢氧化钾或氯化钠破坏乳化液。

用相同方法每次用 50mL 己烷对皂化液再提取两次以上。三次己烷提取物收集在同一分液漏斗中。

（4）己烷提取物的洗涤。用乙醇溶液洗涤混合的提取物 3 次，每次用 25mL 并剧烈摇动，洗涤后弃去乙醇水溶液。每次排出的洗涤液剩 2mL，然后将分液漏斗沿其轴线旋转。等数分钟让剩余的乙醇水层进一步收集。弃去收集物，当己烷溶液到达活塞孔道时关闭活塞。

继续用乙醇液洗涤，直到洗涤液在加入一滴酚酞溶液后不再呈现粉红色为止。

（5）蒸发溶剂。通过分液漏斗的上口每次一点一点的将己烷溶液定量的转移到（预先在 130℃±2℃ 的烘箱中干燥，冷却后称重，称准至 0.1mg）250mL 烧瓶中。在沸水浴上蒸馏回收溶剂。

（6）残留物的干燥和测定。置烧瓶于几乎水平的位置，在 103℃±2℃ 的烘箱中干燥残留物 15min。在干燥器中冷却，并称准至 0.1mg。

重复进行干燥，直至两次称重的质量不超过 1.5mg。如果三次干燥后还不恒重，则不皂化物可能被污染，需重新进行测定。

当由游离脂肪酸的含量来校正残留物的质量时，将称后的残留物溶于 4mL 乙醚中，然后加入 20mL 预先中和对酚酞指示剂呈淡粉色的乙醇。用氢氧化钾乙醇标准溶液滴定到相同的终点颜色。

（7）测定次数。同一试样需进行两次测定。

（8）空白试验。需同时进行空白试验，用相同步骤及相同量的所有试剂，但不加试样。如果残留物超过 1.5mg，需对技术方法和试剂进行改进。

4）结果计算

不皂化物含量用样品的质量百分数表示。

$$X = \frac{m_1 - m_2 - m_3}{m_0} \times 100\% \tag{8-25}$$

式中　X——不皂化物含量，%；

　　　m_0——试样的质量，g；

　　　m_1——残留物的质量，g；

　　　m_2——空白的残留物质量，g；

　　　m_3——游离脂肪酸的质量，等于 $0.28Vc$，g；

　　　0.28——每毫摩尔游离脂肪酸的质量，g；

　　　V——滴定游离脂肪酸消耗标准氢氧化钾溶液的体积，mL；

　　　c——标准氢氧化钾溶液的浓度，mol/L。

用两次测定的算术平均值做为结果。

2. 水分及挥发物含量测定法

1）原理

在本标准规定的压力和温度条件下，对试样进行干燥，使水分和可挥发物质挥发出去，干燥前、后的重量差即为油脂水分及挥发物的含量。

2）仪器和试剂

（1）分析天平：感量 0.0001g。

（2）空气烘箱：恒温±1℃。

（3）电热板：平板型或槽型、恒温±2℃。

（4）干燥器：φ300mm。

（5）称样皿：铝质（直径 50mm，高 20mm）或 100mL 烧杯。

（6）干燥剂。

3）操作方法

空气烘箱法。在已恒重的称样皿中称取当即摇匀的试样 10g，准确到 0.001g。

把试样放入 103℃±2℃的烘箱中，烘干 60min。

取出称样皿，立即放入干燥器中，充分冷却到室温（30min 以上），称量烘干后重量，准确到 0.001g。

4）计算

按下式计算水分及挥发物百分含量：

$$X = \frac{m_1 - m_2}{m_1 - m_0} \times 100\% \tag{8-26}$$

式中　X——水分及挥发物含量，%；

　　　m_1——烘干前称样皿和试样重量，g；

　　　m_2——烘干后称样皿和试样重量，g；

　　　m_0——称样皿重量，g。

注：取符合重复性要求的双实验结果加以平均，以平均值表示试样的水分及挥发物的含量。

测定结果应注明所用的测定方法。

重复性：同一实验室，同时或连续两次测定结果之差不超过 0.05%。

3. 过氧化值的测定

1）原理

在乙酸和三氯甲烷溶液中溶解试样，用碘化钾与试样反应，反应完成后用硫代硫酸钠标准溶液滴定析出的碘。

2）仪器和试剂

（1）分析天平：感量 0.1mg。

（2）具塞锥形瓶：250mL。

（3）移液管：5、10、15mL。

（4）量筒：100mL。

（5）滴定管：10mL，最小分度值 0.05mL。

本标准所列试剂均为分析纯，水为蒸馏水。

（6）三氯甲烷，

（7）乙酸。

（8）碘化钾。

（9）碘化钾饱和溶液，其中不可存在游离碘和碘酸盐［验证方法：在 30mL 乙酸三氯甲烷溶液中加两滴 5% 淀粉溶液和 0.5mL 磺化钾饱和溶液，如果出现蓝色，需要 0.01mol/L 硫化硫酸钠标准溶液一滴以上才能清除，否则需重新配制此溶液］。

（10）0.5% 淀粉溶液：将 0.5g 可溶性淀粉溶于 100mL 沸水中，煮沸 3min。

（11）硫代硫酸钠标准溶液：配制 0.01mol/L 和 0.002mol/L 标准溶液。

3）操作方法

试验应在散射日光或人工光线下进行。

（1）试样的称取：按表 8-4 称样，准确至 0.001g。

表 8-4　按估计值决定取样量

估计过氧化值/(meq/kg)	试样质量/g	估计过氧化值/(meq/kg)	试样质量/g
≤12	5.0～2.0	30～50	8～0.5
12～20	2.0～1.2	≥50	0.3～0.5
20～30	2～0.8		

（2）测定。在装有称好试样的锥形瓶中加放 10mL 三氯甲烷溶解试样，加入 15mL 乙酸和 1mL 碘化钾饱和溶液迅速盖好瓶塞，混匀溶液 1min，在 15～25℃ 避光静置 5min。

加入约 75mL 蒸馏水，以 0.5% 淀粉溶液为指示剂，用硫代硫酸钠标准溶液滴定析出的碘（估计值<12 时用 0.002mol/L 标准溶液，>12 时用 0.01mol/L 标准溶液），测定过程要用力振摇。以同一试样进行平行测定。

（3）空白试验。同时进行空白试验，如果空白试验超过 0.1mL，0.01mol/L 硫代硫酸钠标准溶液应更换纯的试剂。

4）结果计算

（1）过氧化值按下式计算：

$$PV = \frac{c(V_1 - V_0)}{m} \times 1000 \tag{8-27}$$

式中　PV——过氧化值，meq/kg；

V_1——用于测定的硫代硫酸钠标准溶液的体积，mL；

V_0——用于空白的硫代硫酸钠标准溶液的体积，mL；

c——硫代硫酸钠标定浓度，mol/L；

1000——单位换算（g 换算为 kg）；

m——试样的质量，g。

（2）平行测定结果符合允许差要求时，以其算术平均值作为结果。结果<12 时保留一位小数，>12 时保留到整数位。

（3）允许差：允许差按表 8-5 规定。

表 8-5　允许差的规定

过氧化值/(meq/kg)	允许差	过氧化值/(meq/kg)	允许差
≤1	1	6～12	0.5
1～6	2	≥12	1

5）换算系数

以每千克油脂中活性氧的毫摩尔数表示过氧化值，或者以每克油脂中活性氧微克数表示过氧化值，将式中所得的结果乘以表 8-6 中所列的换算系数。

表 8-6　换算系数

表示方法	换算系数	表示方法	换算系数	表示方法	换算系数
meq/kg	1	mmol/kg	5	μg/g	8

4. 酸价的测定

（1）酸价：中和 1g 油脂中游离脂肪酸所需氢氧化钾的毫克数。

（2）酸度：游离脂肪所占油脂的百分含量。油脂中脂肪酸的类型见表 8-7。

表 8-7　脂肪酸的类型

油脂的种类	表示的脂肪酸	
	名称	摩尔质量/(g/mol)
椰子油、棕榈仁油和月桂酸含量高的油类	月桂酸	200
油其他油脂	酸	282

注：当结果写的是"酸度"而又无详细说明时，这个"酸度"通常是用油酸来表示。

（3）滴定法：本方法适用于颜色不很深的油脂。

1）原理

试样溶解在乙醚和乙醇的混合溶剂中，然后用氢氧化钾-乙醇标准溶液滴定存在于油脂中的游离脂肪酸。

2）仪器和试剂

本标准所列试剂均为分析纯，水为蒸馏水。

（1）分析天平：感量 0.0001g。

（2）锥形瓶：250mL。

（3）滴定管：10mL，最小刻度 0.05mL。

（4）乙醚与 95％乙醇溶剂等体积比 1：1 混合。使用前每 100mL 混合溶剂中，加入 0.3mL 指示剂用氢氧化钾乙醇溶液准确中和。

注意：乙醚高度易燃，并能生成爆炸性过氧化物，使用时必须特别谨慎。

（5）甲苯可代替乙醚；如果需要，异丙醇可代替乙醇。

（6）氢氧化钾 95％乙醇标准溶液，$c_{KOH}=0.1mol/L$ 或必要时 $c_{KOH}=0.5mol/L$。使用前必须知道溶液的准确浓度，并应经校正，使用最少 5d 前配制溶液，移清液于棕色玻璃瓶中贮存，用橡皮塞塞紧。溶液应为无色或浅黄色。

（7）酚酞指示剂溶液：10g/L 的 95％乙醇溶液。

3）操作方法

（1）试样：根据预计的酸价，按表 8-8 取样。

表 8-8 试样取样表

预计酸价	试样量/g	试样称重的准确值/g
<1	20	0.05
1～4	10	0.02
4～15	2.5	0.01
15～75	0.5	0.001
>75	0.1	0.0002

准确称重后的试样放到 250mL，锥形瓶中。

（2）测定。将试样加入 50～150mL，于预先中和过的乙醚-乙醇混合液中溶解。

用 0.1mol/L 氢氧化钾溶液边摇动边滴定，直到指示剂显示终点酚酞变为粉红色，最少维持 30s 不褪色，记录消耗氢氧化钾的量。

注：如果滴定所需 0.1mol/L，氢氧化钾溶液体积超过 10mL 时，可用浓度为 0.5mol/L 氢氧化钾溶液。

（3）测定次数：同一试样进行两次测定。

4）分析结果的表示

$$X = \frac{V \times c \times 56.1}{m} \tag{8-28}$$

式中　X——酸价，mgKOH/g；

　　　V——所用氢氧化钾标准溶液的体积，mL；

　　　c——所用氢氧化钾标准溶液的准确浓度，mol/L；

　　　m——试样的质量，g；

　　　56.1——氢氧化钾的摩尔质量，g/mol。

四、棕榈油的测定

精制羊油与玉胚油测定方法与棕榈油相同。

（一）熔点的测定

1. 仪器

（1）冰箱一台。

（2）磁力搅拌器或小量鼓风装置。

（3）温度计：刻度 0～60℃，分度值 0.1～0.2℃。

（4）开口式玻璃毛细管：内径 1mm，外径<3mm，长 50～80mm。

（5）烧杯：600mL。

（6）电炉：带有变压装置，可控制升温速度。

2. 操作方法

（1）取试样约 20g，在电热板温度低于 150℃搅拌加热，使油相和水相分层，然后取上层油相在 40～50℃保温过滤，使油相呈透明清亮。（可以取烘干水分后的样品）

（2）用至少 3 支干净毛细管插入完全熔化的液态脂肪内，吸取约 10mL 试样，立即用冰冷冻至脂肪固化为止。

（3）把毛细管置冰箱内 4～10℃过夜（16h）。

（4）从冰箱中取出毛细管样品，并用橡皮筋将毛细管系在温度计上，毛细管末端要与温度计的水银球底部齐平。

（5）将温度计浸入盛有蒸馏水的 600mL 烧杯中，温度计的水银球要置于液面下约 30mm。

（6）调节水浴温度，在低于试样熔点 8～10℃时应用磁力搅拌器或吹入少量空气等其他方法搅拌水浴，调节升温为 1℃/min，至快到熔点前调节升温速度为 0.5℃/min。

（7）继续加热，直至每个毛细管柱的油面都浮升，并观察记录每个毛细管油面浮升的温度，计算其平均值，即为试样的熔点。

（二）皂化值的测定

1. 原理

在回流条件下将样品和氢氧化钾-乙醇溶液一起煮沸，随后用标定的盐酸溶液滴定过量的氢氧化钾。

2. 仪器和试剂

所用试剂须是分析纯级，使用水为蒸馏水或与其相当纯度的水。

（1）锥形瓶：容量 250mL，耐碱玻璃制成，带有磨口。

（2）回流冷凝管：带有连接锥形瓶的磨玻璃接头。

（3）加热装置：如水浴锅、电热板或其他适合的仪器。不能用明火加热。

（4）移液管：容量 25mL。

（5）氢氧化钾：称取 28g 氢氧化钾固体样品，用乙醇溶解，配制成 0.5mol/L 的溶液。

（6）盐酸标准滴定溶液：$c_{HCl}=0.5mol/L$。

（7）酚酞（5g/L）：0.5g 酚酞溶于 95%（体积分数）乙醇。

（8）助沸物：玻璃珠或瓷粒。

3. 操作方法

（1）试样量。称取 2g，准确到 0.005g 的试验样品于锥形瓶中。注：以皂化值

$170\sim200\mathrm{mg\ KOH/g}$ 为依据，被测样量为 2g。对于其他皂化值，样量将以约一半氢氧化钾-乙醇溶液被中和为依据而改变。

（2）皂化。用移液管将 25.0mL 氢氧化钾-乙醇溶液加到试样中，并加入一些助沸物，连接回流冷凝管与锥形瓶，并将锥形瓶放在加热装置上水浴，不时摇动，油脂维持沸腾状态 60min。难于皂化的需煮沸 2h。

（3）滴定。加 3 滴酚酞指示剂于热溶液中，并用标准盐酸溶液滴定到指示剂的粉色刚消失。

（4）空白试验。按照步骤说明，不加试样，再用 25.0mL 的氢氧化钾-乙醇溶液进行空白试验。

（5）测定次数。同一试样进行两次平行测定。

4. 结果表示

$$X = \frac{(V_0 - V_1) \times c \times 56.1}{m} \tag{8-29}$$

式中　X——皂化值，$\mathrm{mgKOH/g}$；

　　　V_0——空白试验所消耗的盐酸标准滴定溶液的体积，mL；

　　　V_1——试样所消耗的盐酸标准滴定溶液的体积，mL；

　　　c——盐酸标准滴定溶液的实际浓度，mol/L；

　　　m——试样的质量，g；

　　　56.1——氢氧化钾的摩尔质量，g/mol。

假如符合重复性要求，取两次测定的算术平均值作为结果。结果保留一位小数。

注：重复性：同一分析者使用相同仪器，相继或同时进行同一试样的两次测定值之差应不超过其算术平均值的 0.5%（相对）。

试验报告：试验报告应指出使用方法、所得结果以及本标准中没有规定的或自选的所有操作细则，以及可能影响结果的各种条件的详情。

（三）游离脂肪酸

1. 试剂

乙醚-乙醇混合剂（2+1）：以 2 体积乙醚与 1 体积 95% 乙醇混合后，以酚酞作指示剂，用 0.1mol/L 的氢氧化钾中和之。

0.1mol/L 氢氧化钾标准溶液：溶解 5.8g 氢氧化钾于新煮沸而冷却的 1L 蒸馏水中，用邻苯二甲酸氢钾按下法标定其浓度。称取经 125℃ 干燥已恒重的基准邻苯二甲酸氢钾 0.8～0.9g（精确至 0.0002g）于 250mL 锥形瓶中，用 50mL 蒸馏水溶解，加入 2～3 滴酚酞指示剂用氢氧化钾标准溶液滴定至淡粉色，0.5min 不褪色。

同时做空白试验。

按式计算氢氧化钾标准溶液的浓度。

$$c = \frac{m}{(V_1 - V_2) \times 0.2042} \tag{8-30}$$

式中　c——氢氧化钾标准溶液的实际浓度，mol/L；

　　　V_1——滴定时所耗氢氧化钾标准溶液的体积，mL；

　　　V_2——空白试验中氢氧化钾标准溶液的体积，mL；

　　　m——基准邻苯二甲酸氢钾的质量 g，

　　　0.2042——与 1.00mL 氢氧化钾标准滴定溶液（c_{KOH}＝1mol/L）相当的基准邻苯二甲酸氢钾的质量，g。

2. 操作方法

称取试样约 5g（视酸含量大小而定，并精确至 0.001g）于 200mL 锥形瓶中，于水浴上微热熔融后，加 50mL 预先温热的乙醚-乙醇混合溶剂，以溶解试样，加数滴酚酞指示剂，用氢氧化钾标准液滴定至淡粉色，30s 不褪色。

3. 结果计算

游离脂肪酸的结果用规定的脂肪酸的百分率表示，并按式（8-31）计算为

$$X = \frac{V \times A \times c}{10 \times m} \tag{8-31}$$

式中　X——游离脂肪酸（以××酸计）的百分含量，％；

　　　V——所耗氢氧化钾标准溶液的体积，mL；

　　　A——表示结果的脂肪酸分子质量；（282）

　　　c——氢氧化钾标准溶液的浓度，mol/L；

　　　10——样品稀释倍数；

　　　m——试样的重量，g。

注：式中脂肪酸分子质量，合同中有规定的按合同；合同中没有明确规定的，则一律按油酸（相对分子质量 282）计。平行试验允许差为 0.06％。

（四）碘价（韦氏法）

1. 试剂

（1）韦氏溶液：溶解 13g 升华碘于 1L 冰乙酸（99％以上）中，置电热板上微热直至碘完全溶解（温度须不超过 100℃），冷却，倾出 200mL，在其余部分中，通纯粹干燥的氯气（氯气应先通过水洗气瓶，用浓硫酸洗气瓶干燥），至游离碘颜色消失而呈标准橘红色为止，如通入氯气过多，颜色淡，可倾入事先取出的碘液，使其浓度在用硫代硫酸钠标准液滴定时，所耗硫代硫酸钠标准溶液的量恰为不加氯时的 2 倍或仅微少于 2 倍（使反应完全但又保证没有游离氯，调整方法与分子蒸馏单甘酯相同）。放棕色瓶中置暗处，此溶液最多只能用一个月。

（2）0.1000mol/L 重铬酸钾标准溶液。

（3）0.1mol/L 硫代硫酸钠标准溶液。

注：硫代硫酸钠标准溶液应贮于棕色玻璃瓶中，每升可加入约 1mL 三氯甲烷，以

减缓细菌败坏对浓度的影响。

（4）1％淀粉溶液：取 1g 可溶性淀粉，量取 100mL 蒸馏水加少量使成薄浆，倾入剩余且加热至沸腾的蒸馏水中，搅拌煮沸至澄清，并加少许苯甲酸钠防腐。

（5）碘化钾：化学纯，15％溶液。

（6）三氯甲烷：化学纯，不得含有游离氯和水分，与碘化钾混合后应保持无色。

2. 操作方法

准确称取试样 0.50～0.55g（精确至 0.0002g）于碘量瓶中，加 10mL 三氯甲烷，振摇使试样溶解完全。然后由滴定管精确放入 25mL 韦氏溶液，塞紧塞缝处以少许碘化钾溶液密封瓶口，但不宜太多，绝不能使其流入瓶中。置温度为 20℃ 左右的暗处30min，加 15％碘化钾溶液 15mL 及 100mL 新煮沸而冷却的蒸馏水，用硫代硫酸钠标准溶液滴定剩余碘，至黄色将褪尽时，加 1mL 淀粉溶液，滴入几滴硫代硫酸钠标准溶液，塞上塞子，猛烈摇动，使存留于三氯甲烷中的碘与硫代硫酸钠作用，再继续用硫代硫酸钠标准溶液滴定至蓝色消失为止。以上述操作程序同时进行空白试验。

3. 结果计算

按式计算碘价。

$$X = \frac{(V_1 - V_0) \times c \times 0.1269}{m} \tag{8-32}$$

式中　X——碘价（韦氏法）；

　　　V_0——空白试验所耗硫代硫酸钠标准溶液体积，mL；

　　　V_1——试样所耗硫代硫酸钠标准溶液的体积，mL；

　　　c——硫代硫酸钠标准溶液的浓度，mol/L；

　　　0.1269——与 1.00mL 硫代硫酸钠标准滴定溶液 $[c_{Na_2S_2O_3} = 1mol/L]$ 相当的碘的质量，g。

　　　m——试样的重量，g。

（五）水分及挥发物的测定

同色拉油。

（六）过氧化值的测定

同色拉油。

（七）植物油相对密度的测定法

相对密度瓶法（玉米油测定相对密度）。

1. 仪器和试剂

（1）相对密度瓶 25mL 或 50mL（带温度计塞）。

（2）电热恒温水浴锅。

（3）吸管（2mL）。

（4）烧杯、试剂瓶、研钵等。

（5）乙醇、乙醚。

（6）无二氧化碳的蒸馏水。

（7）滤纸等。

2. 操作方法

（1）洗瓶。用洗涤液、水、乙醇、水依次洗净相对密度瓶。

（2）测定相对密度。用吸管吸取蒸馏水沿瓶的内壁注入相对密度瓶，插入带温度计的瓶塞（加塞后瓶内不得有气泡存在），将相对密度瓶置于 20℃ 恒温的水浴中，待瓶内的水温达到 20℃±0.2℃ 时，取出相对密度瓶用滤纸吸出排水管溢出的水，盖上瓶帽，擦干瓶上部，约经 30min 后称重。

（3）测定瓶重。倒出瓶内水，用乙醇和乙醚洗净瓶内的水分，用干燥空气吹去瓶内的乙醚，并吹干瓶内外，称重（瓶重应减去瓶内的空气重量，$1cm^3$ 的干燥空气重量在标准状态下为 $0.001293g \approxeq 0.0013g$）

（4）测定试样重。吸取 20℃ 以下澄清试样，按测定水相对密度的方法注入瓶内，加盖，用滤纸蘸乙醚擦净瓶外部，置于 20℃ 恒温水浴中经 30min 后取出，擦净排水管溢出的试样和外部水分，盖上瓶帽，称重。

3. 结果计算

在试样和水中的温度为 20℃ 条件测得的试样重（m_2）和水重（m_1）。先按公式计相对密度

$$d_{20}^{20} = m_2 / m_1 \tag{8-33}$$

式中　m_1——水重量，g；

　　　m_2——试样重量，g；

　　　d_{20}^{20}——油温和水温均为 20℃ 时油脂的相对密度；

$$相对密度(d_4^{20}) = d_{20}^{20} \times d_{20} \tag{8-34}$$

式中　d_{20}——水在 20℃ 时的密度。0.998238g/L；

　　　d_4^{20}——油温 20℃，水温 4℃ 油脂式样的相对密度；

$$d_4^{20} = \{d_{t_1}^{t_2} + 0.00064 \times (t_1 - 20)\} \times d_{t_2} \tag{8-35}$$

式中　t_1——试样的温度，℃；

　　　t_2——水的温度，℃；

　　　$d_{t_1}^{t_2}$——试样温度 t_1，水温度 t_2 测得的膨胀系数（平均值）；

　　　d_{t_2}——水在 t_2 时的密度。

五、可可粉的测定

(一) 脂肪的测定

1. 原理

样品用无水乙醚或石油醚等溶剂抽提后,蒸去溶剂所得的物质,在食品分析上称为脂肪或粗脂肪。因为除脂肪外,还含色素及挥发油、蜡、树脂等物。抽提法所测得的脂肪为游离脂肪。

2. 仪器和试剂

(1) 索氏提取器。
(2) 无水乙醚或石油醚。
(3) 海砂。

3. 操作方法

1) 样品处理
(1) 固体样品:精密称取 2~5g(可取测定水分后的样品),必要时拌以海砂,全部移入滤纸筒内。
(2) 液体或半固体样品:称取 5.0~10.0g,置于蒸发皿中,加入海砂约 20g 于沸水浴上蒸干后,再于 95~105℃干燥,研细,全部移入滤纸筒内。蒸发皿及附有样品的玻棒,均用沾有乙醚的脱脂棉擦净,并将棉花放入滤纸筒内。

2) 抽提
将滤纸筒放入脂肪抽提器的抽提筒内,连接已干燥至恒量的接受瓶,由抽提器冷凝管上端加入无水乙醚或石油醚至瓶内容积的 2/3 处,于水浴上加热,使乙醚或石油醚不断回流提取,一般抽提 6~12h。

3) 称量
取下接收瓶,回收乙醚或石油醚,待接收瓶内乙醚剩 1~2mL 时在水浴上蒸干,再于 95~105℃干燥 2h,放干燥器内冷却 0.5h 后称量。

4. 计算

$$X = \frac{m_1 - m_0}{m_2} \times 100\% \qquad (8-36)$$

式中　X——样品中脂肪的含量,%;

　　m_1——接收瓶和脂肪的质量,g;

　　m_0——接收瓶的质量,g;

　　m_2——样品的质量,g。

(二) 水分的测定

同小麦粉水分的测定。

(三) pH 的测定

10％的水溶液在 25℃条件下测定。

(四) 可可粉粒度的测定

通过测量不能通过 200 目 75μm 筛子的颗粒以确定可可粉的粒度，本检验方法重复性良好，应用范围：0.2％～0.3％的 75μm 筛子不通过率，绝大多数工业化可可粉在此范围内。

1. 原理

通过测定 75μm 不通过率（干基，无脂肪的基础上）来确定可可粉的粒度。
（筛子上的粗粒收集后，用热水冲洗，然后脱脂，干燥，称重。）

2. 仪器和试剂

(1) 平板筛：75μm×75μm，公差±2μm。
(2) 搅拌器（750rpm±100rpm），搅拌长度 60mm±10mm，宽度 10mm±2mm。
(3) 分析天平：精确度至少 0.3mg。
(4) 干燥器：105℃烘干 3h 的硅胶作为干燥剂。
(5) 烘箱：100～105℃。
(6) 秒表。
(7) 放大镜。
(8) 勺。
(9) 玻璃器皿：2L 的锥型瓶、400mL 烧杯、800mL 烧杯、120mL 直径漏斗、250mL 量筒、100mL 量筒、玻璃棒、1L 戴盖圆颈烧瓶。
(10) 乙醇 95％（体积分数）。
(11) 石油醚：沸点 40～60℃。
(12) 蒸馏水或去离子水：75℃±5℃。
(13) 75℃±5℃的 2％表面活性剂（如阴离子）蒸馏水或去离子水。

3. 操作方法

1) 取样
参照 ISO 推荐方法：样品置于戴盖圆颈烧瓶，人工用勺充分混合，用盖封好，然后将勺慢慢上下翻转几次，供检测。
2) 检验过程
(1) 取 150mL 乙醇于 400mL 烧杯，冲洗筛子，然后用虹吸管取 75℃±5℃的 2％

表面活性剂（如阴离子）蒸馏水或去离子水喷洗筛子，重复 3 次，直到筛子上没有颗粒，估计至少需要 1L 热水，再用虹吸管取 75℃±5℃ 蒸馏水或去离子水 200mL 清洗。清洗后用放大镜检查筛子孔是否有破损或堵塞，重复以上操作 3 次，将筛子放入 100～105℃ 的烘箱中烘干 1h，然后放入干燥器中冷却 1h，从干燥器中取出后立即称重。

　　（2）充分混合样品，称取 10～50g 样品（精确到 0.01g），置于 800mL 烧杯中，加入 1.5～2 倍的 75℃±5℃ 蒸馏水或去离子水，并用玻璃棒搅拌，然后用 75℃±5℃ 蒸馏水或去离子水定容至 300mL，用搅拌器搅拌 2min±10s（秒表计时），将溶液慢慢倒过筛子，筛子置于漏斗上，漏斗放在锥形瓶上，同时轻轻水平圆周移动筛子，如果筛子堵塞，轻轻敲打筛子边，这样会使溶液充分通过，用 75℃±5℃ 蒸馏水或去离子水冲洗筛子，直到锥型瓶中的溶液到 1.5L±0.1L。如果称取的样品为 30～50g，可将溶液分成几部分后再分别进行过滤和冲洗，以提高过滤速度，将有筛上物的筛子放入 100～105℃ 的烘箱中，干燥 1h，然后冷却，取 100～150mL 石油醚置于 400mL 烧杯中，用它清洗筛子，冲洗两遍，每次均用 100～150mL 石油醚置于新的烧杯中，清洗的同时慢慢水平圆周晃动，在 100～105℃ 的烘箱中干燥 40min，放入干燥器中冷却 1h，拿出后立即称重。重复以上检测 3 次。

　　3）计算方法

$$\omega = \frac{(m_2 - m_1) \times 100}{m_3} \times \frac{100}{100 - (m_4 + m_5)} \tag{8-37}$$

式中　ω——粒度大于 75μm 的颗百分比（干基）；

　　　　m_1——筛子的质量，g；

　　　　m_2——筛子连同筛上物的质量，g；

　　　　m_3——样品质量，g；

　　　　m_5——水分重量，%；

　　　　m_4——脂肪重量，%。

六、人造奶油的测定

（一）脂肪的测定

脂肪索氏提取法。

1. 仪器和试剂

（1）电热干燥箱。

（2）天平：感量度 0.0001g。

（3）平底玻璃皿：直径 50～55mm，高 40mm。

（4）玻璃棒。

（5）洗耳球。

（6）备有变色硅胶的干燥器。

（7）索氏脂肪抽提器。

（8）无水乙醚：分析纯。

（9）无水硫酸钠：分析纯。

（10）脱脂棉。

（11）滤纸筒。

2. 操作方法

精密称取 3～4g 试样于平底皿中，加入 20g 无水硫酸钠，用玻璃棒充分混匀，放入圆筒滤纸内。平底皿及玻棒用含乙醚的脱脂棉擦拭数次，将擦拭后的含脂棉小心塞入圆筒滤纸内，然后把圆筒滤纸放入萃取管内，以乙醚萃取 8～10h。回收乙醚至接受瓶内乙，醚剩 1～2mL 时，在水浴上蒸干。再于 100～105℃干燥箱内干燥 1～1.5h（其间以洗耳球鼓风，以助乙醚挥发），取出接受瓶于干燥器内冷却称重。

3. 结果计算

脂肪含量 X（以重量百分比浓度表示，%）按式计算：

$$X = \frac{m_1 - m_0}{m} \times 100\%$$ (8-38)

式中　m_1——接收瓶和脂肪的重量，g；

　　　m_0——接收瓶重量，g；

　　　m——试样重，g。

试验结果允许差不超过 0.4%，测定结果取小数点后第一位。

（二）水分及挥发物的测定

1. 仪器和试剂

（1）电热干燥箱。

（2）备有变色硅胶的干燥器。

（3）天平：感量 0.0001g。

（4）平底玻璃皿：直径 5mm，长 60～70mm。

（5）石英砂：化学纯或分析纯，外观白净。

2. 操作方法

称取 10g 样品 105℃±2℃干燥箱内烘 1h，冷却称重（如发现重量增加，则以前次最小重量为准）。

3. 结果计算

水分及挥发物含量 X（以重量百分比浓度表示，%）按式（8-39）计算：

$$X = \frac{m_1 - m_2}{m} \times 100\%$$ (8-39)

式中　m_1——干燥前玻璃皿、玻璃棒、石英砂及试样重，g；

　　　m_2——干燥后玻璃皿、玻璃棒、石英砂及试样重，g；

m——试样重，g。

试验结果允许误差不超过 0.20%，测定结果取小数点后第二位。

(三) 游离脂肪酸的测定

同棕榈油。

(四) 溶点的测定

同棕榈油。

(五) 酸价的测定

同色拉油。

七、山梨醇的测定

1. 含量的测定

称取试样 1g（准确至 0.0002g）加水溶解于 500mL 容量瓶中，定容至刻度，量取 10mL 于碘量瓶中，加高碘酸钾溶液（2%）5mL，加硫酸 1mL，在水浴上加热 15min，冷却后加碘化钾 2.5g，充分混匀后置暗冷处 5min，用 0.1mol/L 浓度的硫代硫酸钠滴定，接近终点时加淀粉指示剂（0.5%）5mL，继续滴定至溶液蓝色消失。同时做空白试验。

计算：

$$X = \frac{(V_0 - V) \times c \times 0.01822}{\dfrac{m \times 10}{500}} \times 100\% \tag{8-40}$$

式中　X——山梨醇的含量，%；

　　　0.01822——山梨糖醇物质的量，g；

　　　V_0——空白消耗 0.1mol/L 硫代硫酸钠的量，mL；

　　　V——测定消耗 0.1mol/L 硫代硫酸钠的量，mL；

　　　c——硫酸钠的浓度，mol/L；

　　　m——称取试样的质量。

2. 还原糖的测定

1) 试剂

(1) 柠檬酸铜：$25g CuSO_4 \cdot 5H_2O$，50g 柠檬酸，144g 无水硫酸钠加水溶解定容至 1000mL。

(2) 1mol/L 硫代硫酸钠。

(3) 8% 冰醋酸。

(4) 1% 淀粉指示剂。

(5) 0.5mol/L 碘液。

（6）6％盐酸。

2）操作方法

称取 5g 样于 250mL 三角瓶中用移液管准确加入 20mL 柠檬酸铜溶液放入 2 粒玻璃珠摇匀。三角瓶置在电炉上于 4min 内加热至沸，需沸 3min 取下冷却到室温。用量筒量取 50mL 冰醋酸（4.8％）、25mL 盐酸（6％）、20mL 碘液（0.05mol/L）加入三角瓶中摇匀至沉淀完全溶解。再用硫代硫酸钠滴定。近终点时加入淀粉指示剂 1～3mL 滴定至蓝色消失。同时做空白试验。

计算

$$X = \frac{(V_0 - V) \times 68 \times n \times 100}{m \times B_x} \tag{8-41}$$

式中　X——还原糖量，％；

　　　n——0.00135，

　　　B_x——样品的浓度，用阿贝折光仪测定；

　　　V_0——空白试验消耗 0.1mol/L 硫代硫酸钠的量，mL；

　　　V——测定时消耗 0.1mol/L 硫代硫酸钠的量，mL；

　　　n——山梨醇的折射率；

　　　m——称取试样的质量；mg。

小结

本章主要介绍了酸味剂、甜味剂、增稠剂、香精、淀粉、糊精等乳制品中添加剂的检验方法及检验步骤，使学生了解这些原辅料在乳制品生产过程中的作用及检测方法。

复习题

1. 简述乳中加入添加剂的目的。
2. 乳制品中常用的食品添加剂种类有哪些？
3. 简述酸味剂在使用时的注意事项。
4. 甜味剂具有哪些功能？
5. 乳制品中常用的增稠剂的使用条件有哪些？

主要参考文献

陈集 . 2002. 仪器分析 . 重庆：重庆大学出版社 .

冯玉红 . 2008. 现代仪器分析实用教程 . 北京：北京大学出版社 .

郭本恒 . 2001. 乳品微生物学 . 北京：轻工业出版社 .

何照范，张迪清 . 1998. 保健食品化学及其检测技术 . 北京：中国轻工业出版社 .

焦新安 . 2007. 食品检验检疫学 . 北京：中国农业出版社 .

李春 . 2007. 乳品分析与检验 . 北京：化学工业出版社 .

刘中勇，Diane Lewis. 2008. 乳品检验标准方法 . 北京：中国标准出版社 .

骆承庠 . 1999. 乳与乳制品工艺学 . 北京：中国农业出版社 .

农业职业技能培训教材编审委员会 . 2004. 乳品检验员 . 北京：中国农业出版社 .

《乳品工业手册》编写组 . 1987. 乳品工业手册 . 北京：轻工业出版社 .

唐英章 . 2004. 现代食品安全检验技术 . 北京：科学出版社 .

翁鸿珍 . 2006. 乳与乳制品检测技术 . 北京：中国轻工业出版社 .

吴谋成 . 2003. 仪器分析 . 北京：科学出版社 .

张意静 . 2001. 食品分析技术 . 北京：中国轻工业出版社 .